高等学校建筑电气技术系列教材

# 建 筑 消 防 系 统

梁延东　主编

中国建筑工业出版社

**图书在版编目（CIP）数据**

建筑消防系统/梁延东主编 .—北京：中国建筑工业
出版社，1997（2021.2重印）
高等学校建筑电气技术系列教材
ISBN 978-7-112-03189-4

Ⅰ．建⋯　Ⅱ．梁⋯　Ⅲ．房屋建筑设备：防火系统
Ⅳ．TU892

中国版本图书馆 CIP 数据核字（97）第 05102 号

高等学校建筑电气技术系列教材
## 建 筑 消 防 系 统
梁延东　主编

\*

中国建筑工业出版社出版、发行（北京西郊百万庄）
各地新华书店、建筑书店经销
廊坊市海涛印刷有限公司印刷

\*

开本：787×1092毫米　1/16　印张：15½　字数：377千字
1997 年 12 月第一版　　2021 年 2 月第十六次印刷
定价：**25.00** 元
ISBN 978-7-112-03189-4
（20316）

# 高等学校建筑电气技术系列教材
## 编审委员会成员

# 序　言

　　高等学校建筑电气技术系列教材是根据 1995 年 7 月 31 日至 8 月 2 日在沈阳召开的建设部部分高等学校建筑电气技术系列教材研讨会的会议精神，由高等学校建筑电气技术系列教材编审委员会组织编写的。

　　本系列教材以适应和满足高等学校电气技术专业（建筑电气技术）教学和科研的需要，培养建筑电气技术专业人才为主要目标，同时也面向从事建筑电气自动化技术的科研、设计、运行及施工单位，提供建筑电气技术标准、规范以及必备的基础理论知识。

　　本系列教材努力做到内容充实，重点突出，条理清楚，叙述严谨。参加本系列教材编写的教师，均长期工作在电气技术专业的教学、科研、开发与应用的第一线。多年的教学与科研实践，使他们具备了扎实的理论基础及较丰富的实践经验。

　　我们真诚地希望，使用本系列教材的广大读者提出宝贵的批评意见，以便改进我们的工作。

　　我们深信，为加速我国建筑电气技术的全面发展，完善与提高我国高等学校建筑电气技术教学与科研工作的建设，高等学校建筑电气技术系列教材的出版将是及时的，也是完全必要的。

高等学校建筑电气技术系列教材

编 审 委 员 会

1996 年 10 月 6 日

# 前　　言

建筑消防系统课程是建设部系统高等院校电气技术专业的一门专业课，但多年的课程教学一直没有正式出版的教材。实践证明，各院校教师编写的教学讲义已基本上满足教学需要，在此基础上编写出版正式教材已具备条件，再加上广大师生的迫切要求，召开电气技术专业系列教材研讨会，讨论、研究出版电气技术专业系列教材已势在必行。

《建筑消防系统》的编写大纲、教学大纲，在研讨会上专家们进行了热烈的讨论，并在第一次教材编审工作会议（北京）上通过。

本书在编写过程中，主要参考了重庆建筑大学、南京建筑工程学院、沈阳建筑工程学院的讲义及《高层建筑消防监控系统工程技术基础》（汪纪锋）、《建筑自动消防系统》（郎禄平）等有关科技书籍。在此，编者表示深深的谢意。

《建筑消防系统》以控制理论为依据，全面论述了建筑消防系统的理论与实践。参加本书编写工作的有重庆建筑大学杨飞，沈阳建筑工程学院刘剑、刘利华、梁延东。其中第一、二、四章由梁延东编写，第五、六章及附录由刘剑编写。第三、七、九章由杨飞编写，第八、十章由刘利华编写，梁延东、刘剑校对了全部文稿。

重庆建筑大学汪纪锋教授担任本书主审，他对本书编写给予的大力支持及对本书提出的宝贵意见，我们表示由衷的感谢。

本书的编写还得到了教材编审委员会领导小组的热情支持与真诚帮助，重庆建筑大学及沈阳建筑工程学院对本书的编写作出了极大努力，尤其是出版社的同志，他们的辛勤劳动是本书出版的有力保证。在此我们一并表示感谢。

囿于编者学术水平及实践经验，书中错误、不足之处还望广大读者批评指正。

# 目　录

# 第一章　建筑消防概论

## 第一节　建筑消防系统

### 一、概述

人类自从有了历史，就一直与火为伴，没有火就没有人类的生存，没有火也就无法实现人类的现代文明。

火造福于人类，但火也会毫不留情地给人类带来灾难，留下永世不忘的悔恨。

长期与火的接触，使人类明白了一个重要道理，那就是在使用火的同时要千万注意对火的控制。所谓对火的控制，就是对火的科学管理。在我国，已经牢固地树立了"以防为主、防消结合"的方针，并且在不断总结经验的基础上建立了相应的消防法规与技术措施。防患于未然，已经成为从事建筑电气工程技术人员的永久性研究课题。

随着我国四化建设的迅猛发展，"消防"作为一门学科，专门研究如何预防和控制火灾的发生与蔓延，正伴随着电子技术、自动控制技术及计算机技术的飞速发展进入世界高科技行列。

### 二、建筑消防系统

人类在牢记火灾教训的同时，也在不断地思考、寻找建立一个行之有效的方法，用以控制火灾，战胜火灾，这便是现今人们常说的"建筑消防系统"。

早期的防火、灭火都是由人工方法实现。当人们发现火灾时，立即组织人工并在统一指挥下采取一切可能措施迅速灭火。实际上，这就是早期的消防系统的雏型。随着人类社会的进步，科学技术的高度发展，人们逐渐学会使用仪器去监视火情，并由仪器发出火警信号，然后在人工统一指挥下，用灭火器械去灭火，这便是较为发达的消防系统。

当今世界，由于电子技术、自动控制技术及计算机技术的高速发展，有力地促进了消防系统的发展。现代消防系统，无论在结构上还是在功能上，都已达到很高的水平。现代消防系统中采用了先进的火灾探测器探测火情，自动确认火灾并发出火灾报警信号，自动启动灭火设备、指挥灭火等。

微机监控的自动消防系统就是一种十分先进的消防系统。

目前，人们正在不断地努力去研究、开发智能型消防系统。可以相信，消防系统的飞速发展，必将大大促进我国建筑事业的蓬勃发展。

高层建筑及其群体的出现，让人们看到了高科技的巨大威力。"消防系统"作为现代化多功能楼厦中的重要成员，必须与建筑业同步发展，否则，建筑业的发展就是一句空话。

建筑物尤其是高层建筑物，由于火灾因素多，灭火难度大，如果没有一个先进的自动监测自动灭火的消防系统，单靠人工是无论如何也无法实现火灾的预防与扑救。建立健全消防法规，建立先进的行之有效的自动化消防系统，是关系到我国建筑事业发展的百年大计。

自动化消防系统，在功能上可实现自动监测现场，自动确认火灾，自动发出声、光报警信号，自动启动灭火设备自动灭火，自动排烟，自动封闭火区等。还能实现向城市或地区消防队发出救灾请求，进行对讲联络。

在结构上，组成消防系统的设备、器件结构紧凑，反应灵敏，工作可靠，同时还具有良好的性能指标。智能化设备及器件的开发与应用，使自动化消防系统的结构趋向于微型化及多功能化。

自动化消防系统的设计，已经大量融入微机控制技术、电子技术以及现代自动控制技术，并且消防设备及仪器的生产已经系列化，标准化。

在系统灭火介质的使用上，除水、二氧化碳等还大量地采用了卤代烷等灭火介质。

总之，现代建筑消防系统适应了高层建筑的需要，是人们高度防火意识的体现，又是现代科技发展的高度结晶。

## 第二节　火灾形成过程

明确火灾形成过程，掌握火灾的物理化学实质，有助于加深对消防系统的认识，同时也有利于消防系统的不断完善与发展。

**一、火灾形成条件**

火灾形成的理论已有很多叙述，它是建筑消防系统的理论基础。

火灾形成过程可简述如下：

例如有固体材料、塑料、纸及布等，当它们处在被热源加热升温的过程中，其表面会产生挥发性气体，这便是火灾形成的开始阶段。一旦挥发性气体被点燃，就会与周围的氧气起反应，由于可燃物质被充分燃烧，从而形成光和热，即形成火焰。我们也知道，一旦挥发性气体被点燃，如果设法隔绝外界供给的氧气，则不可能形成火焰。这就是说，在断氧的情况下，可燃物质不能被充分燃烧而形成烟雾。所以烟是火灾初期的象征。

火焰的形成，说明火灾就要发生。

众所周知，烟是一种包含一氧化碳 $CO$、二氧化碳 $CO_2$、氢气 $H_2$、水蒸汽以及许多有毒气体的混合物。由于烟是一种燃烧的重要产物，是伴随火焰同时存在的一种对人体十分有危害的产物，所以人们在叙述火灾形成的过程时总要提到烟。

火灾形成过程也就是火焰及烟的形成过程。

综上所述，火灾形成过程是一种放热、发光的复杂化学现象，是物质分子游离基的一种连锁反应。

不难看出，存在有能够燃烧的物质，又存在可供燃烧的热源及助燃的氧气或氧化剂，便构成了火灾形成的充分而必要条件。

**二、火灾形成原因**

在建筑物内，尤其是高层建筑物内，虽然都采用了不燃的混合结构，即砖与钢筋混凝土结构，但其中的家具、用品等都是可燃的，况且由于楼厦构造复杂，设备繁多，人员过于集中等原因，使不燃结构的建筑形成火灾的因素多，可能性大。

（一）人为地造成火灾（包括蓄意纵火）

人为造成的火灾在建筑物内尤其是高层建筑物内是最常见的。

人们工作中的疏忽，往往是造成火灾的直接原因。例如，焊接工人无视操作规程，不遵守安全工作制度，动用气焊或电焊工具进行野蛮操作，造成火灾。电气工人带电维修电气设备，工作中的不慎便可产生电火花，也能造成火灾。更有甚者，电气工作人员缺乏安全用电知识，在建筑物内乱拉临时电源，滥用电炉等电加热器，造成火灾。乱扔烟头，火柴梗等造成的火灾更是常见。

人为纵火是火灾形成的最直接，最不能忽视的主要原因。

（二）电气事故造成火灾

现代高层建筑中，用电设备繁多，用电量大，电气管线纵横交错，非但维修工作量大，而且火灾隐患也相应增多。例如电气设备的安装不良，长期带病或过载工作，破坏了电气设备的电气绝缘，电气线路的短路就会造成火灾。电气设备防雷接地措施不合要求，接地装置年久失修等也能造成火灾。

电气事故造成的火灾，其原因较隐蔽，况且非专业人员又不容易察觉，因此在安装布置电气设备时，必须做到不留隐患，严格执行安装规范，并做到定期检查与维修。

（三）可燃气体发生爆炸造成火灾

在建筑物及高层建筑物内使用的煤气、液化石油气和其他可燃气体，因某种原因或人为的事故而造成可燃气体泄漏，与空气混合后形成混合气体，当其浓度达到一定值时，遇到明火就会爆炸、形成火灾。

可燃气体，例如甲烷（$CH_4$）、乙烷（$C_2H_6$）、丙烷（$C_3H_8$）、丙烯（$C_3H_6$）、乙烯（$C_2H_4$）、硫化氢（$H_2S$）、煤油、汽油、苯（$C_6H_6$）及甲苯等都是火灾事故的载体。

（四）可燃固体燃烧造成火灾

众所周知，当可燃固体如纸张、棉花、粘胶纤维及涤纶纤维等被火源加热，温度达到其燃点温度时，遇到明火就会燃烧，形成火灾。有些物质具有自燃现象，如煤炭、木材、粮食等，当其受热温度达到或超过一定值时，就会分解出可燃气体，同时放出少量热能。当温度再升高达到某一极限值并产生急剧增加的热能，此时既使隔绝外界热源，可燃物质依靠自身放出的能量来继续提高其本身温度，并使其达到自燃点，从而形成自燃现象，如不能及时发现，必定造成火灾。

另外，对一些如硝化棉、黄磷等易燃易爆化学物品，若存放保管不当，既使在常温下就可以分解、氧化而导致自燃或爆炸，形成火灾。金属钾、钠、氢化钠、电石及五硫化磷等固体也很容易引起火灾。

（五）可燃液体燃烧造成火灾

在建筑物内如存有可燃液体时，低温下其蒸汽与空气混合达到一定浓度时，遇到明火就会出现"一闪即灭"的蓝光，称为闪燃。出现闪燃的最低温度叫闪点。所以闪点是燃爆或爆炸的前兆。

由此可以看到，如可燃液体保管不当，液体蒸汽的大量泄漏，使其与空气的混合浓度达到极限浓度时，便可发生火灾。所以可燃液体的贮存与保管是十分重要的，一旦出现差错，火灾的发生是不可避免的。

以上我们阐述了火灾形成的种种原因，但归根结底还是人们对火灾危害的认识程度。如能在主观上特别注意火灾发生的原因，加强防范，火灾是完全可以避免的。分析火灾形成的原因，有利于我们建立火灾防范措施。

### 三、火灾蔓延

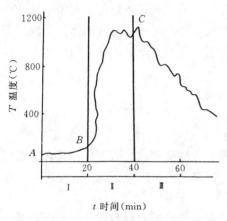

图 1-1　温度—时间曲线

了解和掌握火灾蔓延过程，对消防系统的设计是必不可少的。

火灾在建筑物内的蔓延过程通常可由实验获得的温度与时间曲线将过程分为三个阶段。曲线如图 1-1 所示。

曲线中的 AB 段称为火灾的初始阶段，BC 段称为发展阶段，C 之后称为衰退阶段。上述三个阶段也称作阴燃阶段，充分燃烧阶段及衰减熄灭阶段。

火灾的初始阶段，室内被预热，室内温度升高，并伴随温度的升高而生成大量可燃气体和烟雾，与室内空气混合，便可形成爆炸性气体混合物，然后由起火点处的明火点燃。可燃物受热而起火燃烧，与多种因素有关。例如火源性质，可燃物化学性质及建筑结构采用的材料等。

火灾初始阶段，如能及时发现并采取有效措施，火灾是很容易被扑灭的。火灾初期特点给人们提供了早期报警，早期灭火的可能性。

火灾发展阶段，室内可燃物体充分燃烧，火势凶猛，室内温度迅速上升，直到室内由于燃烧产生的热与通过外围结构散失的热相平衡。此时室内温度维持恒定。这一阶段的火灾对人及建筑物的威胁最大。

火灾衰退阶段，是火灾发展的末期。这一时期的火灾特点是室内可燃物质减少，室内温度开始下降。但根据火灾实践证明，在火灾发展阶段的后半段和衰退阶段的前半段里，火势最猛，使建筑物遭受破坏的可能性也最大，同时也是火灾向周围建筑物蔓延的最危险时刻。

火灾发展的三个阶段，每段持续的时间以及达到某阶段的温度值，都是由燃烧的当时条件决定的。为了科学实验及制定防火措施，世界各国都相继做了建筑火灾实验，并概括地制定了一个能代表一般火灾温度发展规律的标准"温度—时间曲线"。我国制定的标准火灾温度—时间曲线为制定防火措施以及设计消防系统提供了参考依据。曲线的对应值由表 1-1 列出，曲线的形状已经表示在图 1-1 中。

标准火灾温度曲线值　　　　　　　　　　　　　　　　　　　表 1-1

| 时间（min） | 温度（℃） | 时间（min） | 温度（℃） | 时间（min） | 温度（℃） |
|---|---|---|---|---|---|
| 5 | 535 | 30 | 840 | 180 | 1050 |
| 10 | 700 | 60 | 925 | 240 | 1090 |
| 15 | 750 | 90 | 975 | 360 | 1130 |

火灾蔓延的途径也是多种多样的。热气流带着未烧尽的炭粒，呈火焰状流动，带着大量未完全燃烧的产物热和烟，流窜到楼内各个角落，遇到新鲜空气立即变为明火燃烧。因

此，由于热对流作用使火灾得以蔓延。

高层建筑物中楼板的孔洞，包括楼板的所有开口及楼梯间、电梯井、管道井、垃圾井等，它们如同一个个直立的烟囱，形成了火灾垂直蔓延的良好途径。

现代高层建筑物的结构复杂，房间极多，房间的内墙门往往也是火灾蔓延的重要途径。建筑物内起火的房间，开始往往只有一个，由于内墙门未能把火挡住，火通过内门，经走廊、再通过相邻房间敞开的门进入房间，将室内物品燃着。通常在走廊内虽然没有任何可燃物，但强大的热对流和未完全燃烧产物的扩散，凭借内墙门将火灾蔓延到整个建筑物。

高层建筑中的空心结构，由于热对流作用，火灾会在不知不觉中蔓延开来。例如板条抹灰墙木筋间的空间，木楼板搁栅间的空间，屋盖空气保暖层等都是空心结构，它们都是火灾蔓延的途径。建筑物的闷顶往往是没有防火分隔墙而且面积又较大的空间，有的还有木结构及大量木材，加上通风的条件，极易发展成稳定的燃烧，并通过闷顶内的孔洞向四周及下面的房间蔓延。

可燃材料制作的管道，起火时能将燃烧扩散到通风管的任何点，它同样也构成了火灾蔓延的途径。

火灾还可以通过外墙窗口，由室外向上层房间蔓延。

热辐射作用同样使火灾蔓延。火灾时，热从房间敞口的方向向外传播，其热量发射的强度很高，能将周围被它照射的物体烤着。热量从起火点到火场周围物体的传播是靠辐射和对流方式进行的。热辐射与热对流不同，它的作用区域比较大，当辐射的热能足够时，经过一段时间能将被照射的物体引燃。热能越高，引燃可燃物的时间就越短。最危险的是热辐射伴随着热对流形成的大面积快速火灾蔓延。

现代高层建筑中的有机装饰材料，在强大的热对流及热辐射的作用下极易起火，而且由于这种有机材料遍布整个建筑物，可想而知，一旦发生火灾，有机材料便是火灾传播的极好媒介。

以上种种说明，只要我们设法堵住火灾蔓延的路径，将火灾控制在发生火灾的局部地区，就可以避免形成大火而殃及整个建筑物。

火灾的蔓延是必然的，但是控制与堵塞火灾的蔓延也是绝对可能的。

## 第三节　高层建筑火灾特点

高层建筑物内发生的火灾，往往具有以下特点：

**一、火势凶猛且蔓延极快**

随着现代工业的高速发展，城市建筑用地的价格便十分昂贵，迫使高层建筑拔地而起。更由于智能大厦的出现，使现代高层建筑以多功能且装饰豪华而著称。

由于豪华装饰的需要，大量有机材料或可燃易燃物质拥进大厦，一旦着火，这些遍布全楼的可燃材料便是火灾猛烈燃烧的极好物质条件，同时这些可燃材料也是火灾高速蔓延的良好途径。

大楼内布满了各种管道及竖井，它们象一个个直立的"烟囱"，使火焰及烟雾在其中迅速向上升起，以其惊人的速度，形成极其凶猛的"烟囱效应"。所以"烟囱"是火灾迅速燃烧、快速蔓延的重要途径。有资料表明，对于高层建筑，烟火水平流动速度一般为 0.3～

0.8m/s，而垂直流动速度则为 2～4m/s。

风对烟火传播速度同样有十分重要的影响。资料表明，随着建筑物高度的增高，风速也就越大。表 1-2 表示了风速与建筑物高度的关系。高层建筑物由于高度高，一旦发生火灾，势必形成火仗风势，火借风威，猛烈燃烧又快速蔓延的局面。

风 速 与 高 度 关 系　　　　　　　　　　　　表 1-2

| 高　度（m） | 风速（m/s） | 高　度（m） | 风速（m/s） |
|---|---|---|---|
| 10 | 5 | 60 | 12.3 |
| 30 | 8.7 | 90 | 15 |

## 二、火灾时楼内人员与物质的疏散十分困难

现代高层建筑物的高度都在几十米甚至百米以上，且楼层多，人员密集。据有关测试表明，在发生火灾时，人员与物质的疏散速度要比烟气流动速度慢 100 多倍，况且人员的疏散方向又与烟火逆向，因此就更加影响了人员与物质的疏散速度。

更可怕的是由于楼内人员众多且集中，加上楼内疏散措施又相对不多，交通工具（如电梯）又被强迫停止运行，仅有的疏散通道又免不了遭到烟火的袭击，所以在短时间内疏散完毕，就显得十分困难。

人为的因素，在疏散的慌乱中，难免产生人员的自相拥挤，碰伤，烟熏中毒，甚至相互践踏而造成的人身伤亡等事故，这就更增加了疏散难度。

## 三、火灾扑救十分困难

高层建筑火灾的扑救难度比一般建筑物的难度大得多。

火灾时人们都会看到消防队员的勇敢行为。在消防队员与火灾的较量中，总要经过一段时间，有时甚至要更长一些时间大火才能被扑灭。在这段时间里，无情的大火已经将建筑物内吞噬一空。事实充分证明了人们对火灾的扑救还是十分困难的。

消防队员借助的登高云梯，也只能达到建筑物的某一高度。高度达 50 多米的云梯，目前仍然少见。

消防队员使用的灭火水枪，其喷水扬程也有一定限制。

熊熊燃烧的大火带着高温从建筑物的窗户喷吐而出，不可一世，迫使消防队员难以接近火场。同时消防队员体力的消耗更增加了灭火的难度。

现代高层建筑多半是裙楼围绕主楼，一旦主楼发生火灾，消防车难以接近，使远离主楼的消防车灭火能力大大减弱。

高层建筑的林立，楼群的迭起，对消防的要求也势必越来越高，现有的灭火设备就难以奏效。消防设备的完善程度标志着消防灭火的能力。例如登高车，救助车，照明车，化学灭火车，大功率泵及消防直升飞机等专门的灭火及抢修设备。目前我国还不能达到这些要求。

在以上的叙述中，我们已经看到，高层建筑的火灾扑救是相当困难的。对待无情的大火，在现代化灭火设备还不够完善的条件下，就必须调动大量的人力与物力，在消防部门的统一指挥下，发挥综合能力，以实现快速灭火。

随着科学技术的不断发展，我们相信，高效的楼内自动消防系统将对火灾的扑灭起着决定性作用。

## 第四节　建筑消防用水及其它灭火介质

为了能正确地设计消防系统，就必须对常用灭火介质例如水、二氧化碳、干粉及卤代烷等的物化性质及适用场合等有关知识做必要的了解与掌握。只有使灭火剂与灭火设备相配合，才能充分发挥消防系统的灭火能力。

由于在诸多灭火剂中，目前水仍然是用的最多而且是最重要的灭火介质。所以本节着重介绍水的灭火原理及适用场合。

### 一、水的灭火原理

水是人类使用的最久、最得力的灭火介质。俗话说，水火不相容。现代消防系统中，利用水作灭火介质可设计出性能优良的灭火系统。但是为了更好地掌握水灭火系统，进一步研究开发水灭火系统，学习水的灭火原理是非常必要的。

#### （一）水的冷却作用

在物理学中我们都知道，水温度的升高及蒸发汽化都要吸收大量的热，这就是说水有冷却作用，也即在水与火的接触中，在被加热与汽化的过程中，吸收燃烧物正在燃烧产生的热量，而使燃烧物冷却下来。另一方面，水在与炽热的含碳可燃物接触时，会产生一系列化学反应并吸收大量的热。下面列出的化学反应式就可以证明这一点。

$$2H_2O \xrightarrow{\text{（炽热）}} 2H_2 + O_2$$
$$2C + O_2 \xrightarrow{\phantom{xx}} 2CO$$
$$2CO + O_2 \xrightarrow{\phantom{xx}} 2CO_2 \uparrow$$

由此可见，水在与火的接触中，无论是物理作用还是化学作用，都将从燃烧物上吸取大量的热，起到了降温灭火的作用。

#### （二）水对氧（助燃剂）的稀释作用

上面已经谈到，当水与炽热的燃烧物接触后，吸收大量热而使水汽化并产生大量水蒸汽阻止了外界空气再次侵入燃烧区。另外，水蒸汽还可使着火现场的氧（助燃剂）得以稀释。

所以通过水蒸汽的阻氧及对着火本区氧的稀释作用，就会使着火本区的助燃剂一方面得不到补充，同时现有的又被稀释而大大减少，导致火灾由于缺氧而熄灭。

#### （三）水的冲击作用

在救火现场，由喷水枪喷出的高压水柱具有强烈的冲击作用。燃烧物在这种强烈冲击下，会变成四分五裂，因此可使火势由于分散而减弱。所以水的冲击作用同样是水灭火的一个重要作用。

### 二、水灭火介质的应用

由于水是天然灭火剂，获取与使用都相当方便，与水相应的消防系统的设计及使用已为人们所习惯。设计与使用的丰富经验保证了消防系统的自动化水平不断提高。强大的灭火能力使得该系统倍受欢迎。

所以目前我国用水灭火是主要灭火形式，在大面积火灾情况下，人们总是优先考虑用水去灭火。

现代高层建筑中，总有一些特殊房间，在火灾时不能承受水的冲击，所以在这些场合就不宜采用水去灭火。

电气火灾，可燃粉尘聚集处发生的火灾，贮有大量浓硫酸、浓硝酸场所发生的火灾等，都不能用水去灭火。

一些与水能生成化学反应的产生可燃气体且容易引起爆炸的物质（如碱金属、电石、熔化的钢水及铁水等），由它们引起的火灾，也不能用水去扑灭。

水作为一种深受人们欢迎的灭火介质，正在发挥越来越大的作用，同时与水相应的灭火系统如消火栓灭火系统，喷洒水灭火系统及水幕水帘等也正在成为人们不可缺少的主要灭火工具。

### 三、其他灭火介质

#### （一）泡沫灭火剂

凡能与水混溶，并可通过化学反应或机械方法产生灭火泡沫的灭火剂称为泡沫灭火剂。其组成包括发泡剂、泡沫稳定剂、降粘剂、抗冻剂、助溶剂、防腐剂及水。

泡沫灭火剂主要用于扑灭非水溶性可燃液体及一般固体火灾。其灭火原理是泡沫灭火剂的水溶液通过化学、物理作用，充填大量气体（$CO_2$、空气）后形成无数小气泡，覆盖在燃烧物表面使燃烧物与空气隔绝，阻断火焰的热辐射，从而形成灭火能力。同时泡沫在灭火过程中析出的液体，可使燃烧物冷却。受热后产生的水蒸汽还可降低燃烧物附近的氧气浓度，也起到了较好的灭火效能。

#### （二）干粉灭火剂

干粉灭火剂又称粉末灭火剂，它是干燥且易于流动的微细固体粉末。

其灭火原理是将干粉以一定的气体压力由容器中喷出并呈粉雾状，在其与火接触时便会发生一系列物理化学作用，从而扑灭火焰。

目前干粉灭火剂的应用主要以碳酸氢钠为基料的小苏打干粉，改性钠盐干粉，硅化小苏打干粉及氨基干粉，用以扑灭各种非水溶性和水溶性可燃易燃液体的火灾以及天然气和液化石油气可燃气体的火灾。

一般带电设备发生的火灾，也可由干粉灭火剂去扑灭。

以磷酸盐为基料的干粉灭火剂除去上述功能外，尚可扑灭一般固体火灾。

#### （三）二氧化碳 $CO_2$ 灭火剂

二氧化碳 $CO_2$ 是一种很好的气体灭火剂。

二氧化碳灭火的基本原理是依靠对火灾的窒息、冷却和降温作用。二氧化碳挤入着火空间时，使空气中的含氧量明显减少，使火灾由于助燃剂的减少而最后"窒息"熄灭。同时，二氧化碳由液态变成气态时，每千克将吸收着火现场约 578.2kJ 的热量，从而使燃烧区温度大大降低，同样起到灭火作用。

由于二氧化碳灭火具有不沾污物品，无水渍损失，不导电及无毒等优点，所以目前二氧化碳被广泛应用在扑救各种易燃液体火灾，电气火灾以及高层建筑中的重要设备、机房、电子计算机房、图书馆、珍藏库等发生的火灾。重要的写字楼、科研楼及档案楼等发生的火灾也经常采用二氧化碳去灭火。

#### （四）卤代烷灭火剂

卤代烷是以卤素原子取代烷烃分子中的部分氢原子或全部氢原子而得到的一类有机化

合物的总称。一些低级烷烃的卤代物具有不同程度的灭火能力。我们常将这些具有灭火能力的低级卤代烷统称为卤代烷灭火剂。

四种常用的卤代烷灭火剂化学表达式及代号分别为：

| 二氟一氯一溴甲烷 | $CF_2ClBr$ | 1211 |
| 三氟一溴甲烷 | $CF_3Br$ | 1301 |
| 二氟二溴甲烷 | $CF_2Br_2$ | 1202 |
| 四氟二溴乙烷 | $C_2F_4Br_2$ | 2402 |

例如代号 1211 的灭火剂，分子式中有一个碳原子，二个氟原子，一个氯原子和一个溴原子。

代号为 1211 的灭火剂国外常称作 BCF。

卤代烷的灭火原理在于抑制燃烧的化学反应过程，使燃烧中断。灭火过程主要是通过夺取燃烧连锁反应中的活泼性物质而形成的断链过程或抑制过程。显然，这一灭火过程是化学反应过程，而其他一些灭火剂大都是冷却和稀释等物理过程，因此卤代烷灭火速度是非常快的。

卤代烷灭火剂的使用与二氧化碳有很多相似之处，例如灭火后不留痕迹，毒性低，且药剂本身绝缘性好。因此卤代烷灭火剂适合于扑救各种易燃液体火灾和电气设备火灾，而不适用扑救活泼金属、金属氢化物及能在惰性介质中由自身供氧燃烧的物质的火灾。固体纤维物质火灾需要采用浓度较高的卤代烷灭火剂。

总之，卤代烷灭火剂由于灭火效率高，速度快，用药少，毒性也较小，所以倍受人们的关注。目前国外已大量使用卤代烷灭火剂。我国也正在进一步研究与开发，使其发挥更大的灭火能力。考虑到卤代烷的价格仍然较高，所以在使用时应根据具体情况酌情选择。

## 第五节　高层建筑消防系统发展趋势

### 一、高层建筑对消防系统的要求

我们常说，高层建筑是现代社会发展的象征。它顶天立地，犹如时代巨人。而其消防系统的存在与发展则是支撑巨大建筑的基石。事实已经证明，无论大厦是多么牢固，只要一场大火就可以化为灰烬。惨痛的教训已经让人们对高层建筑的消防系统另眼相看了。

高层建筑对消防系统的要求是十分严格的。它的设计与使用必须严格遵照消防法规，不可有半点疏忽大意。具体要求如下：

（1）消防系统在结构上要求安全可靠，功能齐全，灭火能力强，抗干扰性能好，且有手动、自动转换功能。系统结构、规格应满足消防法规的有关规定。

（2）消防系统的控制与使用要求灵敏度高、动作迅速准确。广泛采用先进的电子技术、微机技术及自动控制技术，便于消防系统的进一步开发与使用。

（3）消防系统元器件的制造及使用，必须经过国家指定消防产品生产单位制造与调试，而且在元器件的生产过程中，应优先采用先进的技术手段，以保证产品的质量高，寿命长，安全可靠，同时又便于维修与更换。

总之，由于消防系统的重要性，所以在构成与使用消防系统时应尽量采用先进技术，先进设备，使其结构优化、实用。同时也应考虑我国具体情况，设计、制造出不同层次的消防系统，以适用不同场合不同部门的要求。

**二、我国高层建筑消防系统发展趋势**

我国消防事业的发展虽然起步较晚,但消防理论与实践的发展速度却是十分惊人的。尤其是改革开放以来，消防意识已深入人心，人们的消防观念逐渐加强，全民参与消防，全面贯彻预防为主，防消结合的方针，一个由全民组成的庞大消防队伍正在兴起壮大。

目前，我国的消防事业已经纳入国家公安部管辖。各类消防法规已相继产生。国家指定的专门生产消防设备的工厂就有几十家，其产品水平已接近和达到世界先进水平。例如我国西安、上海、北京、天津、辽宁、四川等地都有设备、技术先进的现代化消防设备仪器厂，生产的标准化、系列化消防产品为我国消防事业的发展做出了重要贡献。我国消防理论的研究已步入世界行列，一大批科研机构，高等院校的相关专业正在努力地将先进的控制理论、控制技术应用到消防系统中，使我国消防系统的设计与研制向着更高的领域迈进。

总结我国消防事业的发展，展望我国消防事业未来前景，我们不难看出我国消防事业的发展趋势：

(1) 消防系统的设计与制造趋向标准化、法规化及实用化。

(2) 消防系统的设计、使用及管理趋向于全面采用微机技术或智能技术。

大力加强消防系统理论及实践的研究，以促进消防系统的制造与使用。

大力推广楼厦消防系统与地区、城市消防系统联网，从而形成集中控制的具有强大灭火能力的灭火网。

# 第六节  课程性质、任务及学习方法

本课程是电气技术专业（建筑电气）的专业课。

主要讲述建筑消防系统的理论与实践。

对微机监控的自动消防系统的组成及工作原理做较为详细的理论分析，而对于自动消防系统的品质与性能的分析侧重在应用上。

组成系统的主要设备与器件，一方面注意理论分析，同时也注意它们的实际应用。

建筑消防系统的设计，同样是本课程讲述的主要内容。

学生通过对本课程的学习，应能牢固树立消防法规意识，建立起消防系统概念。在理论上，要掌握消防系统组成及应用的基本理论。在实践上，应能按法规要求，选择合适的消防器件，设计和构造出先进且实用的自动消防系统，并具备一定的系统使用与调试能力。因此对于本课程的学习，一方面要注意学以致用，同时还要注意掌握消防系统的基本理论，学会消防系统的研究与开发，利用先进的理论，开发出先进的消防系统。

消防系统法规性较强，要求学生在学习中真正地树立起消防法规观念，消防系统的设计与使用，应严格遵守消防法规。

考虑到本课程的实践性，学习时应注意理论与实践的结合，多参加消防调查，有条件的地方应让学生参与部分消防系统的设计工作。

书后的习题与思考题，可供学生学习参考，也可作为实践内容的尝试。

# 第二章　建筑消防系统组成及应用

现代化建筑消防系统是消防工程的重要组成部分。所谓建筑消防系统就是在建筑物内或高层建筑物内建立的自动监控自动灭火的自动化消防系统。众所周知，一旦建筑物发生火灾，该系统就是主要灭火者。它的工作可靠，技术先进则是扑灭火灾的关键。

本章就建筑消防系统的组成、工作原理及应用做详细介绍。

## 第一节　建筑消防系统构成方案

根据建筑消防规范，将火灾自动报警装置及自动灭火装置按着实际需要有机地组合起来，便构成了建筑消防系统。

现代化建筑消防系统，尤其是服务于高层建筑的建筑消防系统是一个完整的功能齐全的具有先进控制技术的自动化系统。对于不同形式、不同结构、不同功能的建筑物来说，建筑消防系统的模式不一定完全一样。根据我国国家防火标准（GBJ45—82）《高层民用建筑设计防火规范》中规定，高层民用建筑应根据其使用性质，火灾危险性、疏散和扑救难度等进行分类，因此相应的消防系统就应当设计成不同的标准类型。

当建筑物按防火等级分类后，借鉴国外及国内设计与使用的经验，对建筑消防系统的设计方案可作如下考虑：

**一、自动监测、自动灭火的自动消防系统**

我们以民用高层建筑为研究对象，根据防火要求，可将其分成两大类。高级旅馆、高级住宅、重要办公楼、科研楼、图书楼及档案楼等均属一类建筑。

一类建筑中的可燃物品库、空调机房、变配电室、电话机房、自备发电机房，高级宾馆的客房及公共用房、公共走道，电信广播及省级邮政楼的重要机房、图书资料档案库、大中型电子计算机房，高层医院火灾危险性较大的房间、物品库及贵重设备间等应视为一类建筑中的一级防火保护对象。

对于一类建筑中的高层建筑百货楼，财贸金融的营业厅，展览楼的展览厅，重要办公科研楼的火灾危险性较大的房间和物品库等可视为一类建筑中的二级防火保护对象。

对于一级、二级防火保护对象，应采用高规模、高标准或中等规模中等标准的自动化消防系统，即系统应具有火灾自动报警子系统，有全部的或几种主要灭火设备的联动灭火子系统及联锁减灾子系统。

这种模式的消防系统实际上是全部自动化的消防系统。

**二、自动监测、人工灭火的半自动化消防系统**

二类高层建筑中，铺有地毯等容易发生火灾的客房、可燃物品库、书库等均属于三级防火保护对象。

对于三级防火保护对象的消防系统可采用低规模、低标准的消防系统。人们经常使用的自动报警、人工灭火的所谓半自动化消防系统就属于这种类型。

在设计全自动化的消防系统中，仍然要考虑事故状态下的手动控制，这说明人工灭火的半自动化系统仍具有可贵的实用性。

# 第二节　建筑消防系统构成

## 一、消防系统方块结构图

建筑消防系统，以建筑物或高层建筑物为被控对象，通过自动化手段实现火灾的自动报警及自动扑灭。

在结构上，建筑消防系统通常由两个子系统构成，即自动报警（监测）子系统及自动灭火子系统。系统中设置了检测反馈环节，因此消防系统是典型的闭环控制系统。其方块结构如图 2-1 所示。

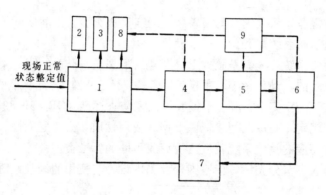

图 2-1　建筑消防系统方块结构图

1—自动报警控制器；2—中控室火灾报警装置；3—消防联锁系统；

4—联动装置；5—灭火执行器；6—灭火现场；7—检测反馈装置；

8—现场火灾报警装置；9—手动控制装置

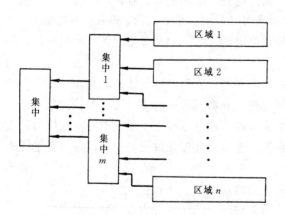

图 2-2　多级自动监控系统方块结构图

图 2-1 中的火灾报警控制器是消防系统的核心部件，它包括火灾报警显示器及控制器。随着现代科技的高速发展，火灾报警控制器不断溶入微机控制技术，智能技术，使其结构发生了质的变化。现代火灾报警控制器都是以微处理器为主要器件，因此使其结构紧凑，功能完善，使用方便灵活。

消防系统火灾报警控制器数量的选择，应根据消防系统本身的要求。由单个火灾报警控制器构成的针对某一监控区域的消防系统称为单级自动监控自动灭火系统，有时又简称为单级自动监控系统或区域自动监控系统。

与单级自动监控系统相类似，由多个火灾报警控制器构成的针对多个监控区域的消防系统称为多级自动监控自动灭火系统，简称为多级自动监控系统或集中——区域自动监控系统。多级自动监控系统的方块结构如图2-2所示。

**二、实用建筑消防系统主要装置介绍**

实用建筑消防系统方块结构如图2-3所示。

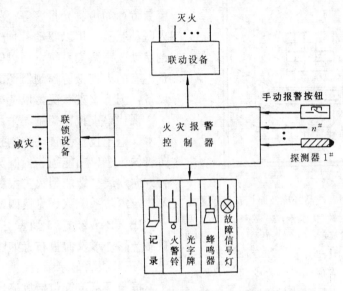

图 2-3　实用建筑消防系统方块结构图

由图2-3可见，系统主要由火灾探测器、火灾自动报警控制器、声光报警装置（包括故障灯、故障蜂鸣器、光字牌、火灾警铃）、联动装置（输出若干控制信号，驱动灭火装置）、联锁装置（输出若干控制信号，驱动排烟机、风机等减灾装置）等构成。

**（一）火灾探测器**

火灾探测器是火灾探测的主要部件，它安装在监控现场，用以监测现场火情。

火灾探测器将现场火灾信息（烟、光、温度）转换成电气信号，并将其传送到自动报警控制器，在闭环控制的自动消防系统中完成信号的检测与反馈。

手动报警按钮的作用与火灾探测器类似，不过它是由人工方式将火灾信号传送到自动报警控制器。

目前，国内已有许多厂家生产火灾探测器，其产品规格、型号虽有所不同，但构成的基本原理是相同的。在实际使用中，根据安装方式的不同，可分为露出型和埋

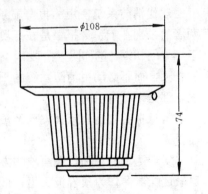

图 2-4　JTY-LZ-1101 产品外形图

入型，带确认灯型和不带确认灯型；从工作原理上又可分为感烟、感温及感光探测器等。用户可根据不同需要，选择合适的火灾探测器。有关火灾控测器详细内容将在第三章介绍。

图2-4表示了常用的JTY-LZ-1101点型离子感烟火灾探测器的产品外形。

**（二）火灾报警控制器**

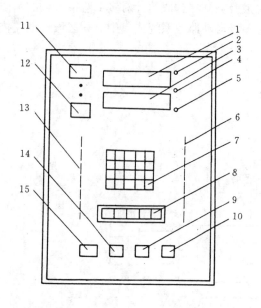

图 2-5　报警控制器产品外形及面板布置示意图
1—数码显示 1；2—时钟显示指示；3—数码显示 2；4—首次报警显示；5—报警显示；6—状态显示指示；7—键盘；8—按键开关；9—消音开关；10—电压指示；11—火警显示；12—故障显示；13—故障类型指示；14—打印机开关；15—打印机

火灾报警控制器是自动消防系统的重要组成部分，它的完美与先进是现代建筑消防系统的重要标志。

火灾报警控制器接收火灾探测器送来的火警信号，经过运算（逻辑运算）、处理后认定火灾，输出指令信号。一方面启动火灾报警装置，如声、光报警等；另一方面启动灭火联动装置，用以驱动各种灭火设备，同时也启动联锁减灾系统，用以驱动各种减灾设备。有的火灾报警控制器还能启动自动记录设备，记下火灾状况，以备事后查询。

现代火灾报警控制器采用先进的微处理技术、电子技术及自动控制技术，使其结构向着体积小、功能强、控制灵活、安全可靠的方向发展。智能型火灾报警控制器正在进入建筑消防系统（详见第四章介绍）。

JB-TB-W256/96 型壁挂式区域报警控制器产品外形及面板布置如图 2-5 所示。

（三）报警显示装置

报警显示装置包括故障灯、故障蜂鸣器、火灾事故光字牌及火灾警铃等。

报警显示装置以声光向人们提示火灾与事故的发生，并且也能记忆与显示火灾与事故发生的时间及地点。

报警显示装置通常与火灾控制器合装，并统称为火灾报警控制器。

现代消防系统使用的报警显示常常分为预告报警的声光显示及紧急报警的声光显示。两者的区别在于预告报警是在探测器已经动作，即探测器已经探测到火灾信息。但火灾处于燃烧的初期（也称阴燃阶段），如果此时能用人工方法及时去扑火，阴燃阶段的火灾就会被扑灭，而不必动用消防系统的灭火设备。毫无疑问，这对于"减少损失，有效灭火"来说，都是十分有益的。

紧急报警则是表示火灾已经被确认，火灾已经发生，需要动用消防系统的灭火设备快速扑灭火灾。

实现两者的区别，最简单的方法就是在被保护现场安置两种灵敏度的探测器，其中高灵敏度探测器作为预告报警用；低灵敏度探测器则用作紧急报警。这种方法简单易行，但在要求严格的场合下，人们已经采用了其他更有效的方法来实现两种报警。

（四）灭火装置

消防系统的灭火装置包括灭火器械与灭火介质，如消火栓水灭火器，自动喷洒水灭火器，二氧化碳灭火器及卤代烷灭火器等。

由于水灭火是一种使用最广泛的灭火方法，因此水灭火器在目前仍是消防系统中的主要灭火装置。水灭火器一般有室内消火栓灭火装置、自动喷洒水灭火装置及水帘水幕灭火装置等。

室内消火栓灭火是由消防蓄水池、管路及室内消火栓等设备组成。消火栓设备主要由水枪、水带及消火栓三部分构成。每个消火栓设备均相应配有远距离启动、控制消防水泵的按钮及指示灯。

室内喷洒水灭火是由自动喷洒头、管路、控制装置及压力水源等组成。喷洒头一般分为开启式和封闭式两种。

水帘与水幕，它们是灭火的辅助设备，有利于火灾的扑灭与隔离，其构成主要有喷头、管路及控制阀等。

二氧化碳灭火器也是消防系统中经常使用的灭火设备。按其用途可分成全充满灭火系统及局部应用灭火系统两大类；按控制方式又可分成全自动、半自动及手动灭火系统；按二氧化碳贮存方式又可分成高压贮存灭火系统和低压贮存灭火系统。

二氧化碳灭火器主要由贮存二氧化碳的容器（钢瓶）、瓶头阀、管道、喷嘴、操作系统及其附属设备等构成。

卤代烷灭火器是一种较新的灭火设备，其构成与二氧化碳灭火器类似。这种灭火设备有很多优点，它是现代高层建筑防火中不可缺少的主要灭火设备。

常用的全充满式1211灭火系统通常有贮存1211灭火剂的钢瓶、启动阀、控制阀及喷头等。

灭火装置受控于联动执行器（如继电器组、电磁阀等），通常将联动执行器与灭火装置合称为联动灭火系统。

（五）减灾装置

减灾装置的作用是有效地防止火灾蔓延，便于人员及财物的疏散，尽量减少火灾损失。消防系统中设置的排烟设备、防火门、防火卷帘、火灾事故广播网、应急照明灯、电话及消防电梯等都是消防系统中不可缺少的主要减灾设备。

防火门是在火灾期间起着隔离火灾的作用。无火灾时，防火门处于开启状态；有火灾时则处于关闭状态。防火门与安全通道上的安全门不同。安全门在无火灾时处于关闭状态，而在有火灾时则处于开启状态。

防火卷帘是门帘式的防火分隔物，无火灾时处于收卷状态，而有火灾时处于降下状态。

防排烟设备的选择主要由消防系统中防排烟方式决定。自然排烟、机械排烟以及机械加压送风排烟是高层建筑的主要排烟方式。排烟设备通常由排烟风机、风管路、排烟口、防烟垂帘及控制阀等构成。

火灾事故广播负责发出火灾通知、命令、指挥人员安全疏散。广播系统的构成主要有火灾广播专用扩音机、扬声器及控制开关等。

应急照明灯包括事故照明灯与疏散照明灯。在火灾事故时，应急照明灯由消防专用电源供电。事故照明主要用于火灾现场的照明，疏散照明主要用于疏散通道上的疏散方向照明及出、入口照明。

应急照明灯具通常采用白炽灯。

消防电梯是火灾时的专用电梯。火灾现场所有电梯一律降至地面基站。消防电梯受控于消防人员，实行灭火专用。

减灾装置受控于联锁控制器，通常将联锁控制器与减灾装置合称为联锁减灾系统。

人们常常将联动灭火系统与联锁减灾系统合称为自动灭火系统，所以在建筑消防系统中就有如下说法：建筑消防系统通常由自动报警子系统与自动灭火子系统构成。

掌握自动消防系统的基本组成单元，典型设备的基本结构及工作原理，对消防系统的分析与设计是必不可少的。关于消防系统的基本单元及典型设备可参看图2-6。

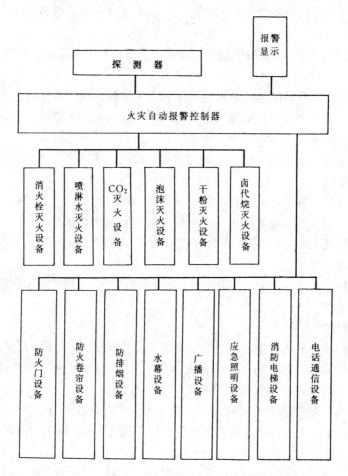

图 2-6　建筑消防系统基本单元及典型设备示意图

### 三、建筑消防系统构成模式

所谓消防系统构成模式是指消防系统中火灾报警控制器与主要灭火、减灾设备的安装配置方式。根据我国有关消防法规规定，对于建筑物尤其是高层建筑物，通常可将消防系统构成四种类型。即区域消防系统、集中消防系统、区域——集中消防系统及控制中心消防系统。

（一）区域消防系统

对于建筑规模小，控制设备（被保护对象）不多的建筑物，常使用区域消防系统。

该系统保护对象仅为某一区域或某一局部范围,系统具有独立处理火灾事故的能力。系统主要设备的设置方式即系统构成模式如图2-7所示。

由图2-7可见，系统中只有一台区域报警控制器（在整个建筑物内，只能有一个这样的系统，系统内也只能有一个这样的报警控制器）。

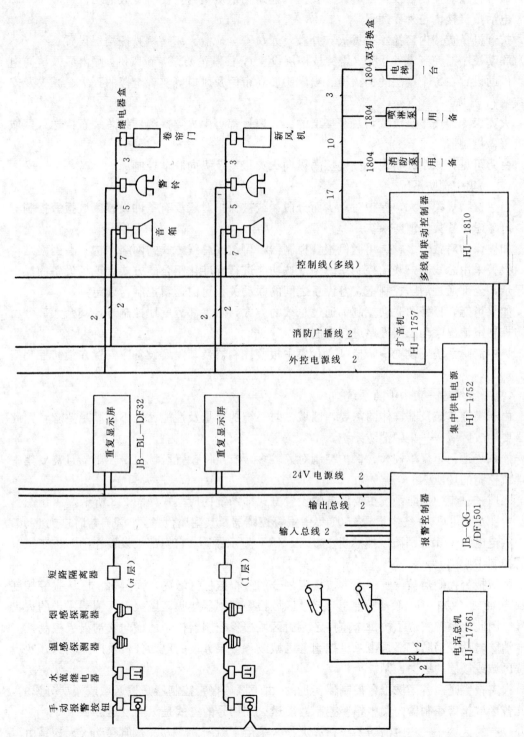

图 2-7 区域消防系统模式图

与其配套的还有电话总机，集中供电电源，扩音机及多线制联动控制器。

通常将报警控制器及其配套设备安置在建筑物值班室内，要有专人值班。

电话负责楼内与外界通讯。

扩音机负责楼内广播，指挥火灾扑救及人员安全疏散。广播喇叭按楼层设置。

联动控制器控制警铃报警（警铃按楼层设置），控制消防泵，新风机，喷淋泵及消防电梯。借助设置在每个楼层的消火栓、喷淋头、卷帘门及风口等实现全楼的灭火、减灾及安全疏散。

火灾探测器按楼层设置，每个楼层的火灾信号都可由火灾探测器经总线直接送入区域火灾报警控制器。

由此可见，该系统实现了按楼层的纵向火灾报警及纵向联动控制。

（二）集中消防系统

当建筑物规模较大，保护对象少而分散，或被保护对象没有条件设置区域报警控制器时，可考虑设置集中消防系统。

如被保护对象较多，选用微机报警控制器，可组成总线方式的网络结构。在网络结构中，报警采用总线制，联动控制系统采取按功能进行标准化组合的方式。现场设备的操作与显示，全部通过消防控制室，各设备之间的联动关系可由逻辑控制盘确定。

如果可能，报警和联动控制都通过总线的方式，除少部分就地控制外，其余大部分由消防控制室输出联动控制程序进行控制。

集中消防系统应设置消防控制室，集中报警控制器及其附属设备应安置在消防控制室内。

（三）区域——集中消防系统

由于高层建筑及其群体的需要，区域消防系统的容量及性能已经不能满足要求，因此有必要构成区域——集中消防系统。

该系统适用于规模较大，保护控制对象较多，有条件设置区域报警控制器且需要集中管理或控制的场所。

区域——集中消防系统主要设备的设置方式即系统构成模式如图2-8所示。

由图2-8可见，系统中设置1501集中报警控制器及其附属设备，如消防电话总机1756，集中供电电源1752，消防广播总机1757及CRT显示器等。它们都被设置在消防控制室或消防控制中心内。

区域报警控制器被设置在通常按楼层划分的各个监控区域内，而且每个区域报警控制器都与1811（或1801）联动控制器联动。区域报警控制器接收区域火灾探测器发送的火灾信号。因此该系统实现了按每个监控区域由区域报警控制器控制的横向联动灭火控制。

消防电话及消防广播是由总机控制各区域或各楼层分设的电话分机及广播喇叭，实现了按区域或楼层的纵向控制。

火灾报警是由各区域报警控制器实现的。由于区域报警控制器是按区域或楼层分设的，因此各区域报警控制器向集中报警控制器发送火灾信号的方式是纵向发送。

也有的区域——集中消防系统，火灾报警采用了纵向发送方式，但联动灭火却是由消防控制室（消防中心）集中控制的灭火设备实现的，即区域报警控制器不联动灭火设备。

值得注意的是，在区域——集中消防系统中设置的消防控制室（消防中心）是十分重

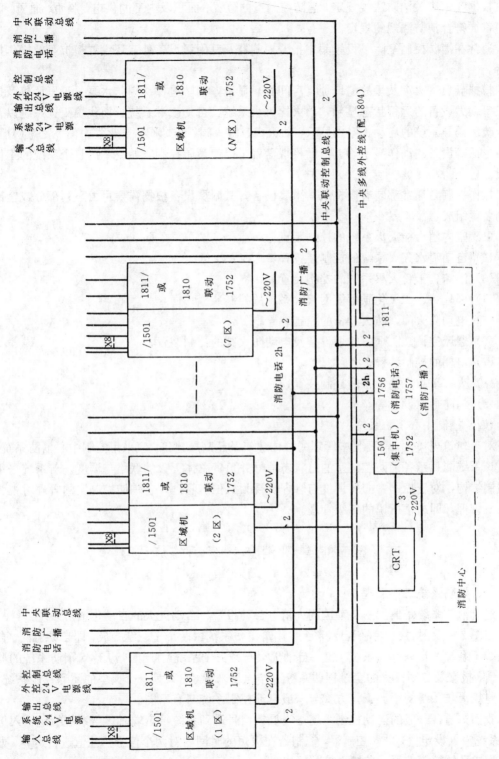

图 2-8 区域——集中消防系统模式图

19

要的。

根据我国有关消防法规规定，消防控制室的位置、面积及内部的供电、照明、通风、防火等都要符合消防法规的规定。

通常在消防控制室除了设置集中报警控制器及其附属设备外，还设置模拟盘及操作控制台。

模拟盘负责火灾及事故的地址（房间号）显示，消防电梯、消防水泵、正压风机及排烟机等动力设备的运行状态显示，消火栓灭火系统、自动喷淋系统、卤代烷灭火系统以及安全疏散诱导系统的启动、停止显示，防火门、防火阀、排烟阀、防火卷帘门、紧急广播、消防电话等设备的动作显示等。借助模拟盘就可以使消防控制室始终掌握整个系统的工作情况。

操作控制台通常都装有微机及其附属设备，其附属设备根据需要可由下列部分或全部控制装置组成：

（1）室内消火栓灭火系统的控制装置；

（2）自动喷水灭火系统的控制装置；

（3）泡沫、干粉灭火系统的控制装置；

（4）卤代烷、二氧化碳等管网灭火系统的控制装置；

（5）电动防火门，防火卷帘的控制装置；

（6）通风空调、防烟、排烟设备及电动防火阀的控制装置；

（7）电梯的控制装置；

（8）火灾事故广播设备的控制装置；

（9）消防通讯设备等。

（四）控制中心消防系统

对于建筑规模大，需要集中管理的群体建筑及超高层建筑，应采用控制中心消防系统。

该系统能显示各消防控制室的总状态信号并负责总体灭火的联络与调度。若系统采用总线制结构，对于控制中心的调度与管理可视为上位机管理，各消防控制室的管理可视为下位机管理，即通常所说的二级管理。

## 第三节　建筑消防系统工作原理

### 一、消防系统工作原理

建筑消防系统是典型的自动监测火情、自动报警、自动灭火的自动化消防系统。

在图 2-1 及图 2-3 中我们已经看到，建筑消防系统由两个子系统构成，即自动监测、自动报警子系统及自动灭火系统（包括自动灭火与减灾子系统）。同时，从建筑消防系统的监测火情、报警及自动灭火的全过程即系统工作原理来看，它又是一个典型的闭环控制系统。

建筑消防系统的闭环工作方式与一般自动控制系统略有不同。

我们知道，一般的自动控制系统是当反馈信号送到系统给定端时，与系统给定输入信号（系统输入设定值）进入控制器，控制器在极短的时间内对两个信号的差值进行运算、处理，形成系统控制信号，控制系统的输出。

建筑消防系统同样需要反馈信号送到系统给定端，反馈信号是由设置在保护现场的火灾探测器提供的。反馈值与系统给定值即现场正常状态（无火灾）时的烟雾浓度、温度（或温度上升速率）及火光照度等参数的规定（标定）值一并送入火灾报警控制器。但与一般自动控制系统不同的是在火灾报警控制器运算、处理这两个信号的差值时，要人为地加一段适当的延时。火灾报警控制器在这段时间内对信号进行逻辑运算、处理、判断、确认。只有确认是火灾时，火灾报警控制器才发出系统控制信号，控制系统输出，即驱动灭火设备，实现快速、准确灭火。

这段人为的延时（一般设计在 20～40s 之间），对建筑消防系统是非常必要的。

可以想象，如果火灾未经确认，火灾报警控制器就发出系统控制信号，驱动灭火系统动作，势必造成不必要的浪费与损失。

还需指出，所谓的建筑消防系统中的控制信号，可以理解为由火灾报警控制器发出的两路主令控制信号，其中一路信号为启动灭火设备的主令信号，另一路为启动报警设备的主令信号。而对于启动联锁减灾设备的主令信号可理解为联锁信号。

另外，从控制的角度看，建筑消防系统以现场探测器检测的火灾信号为系统反馈信号，以灭火设备的动作为输出，利用火灾报警控制器作延时判断。确认火灾后便立即发出系统控制信号。从而实现了现场灭火的闭环控制。

建筑消防系统的闭环控制保证了消防系统的动作迅速、准确、安全可靠。

从使用角度看，建筑消防系统可以是单级式的，也可以是多级式的。

现代高层建筑中被监控的区域往往是几个或几十个，因此就必须由若干个区域监控系统联网组成区域——集中消防系统，也即多级自动消防系统。

**二、常用术语**

为便于对自动消防系统的分析与设计，对一些常用消防术语及名词作如下解释：

1. 火灾报警控制器

火灾报警控制器是由控制器和声、光报警显示器组成。

火灾报警控制器接收系统给定输入信号及现场检测反馈信号，输出系统控制信号。

2. 火灾探测器

火灾探测器是一种传感器，有时也称作"一次检测元件"或"敏感元件"。

3. 火灾正常状态

火灾探测器或火灾报警控制器发出火灾报警信号之前被监控现场的工作状态，也即被监控现场火灾参数信号小于探测器动作值的状态。

4. 故障状态

为确保自动监控系统可靠工作，对于系统中由于某些环节不能正常工作而造成的故障必须给以显示并尽快排除。这种故障称为故障状态。

5. 火灾报警

消防系统中的火灾报警分为预告报警及紧急报警。

预告报警是指火灾刚处在"阴燃阶段"由报警装置发出的声、光报警。这种报警预示火灾可能发生，但不启动灭火设备和减灾设备。

紧急报警是指火灾已经被确认的情况下，由报警装置发出的声、光报警。报警的同时，必须给出启动灭火装置及减灾装置的控制信号。

预告报警的声警显示用变调的喇叭声，光警显示用闪烁的红色火警信号灯；紧急报警的声警显示采用不间断火警铃，光警显示采用红色火警信号灯；故障报警的声警显示用蜂鸣器，光警显示用黄色信号灯。

6. 探测部位

所谓探测部位是指作为一个报警回路的所有火灾探测器所能监控的场所。一个部位只能作为一个回路接入自动报警控制器。换句话说，在报警控制器内凡占一个部位，则必对应着一个回路的所有探测器。

7. 部位号

部位号是指在报警控制器内设置的部位号，它对应着接入的探测器的回路号。

8. 探测范围

探测范围通常指一只探测器的保护面积，其度量方法是采用一只火灾探测器能有效可靠地探测到火灾参数的地面面积。

9. 监控区域号

监控区域也称报警区域。监控区域号一般也就是建筑物内每一台区域报警控制器的编号。监控区域号为集中报警控制器显示火灾区域提供了方便。

10. 火灾报警控制器容量

所谓"容量"，对区域报警控制器及集中报警控制器有不同的解释。

区域报警控制器的容量是指它所监控的区域内最多的探测部位数。而集中报警控制器的容量除指它所监控的最多探测部位数外，还指它所监控的最多"监控区域"数，即最多的区域报警控制器的台数。

11. 区域与集中报警控制器

区域报警控制器与集中报警控制器在结构上没有本质区别。区域报警控制器只是针对某个被监控区域，而集中报警控制器则是针对多区域的、作为区域监控系统的上位管理机或集中调度机。

从功能上讲，集中报警控制器比区域报警控制器更齐全、更完善。

**三、微机自动监控系统**

自动消防系统是以火灾报警控制器为核心的自动报警自动灭火系统。

对于火灾报警控制器，从控制角度讲，有模拟信号控制和数字信号控制；从结构上讲，有模拟结构和数字结构。对于模拟结构的火灾报警控制器，人们常称为常规式火灾报警控制器。目前由常规火灾报警控制器构成的常规自动消防系统仍然普遍应用在高层建筑的消防工程中。

随着微处理技术的飞速发展，微机已经在消防系统中获得广泛应用。由于微处理器在改善和提高消防系统的快速性、准确性及可靠性等方面已经显示出巨大威力，因此近年来，我国许多消防科研单位及消防设备生产厂家都在致力于微机监控系统的研制与开发，并已取得可喜成果。

目前在我国，微机监控自动消防系统已经成为消防工程中的主流系统，并且正在以现代科技为支柱，以惊人的速度向着完全微机化、智能化方向发展。

（一）微机监控系统构成

微机监控系统基本构成如图 2-9 所示。

由图 2-9 可见，系统中的 GDP 是一个重要部件，我们称之为"接口"。实际应用时，GDP

被安装于现场。它一方面接收火灾探测器发送的火灾信号，经变换后通过传输系统送至微处理机进行运算（逻辑）处理；另一方面它又接收由微处理机发送的指令信号，经转换后向现场有关监控点的执行装置传递，使有关灭火设备动作。由此可见，所谓接口就是微机与外界被控设备的连接部分。

系统中的"传输部分"，常指传送现场（探测器、灭火器）与微处理机之间的所有信息的通道。它一般由两条专用的电缆线构成数字传输通道。近年来，国外已经开始用光导玻璃纤维作为传送通道材料，国内也已有采用。由于这种光导玻璃纤维材料具有传送信号损失小，抗干扰能力强，绝缘性能好及耐腐蚀等优点。所以它的应用必将使微机监控消防系统的功能更趋完善。

系统中的主控台与外围设备也是系统中不可缺少的，只是其种类、数量的选择对于不同的微机监控系统是不同的。主控台的作用是通过它校正（整定）各监控现场正常状态值（即给定值），对各监控现场执行器进行远距离操作并显示系统各种参数和状态，它是操作人员与监控系统实现现场对话的重要设备。外围设备是辅助监控系统中微机正常

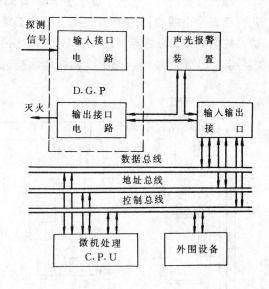

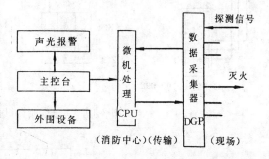

图 2-9　微机监控系统结构示意图

工作的部分，一般设有打印机、记录器、控制接口、报警装置以及闭路电视监控装置等。外围设备工作质量的好坏，直接关系到监控系统的性能。

（二）微机监控系统应用

现代微机监控系统，一般可分为总线制监控系统和智能化监控系统。由于目前我们所采用的自动监控系统仍以总线制为主，所以我们以总线制微机监控系统为例说明它的应用。

所谓总线制微机监控系统，是以火灾报警控制器为主机，采用单片微型计算机及其外围芯片构成多 CPU 的控制系统，以时间分割与频率分割相结合实现信号的总线传输。

在总线制火灾监控系统中，自动报警控制器与火灾探测器、联动装置及联锁装置之间的信号传输在两条线上进行。这样的监控系统通常被称为二总线制监控系统。这种监控系统与二线制、三线制、四线制等多线制监控系统相比，有较多的优点，所以它是目前国内较流行的一种自动监控系统。

二总线监控系统中，火灾探测器、手动报警按钮、声光报警装置以及联动、联锁装置等都采用"编码"的方法将它们的具体地址用不同的编码号表示出来，然后都挂在总线上，并通过总线向报警控制器发送信号或接收由报警控制器发送出来的指令信号。例如，报警控制器与火灾探测器之间的信号传递过程可叙述如下：

每一报警回路（部位）的探测器都有确定的地址编号，即每个报警回路为一个编址单元。编码是由探测器的编码底座（例如 DM—098 或 DM—098M）和探测器（例如 F732 型）共同完成。报警控制器（CPU 主机）不断地向各编址单元进行发码，如果编址单元的编号与 CPU 发送的码号相同，则该地址被选中，主机将接收到该地址单元返回的地址信号

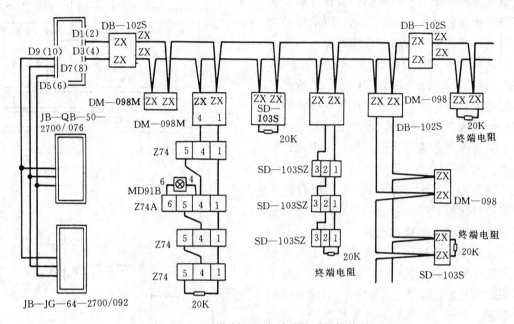

图 2-10　二总线制微机自动监控系统接线图

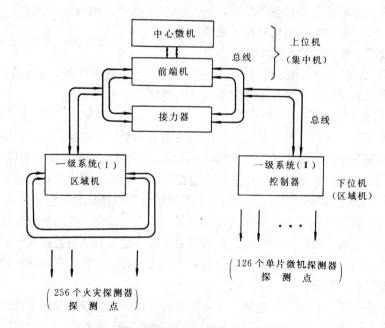

图 2-11　智能化二级消防系统结构图

及状态信号，进行判断并处理。若该选中的单元正常，主机便继续向下巡视。若选中单元经

判断是故障信号时，报警控制器将发出部位故障的声、光报警。若发生火灾时，这时主机一方面经判断确认，另一方面还要记忆火灾发生时间与地点，同时发出部位的火灾声、光报警信号。

微机监控系统在完成监视现场火灾状态的同时，还要驱动消防系统的联动、联锁装置，以实现快速灭火。

二总线制微机自动监控系统结构如图 2-10 所示。

图中，JB—QB—50—2700/076 为二总线区域报警控制器，JB—JG—64—2700/092 为三总线集中报警控制器，DB—102S 为短路保护器，DM—098 为地址码底座，Z74 为不带门灯底座，Z74A 为带门灯底座，MD91B 为门灯，SD—103S 为编址手动按钮，SD—103SZ 为不编址手动按钮，DM—098M 为地址编码母座。

智能化消防系统是功能更加齐全，设备更加完善，技术更加先进的现代化消防系统。

一个人工智能型的二级消防系统模式如图 2-11 所示。

## 第四节　建筑消防系统供电

由于建筑消防系统在应用上的特殊性，因此要求它的供电系统要绝对安全可靠，并便于操作与维护。

### 一、消防系统电源

根据我国消防法规规定，消防系统供电电源分主工作电源及备用电源。

对于消防系统中的交流电源，应按电力系统有关规定确定供电等级。例如一类高层建筑（如高级旅馆、大型医院、科研楼等重要场所），消防用电应按一级负荷处理，即由不同高压母线的不同电网供电，形成一主一备电源供电方式。二类高层建筑（如成片成街的高层建筑住宅区，办公楼、教学楼等），消防用电应按二级负荷处理，即由同一电网的双回路供电，形成一主一备的供电方式。有时为加大备用电源容量，确保消防系统不受停电事故影响，还配有柴油发电机组。

消防系统中的直流电源，主工作电源一般由交流电源经整流、滤波、稳压等措施形成合乎要求的直流电压。备用直流电源采用大容量蓄电池组，以确保消防系统对直流电源的需求。

### 二、消防系统供电基本要求

（1）消防系统的供配电系统应能保证连续不间断工作；

（2）主、备供电电源、供电方式均应按我国消防法规规定设计；

（3）备用电源容量要足够，应保证在主电发生停电事故时，确保至少两个监控区域消防设备的供电能力，同时对全部音响设备必须满足 10min 的供电能力；

（4）消防系统中供电系统布线，应按我国高层建筑防火设计规范及有关消防法规的规定，配电线路无论是明敷还是暗敷，都要采取必要的防火耐热措施；

（5）主、备电源应能保证在极短的时间内完成可靠地切换、起动，实现对消防系统的可靠供电。

### 三、供电回路

（一）交流供电回路

对于一类高层建筑，供电回路可采用如图 2-12 所示形式。

对于二类高层建筑，供电回路可采用如图 2-13 所示形式。

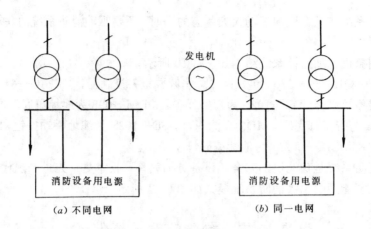

（a）不同电网　　　　　　　　　　　（b）同一电网

图 2-12　一类建筑消防供电回路

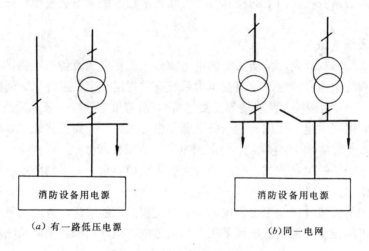

（a）有一路低压电源　　　　　　　　（b）同一电网

图 2-13　二类建筑消防供电回路

（二）直流供电回路

建筑消防系统中的直流供电回路可采用如图 2-14 所示形式。

图中表示的蓄电池备用电源是消防系统中经常采用的直流备用电源。

正常时，交流电源经整流、滤波、稳压等措施形成直流电压，并以不大的充电电流为蓄电池充电（浮充）。当交流电源中断时，则由蓄电池自动投入供电。这种供电方式的设备投资少，维护工作量也不大，供电可靠性较高，因此获得广泛应用。

关于蓄电池供电尚有蓄电池充、放电供电方式、蓄电池半浮充供电方式以及蓄电池全浮充供电方式等。

**四、消防系统备用蓄电池**

一般情况下，重要的高层建筑常常备有发电机组，同时还设置蓄电池组。备用的蓄电池应具有如下性能：

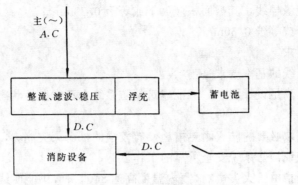

图 2-14 直流供电回路

(1) 蓄电池应能自动充电,充电电压应高于额定电压的 10% 左右;

(2) 蓄电池应设有防止过充电设备;

(3) 蓄电池应设有自动与手动且易于稳定地进行均等充电的装置,但如果设备稳定性能正常,可不受此限制;

(4) 自蓄电池引至火灾监控系统的消防设备线路应设开关及过电流保护装置;

(5) 对蓄电池输出的电压及电流应设电压表及电流表进行监视;

(6) 环境温度在 0~40℃ 时,蓄电池应能保持正常工作状态。

**五、消防系统接地**

消防系统接地分工作接地与保护接地。

工作接地指系统中各设备采用的信号接地或逻辑接地,利用专用接地装置在消防控制中心接地,其接地电阻应小于 4Ω。高层建筑中消防系统工作接地也可利用建筑物防雷保护接地方式接地,此称为联合接地,其接地电阻应小于 1Ω。联合接地专用干线由消防中心引至接地体,专用接地干线应采用铜芯绝缘导线或电缆,其线芯截面不应小于 16mm²。由消防控制中心接地极引至各消防设备装置的接地线,应选用铜芯绝缘导线,其线芯面积不应小于 4mm²。

为保护设备装置及操作人员安全的接地称为保护接地。保护接地可采用"接零干线保护方式"(即单相三线制,三相五线制),凡对消防设备引入有关交流供电的设备、装置的金属外壳,都应采用专用接零干线作保护接地。

# 第五节 建筑消防系统布线

**一、一般原则**

为确保建筑消防系统在火灾情况下有抵御火灾的能力,根据我国建筑消防规范的有关规定,对于建筑消防系统的布线(配线)应遵循如下基本原则:

(1) 消防系统传输线路(包括所有消防设备及装置之间的信号传输线及连接线)均应采用铜芯绝缘导线或铜芯电缆,其电压等级不应低于 250V。

(2) 消防系统的传输线路的线芯截面的选择,除应满足自动报警装置技术条件要求外,还应满足机械强度要求,也即线芯截面选择应按如下规定:

穿管敷设的绝缘导线,截面积应大于或等于 1.0mm²;

线槽内敷设的绝缘导线，其截面积应大于或等于 0.75mm²；

多芯导线应大于或等于 0.50mm²。

## 二、室内布线要求

室内消防系统布线的基本要求是：

（1）布线正确、满足设计要求，保证建筑消防系统在正常监控状态及火灾状态时的正常工作；

（2）系统布线采取必要的防火耐热措施，有较强的抵御火灾能力，即使在火灾十分严重的情况下，仍能保证消防系统安全可靠的工作。

所谓防火配线是指由于火灾影响，室内温度高达 840℃ 时，仍能使线路在 30min 内可靠供电。

所谓耐热配线是指由于火灾影响，室内温度高达 380℃ 时，仍能使线路在 15min 内可靠供电。

无论是防火配线还是耐热配线，都必须采取合适的措施。例如：

（1）用于消防控制、消防通讯、火灾报警以及用于消防设备（如消防水泵、排烟机、消防电梯等）的传输线路均应采取穿管保护。

金属管，PVC（聚氯乙烯）硬质或半硬质塑料管或封闭式线槽等都得到了广泛应用。但需注意，传输线路穿管敷设或暗敷于非延燃的建筑结构内时，其保护层厚度不应小于 30mm。若必须明敷时，在线管外用硅酸钙筒（壁厚 25mm）或用石棉、玻璃纤维隔热筒（壁厚 25mm）保护。

（2）在电缆井内敷设有非延燃性绝缘和护套的导线、电缆时，可不穿管保护，对消防电气线路所经过的建筑物基础、天棚、墙壁、地板等处均应采用阻燃性能良好的建筑材料和建筑装饰材料。

（3）电缆井、管道井、排烟道、排气道以及垃圾道等竖向管道，其内壁应为耐火极限不低于 1h 非燃烧体，并且内壁上的检查门应采用丙级防火门。

（4）为满足防火耐热要求，对金属管端头接线应保留一定余度；配管中途接线盒不应埋设在易于燃烧部位，且盒盖应加套石棉布等耐热材料。

以上是建筑消防系统布线的防火耐热措施，除此之外，消防系统室内布线还应遵照有关消防法规规定，做到：

（1）不同系统、不同电压、不同电流类别的线路不应穿于同一根管内或线槽内的同一槽孔内；

（2）建筑物内不同防火分区的横向敷设的消防系统传输线路，如采用穿管敷设，不应穿于同一根管内；

（3）建筑物内如只有一个电缆井（无强电与弱电井之分），则消防系统弱电部分线路与强电部分线路应分别设置于同一竖井的两侧；

（4）火灾探测器的传输线路应选择不同颜色的绝缘导线，同一工程中相同线别的绝缘导线颜色要一致，接线端子要设不同标号；

（5）绝缘导线或电缆穿管敷设时，所占总面积不应超过管内截面积的 40%，穿于线槽的绝缘导线或电缆总面积不应大于线槽截面积的 60%。

建筑消防系统防火耐热布线请参见图 2-15。

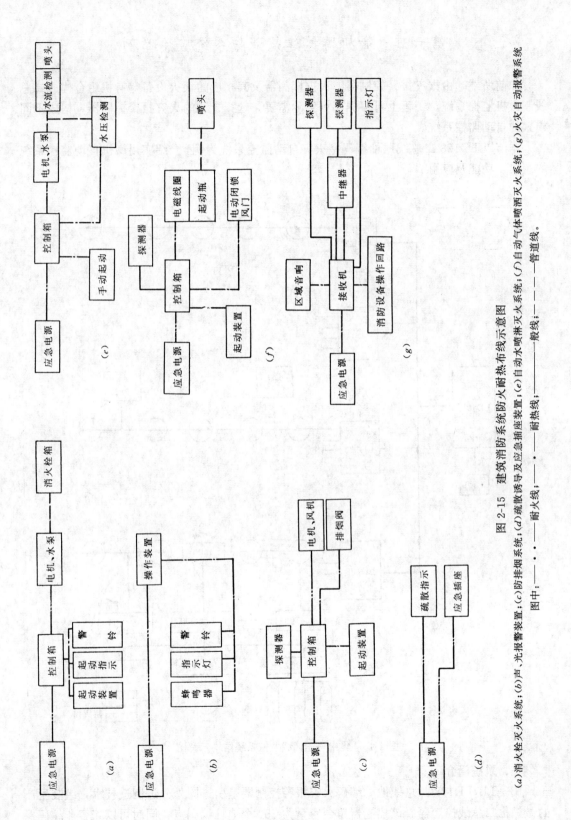

图 2-15　建筑消防系统防火耐热布线示意图

(a)消火栓灭火系统;(b)声、光报警装置;(c)防排烟系统;(d)疏散诱导信号及应急插座装置;(e)自动水喷淋灭火系统;(f)自动气体喷洒灭火系统;(g)火灾自动报警系统

图中:——耐火线;——·—·—耐热线;——一般线;——————管道线。

## 第六节　微机监控建筑消防系统应用举例

如前所述，由火灾报警控制器、火灾探测器及其相应的灭火设备等有机组合构成二总线制微机监控系统。工程上可根据现场实际需要，选择合适的火灾报警控制器，构成不同模式的自动监控系统。

本节以 LD128 二总线地址编码型火灾自动监控系统为例，介绍实用微机自动监控系统的组成、功能及应用。

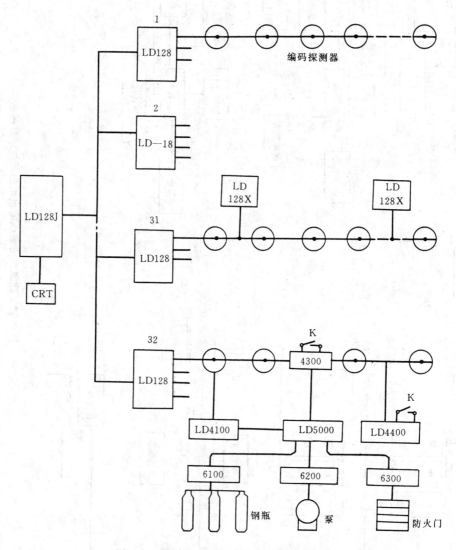

图 2-16　集中——区域监控系统结构示意图

## 一、系统简介

JB—TB/LD128 二总线地址编码火灾报警控制器是引进国外先进制造技术，组装生产的微机化二总线控制器。该控制器单台容量为 252 个地址编码点，同时可以兼容非编码探测器。LD128 控制器的显示屏上可以直观地显示出每个地址点的火灾和故障，同时还可以打印记录火灾、故障发生的具体时间和地点等信息。

LD128 控制器可在中央控制室直接检测每个探测器的工作状态，对系统检测及安装调试带来极大方便。

该控制器共有四个探测回路，每个回路有 63 个编码点，如选用 LD128Q 区域显示器和 LD128X 区域报警器时，可在每个回路或防火分区中都有十分清楚的显示。另外，LD128 控制器具有 CRT 显示接口和集中控制器接口，可以满足各种类型建筑的防火设计要求。

由 LD128 控制器可构成 LD128 集中——区域——显示器总线复合型火灾自动监控系统及集中型火自动监控系统。

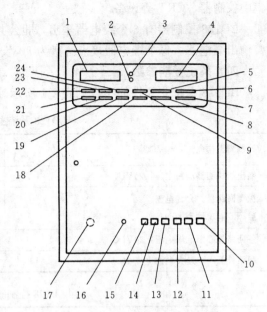

图 2-17　LD128 控制器板面布置图

1—火警及故障显示屏；2—故障后续指示灯（黄色）；3—火警后续指示灯；4—计时装置（时钟）；5—0 回路过流、断路显示（黄色）；6—2 回路过流、断路显示（黄色）；7—3 回路过流、断路显示；8—1 回路过流、断路显示；9—电源过压显示；10—后续键；11—复位键；12—消声键；13—自检键；14—慢调键；15—快调键；16—控制开关；17—蜂鸣器；18—电池故障；19—电源故障（黄色）；20—公共故障；21—自检显示灯（绿色）；22—电源显示（绿色）；23—公共火警显示（红色）；24—音响故障显示（黄色）；25—打印机

## 二、集中、区域型监控系统组成

集中——区域型监控系统是以 LD128J 集中报警控制器作为中心控制机，多台 LD128 火灾自动报警控制器（或多台 LD-18 数据中继器）作为分机。必要时还可以配接多台 LD128X 作为显示器。该系统线制少、报警显示直观、造价低及施工方便。

集中机与区域机采用总线制连接方法，区域机与探测器之间采用二总线连接方法。一台 LD128J 集中报警控制器可接 32 台 LD128 火灾报警控制器，系统总容量为 252×32 个编码点。

系统结构如图 2-16 所示。

## 三、系统功能介绍

（一）显示功能

系统显示功能可由报警控制器板面布置表示（见图 2-17）。

（二）控制功能

LD128 控制器输出给每个回路 2 根线，每个回路可连接 63 个地址编码型火灾探测器，每个编码型探测器能并接 1～3 只非编码探测器。

LD128 控制器的供电电源是同控制器在一个机箱内，其外部电源接线是普通单相 3P 插座，直接与市电连接（消防电源）。

LD128 控制器的公共声响回路是 2 根线，各回路相应的声响输出接线同样是每一路 2 根线，公共声响回路的终端电阻为 $22k\Omega$，1/4W。

打印机的连接是依靠设置在 LD128 控制器内的 J₇ 接线端子块。J₇ 端子同时还可以连接集中控制器、CRT 等设备。

LD128 控制器有 6 个继电器输出，即公共火警继电器，公共故障继电器，四个回路火警输出继电器。每个继电器接点容量为 30V，5A。

## 四、系统性能参数

LD128 系统主要性能参数见表 2-1 所示。

**LD128 系统主要性能参数**　　　　　　　　　　　　　　表 2-1

| 控制器工作电压：40VDC | 公共外部声响工作电压：24VDC |
|---|---|
| 输出给探测器回路电压：24VDC | 公共外部声响回路最大允许电流：600mA |
| 探测回路最大允许电流：<br>静态 55mA 动态 80mA | 回路火警继电器输出容量：30VDC5A |
| 各回路外部声响端电压：24VDC | 公共火警继电器输出容量：30VDC.5A |
| 回路外部声响最大允许电流 100mA | 电源：40VDC2A（4A） |

**L128 控制器其它参数**

| 控制器容量：252 个地址编码点 | 使用环境湿度：95％RH |
|---|---|
| 控制器回路数：1～4 | 外形尺寸：600×385×120（mm） |
| 探测器回路容量：63 个地址编码点 | 使用环境温度：−10℃～+50℃ |
| 每个地址编码点的容量：<br>可带 3 只非编码探测器 | 重量：25kg |

## 五、操作说明

将系统按产品说明书中接线图所表示的接线方法连接起来，并仔细检查接线是否有误，确认无误方可通电。

通电后检查电源灯是否正常，如电源供电正常，再进行系统检测。先按下自检键；观察自检指示灯是否显示，如正常显示（绿色）再按动后续键，每个探测器的编码即可依次显示出来。如某个探测器编码未显示，说明该探测器可能有问题，排除故障后，该探测器编码就可以显示出来。当所有探测器的编码都正常显示后，说明整个系统工作正常。

系统按上述方法调好后，可进行故障测试，将某个探测器从底座上摘下来，如控制器在相应的部位有故障报警，则说明系统正常。

检查任一探测器感烟灵敏度。对被检查探测器吹烟，探测器在一段延时后应有报警，底座灯亮，控制器发出火灾报警声光显示，否则应更换探测器。

如系统配有打印机及 LD128X 区域显示器，还应对它们进行相应的检查。

当系统经全部检查无误，便可进入正常工作状态。

（1）火警及故障显示屏：显示屏第一位为区域显示，第二、三位为部位号显示。控制器可为 4 区域显示，也可为 8 区域显示。当区域显示时，每区域有 63 个部位号，当 8 区域显示时，每区域为（1～31 号）32 个部位号。由于火警与故障同为一个显示屏，当火警、故障同时存在时，优先显示火警。

（2）故障后续指示灯：两个以上故障发生时，故障后续灯亮，按动后续键，可显示其他故障部位号。

（3）火警后续指示灯：当两个以上探测器部位发生火警时，火警后续指示灯亮，按动后续键，可依次显示其他火警部位号，火警信号均全部存于控制器内。

（4）计时装置（时钟）：无火警时，时钟正常走时；发生火警时，时钟自动停止，记录火灾发生时间。

（5）、（6）、（7）、（8）：1～3回路过流显示。每个回路发生过流或断路时，（5）、（6）、（7）、（8）可自动显示，待排除故障，系统正常工作。

（9）电源过压指示：当电源超过额定值时，指示灯亮，待排除故障后，系统正常工作。

（10）复位键：按动复位键，系统恢复到正常监测状态。

（11）消声键：按动消声键，火警或故障可以消声，当再有火警或故障时，控制器可再次发出报警声响。

（12）时钟慢调键：按动此键可慢速调整时钟。

（13）时钟快调键：按动此键可快速调整时钟。

（14）后续键：当多处火警或故障发生时，按动此键可依次显示其他部位的火警或故障。

（15）自检键：按动此键可以检测系统是否正常工作，同时也可检测每个部位工作是否正常。

（16）控制开关：控制开关由专职人员管理，钥匙打开后，各按键才起作用，平时开关关闭。

（17）蜂鸣器：蜂鸣器有两种声响，火警为连续声响，故障为断续声响。

（18）电池故障灯：电池未接或有故障，此指示灯亮（黄色）。

（19）电源故障显示：当电源发生故障时，此指示灯亮（黄色）。

（20）公共故障显示：当控制器某一功能发生故障时，公共故障显示灯亮（黄色）。

（21）自检灯显示：按下自检键时，自检显示灯亮（绿色）。

（22）电源显示：当电源控制器连接无误时，电源显示灯亮（绿色）。

（23）公共火警显示：当任一只探测器报火警时，公共火警显示灯亮（红色）。

（24）音响故障显示：当外部电铃发生故障时，音响故障显示灯亮（黄色）。

## 思 考 题 与 习 题

1. 举例说明高层建筑中设置自动消防系统的必要性；

2. 画图说明自动监控消防系统的组成，并说明其工作原理；

3. 举例说明微机监控系统的特点及其在应用上的优越性；

4. 详细说明建筑消防系统典型设备的性能及应用；

5. 画图说明建筑消防系统供电的几种型式，并说明系统布线时的注意事项；

6. 简要说明LD128自动监控系统的正常监测与自动灭火过程。

# 第三章 火灾探测器

本章以民用建筑中最常见的点型感烟、感温探测器为讨论的主要对象。在介绍探测器的构造、分类、型号、工作原理后，重点介绍感温、感烟探测器的使用数量、布置、安装及探测器的适用场所等内容。

火灾探测器是火灾自动报警和自动灭火系统最基本和最关键的部件之一，它是整个系统的自动检测的触发器件，犹如系统的"感觉器官"，能不间断的监视和探测被保护区域火灾的初期信号。

## 第一节 火灾探测器构造及分类

### 一、探测器构造

火灾探测器通常由敏感元件、电路、固定部件和外壳等四部分组成。

（一）敏感元件 它的作用是将火灾燃烧的特征物理量转换成电信号。因此，凡是对烟雾、温度、辐射光和气体浓度等敏感的传感元件都可使用。它是探测器的核心部分。

（二）电路 它的作用是将敏感元件转换所得的电信号进行放大并处理成火灾报警控制器所需的信号，通常由转换电路、抗干扰电路、保护电路、指示电路和接口电路等组成。电路方框图如图 3-1 所示。

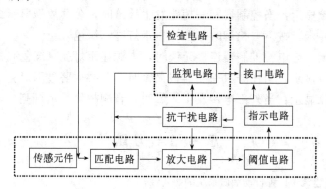

图 3-1 火灾探测器电路方框图

1. **转换电路**

它将敏感元件输出的电信号变换成具有一定幅值并符合火灾报警控制器要求的报警信号。它通常包括匹配电路、放大电路和阈值电路。具体电路组成形式取决于报警系统所采用的信号种类，如电压或电流阶跃信号、脉冲信号、载频信号和数码信号等。

2. **抗干扰电路**

由于外界环境条件，如温度、风速、强电磁场、人工光等因素，会对不同类型的探测器正常工作受到影响，或者造成假信号使探测器误报。因此，探测器要配置抗干扰电路来提高它的可靠性。常用的有滤波器、延时电路、积分电路、补偿电路等。

3. 保护电路

用来监视探测器和传输线路的故障。检查试验自身电路和元件、部件是否完好，监视探测器工作是否正常；检查传输线路是否正常（如探测器与火灾报警控制器之间连接导线是否通）。它由监视电路和检查电路组成。

4. 指示电路

用以指示探测器是否动作。探测器动作后，自身应给出显示信号。这种自身动作显示通常在探测器上设置动作信号灯，称作确认灯。

5. 接口电路

用以完成火灾探测器和火灾报警控制器间的电气连接，信号的输入和输出，保护探测器不致因安装错误而损坏等作用。

（三）固定部件和外壳

它是探测器的机械结构。其作用是将传感元件、电路印刷板、接插件、确认灯和紧固件等部件有机地连成一体，保证一定的机械强度，达到规定的电气性能，以防止其所处环境如光源、阳光、灰尘、气流、高频电磁波等干扰和机械力的破坏。

**二、火灾探测器的分类**

常用的分类方法按探测器的结构造型、探测的火灾参数、输出信号的形式和使用环境等。

（一）按结构造型分类

按探测器的结构造型分类，可分成线型和点型两大类。

1. 线型火灾探测器

这是一种响应某一连续线路周围的火灾参数的火灾探测器。其连续线路可以是"硬"的（可见的），也可以是"软"的（不可见的）。如空气管线型差温火灾探测器，是由一条细长的铜管或不锈钢构成"硬"的（可见的）连续线路。又如红外光束线型感烟火灾探测器，是由发射器和接收器之间的红外光束构成"软"（不可见）的连续线路。

2. 点型探测器

这是一种响应空间某一点周围的火灾参数的火灾探测器。目前生产量最大，民用建筑中几乎都是使用的点型探测器，线型探测器多用于工业设备及民用建筑中一些特定场合。

（二）按探测的火灾参数分类

根据火灾探测器探测火灾参数的不同，可以划分为感温、感烟、感光、气体和复合式等几大类。

1. 感温火灾探测器

感温探测器是对警戒范围内某一点或某一线段周围的温度参数（异常高温、异常温差和异常温升速率）敏感响应的火灾探测器。

根据监测温度参数的不同，感温探测器有定温、差温和差定温三种。定温探测器用于响应环境温度达到或超过预定值的场合。差温探测器用于响应环境温度异常升温其升温速率超过预定值的场合。差定温探测器兼有差温和定温两种探测器的功能。感温探测器由于采用的敏感元件不同，如热电偶、双金属片、易熔金属、膜盒、热敏电阻和半导体等，又可派生出各种感温探测器。其型谱如图 3-2 所示。

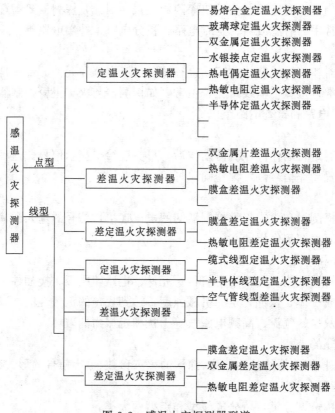

图 3-2　感温火灾探测器型谱

2. 感烟火灾探测器

感烟火灾探测器是一种响应燃烧或热介产生的固体或液体微粒的火灾探测器。由于它能探测物质燃烧初期在周围空间所形成的烟雾粒子浓度，因此它具有非常好的早期火灾探测报警功能。有的国家称感烟探测器为"早期发现"探测器。

根据烟雾粒子可以直接或间接改变某些物理量的性质或强弱，感烟探测器又可分为离子型、光电型、激光型、电容型和半导体型等几种。其中光电型按其动作原理不同，又分为遮光型和散光型两种，其型谱见图 3-3。

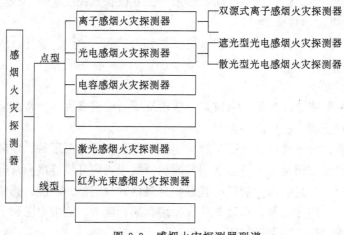

图 3-3　感烟火灾探测器型谱

3. 感光火灾探测器

感光探测器亦称火焰探测器或光辐射探测器。它能响应火焰辐射出的红外、紫外和可见光。工程中主要用红外火焰型和紫外火焰型两种,其型谱见图3-4。

4. 复合式火灾探测器

这是一种能响应两种或两种以上火灾参数的火灾探测器。主要有感烟感温、感光感温、感光感烟火灾探测器,国内工程中较少采用,其型谱见图3-5。

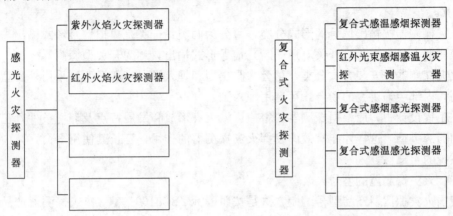

图 3-4  感光火灾探测器型谱　　　图 3-5  复合式火灾探测器型谱

5. 其它火灾探测器

它们有探测泄漏电流大小的漏电流感应火灾探测器,有探测静电电位高低的静电感应火灾探测器,有利用超声原理探测火灾的超声波火灾探测器及探测气体成分或气体浓度的气体火灾探测器等。严格讲,它们不应列入火灾探测器的范围,因为它们不是在火灾发生时对火灾参数的测量,它们是在消防(火灾)报警系统中能帮助提高监测精确性和可靠性的一些探测其它物理或化学信息的探测器,从火灾预警来讲,它们也可列入火灾探测器范围。在这类探测器中,气体火灾探测器应用较广泛,将予以着重介绍。

(三) 按使用环境分类

火灾探测器按照它所安装场所的环境条件分类,主要有如下几种。

1. 陆用型

主要用于陆地、无腐蚀性气体、温度范围－10～＋50℃、相对湿度在85％以下的场合中。产品中凡没有注明使用环境类型的均为陆用型。

2. 船用型

其特点是耐温和耐湿。它在50°以上的高温和90％～100％高湿环境中都可以长期正常工作。主要用于舰船上,也可用于其它高温、高湿的场所。

3. 耐酸型

其特点是不受酸性气体的腐蚀。适用于空间经常积聚有较多含酸气体的场所。主要为工业上用。

4. 耐碱型

这种探测器不受碱性气体腐蚀。适用于空间经常停滞有较多含碱性气体的场所。主要用于工业。

5. 防爆型

它适用于易燃易爆的危险场合。因此，对它的要求较严格，在结构上必须符合国家防爆有关规定。

（四）按其它方式分类

火灾探测器按探测到火灾信号后的动作是否延时向火灾报警控制器送出火警信号，可分为延时型和非延时型两种。目前使用的火灾探测器大多数为延时型，其延时时间范围常在 4～10s。

火灾探测器按输出信号的形式分类，可分为两类：一类是模拟信号形式输出，称为模拟型探测器；另一类是以开关（通—断）信号形式输出，称为开关型探测器。

火灾探测器按安装方式分类，可分为露出型和埋入型。一般场所可采用外露型。在要求较高，内部装饰讲究的场合，可选用埋入型。

在工程设计中，应根据探测器的警戒区域火灾形成和发展特点及环境条件，正确地选择探测器的类型，这样才能有效的发挥火灾探测器的作用，延长其使用寿命，减少误报和提高系统的可靠性。

### 三、火灾探测器的型号

我国火灾探测器产品型号编制方法是按照国标 ZBC8100—84《火灾探测器产品型号编制方法》规定而编，其型号含义如下：

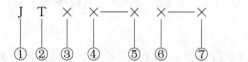

①J（警）——消防产品中的分类代号（火灾报警设备）。

②T（探）——火灾探测器代号。

③火灾探测器分类号，各种类型火灾探测器的具体表示方法：

Y（烟）——感烟火灾探测器；

W（温）——感温火灾探测器；

G（光）——感光火灾探测器；

Q（气）——可燃气体探测器；

F（复）——复合式火灾探测器。

④应用范围特征代号表示方法，例如：

B（爆）——防爆型（"B"即为防爆型，其名称也无须指出"防爆型"）。

C（船）——船用型。

非防爆型或非船用型可以省略，无须注明。

⑤、⑥传感器特征表示法（敏感元件，敏感方式特征代号）简例如下：

LZ（离子）——离子；

GD（光、电）——光电；

MC（膜差）——膜盒差温；

MD（膜定）——膜盒定温。

又如复合式探测器，表示方法如下：

GW（光温）——感光感温；

YW（烟温）——感烟感温；

YW—HS（烟温—红束）——红外光束感烟感温。

⑦主参数——定温、差定温用灵敏度级别表示。

火灾探测器型号示例（国营二六二厂产品）：

JTY—LZ—F732 离子感烟探测器（引进瑞士 F732 型）；

JTY—GD—2700/001 光电感烟探测器；

JTW—DZ—262/062 电子定温探测器。

用于消防系统图中火灾报警设备的图形符号，通常由基本图形符号、一般图形符号派生出的明细图形符号表示，用于表征具体的部件、装置或设备。

基本图形符号用于表示火灾报警设备的基本特征或不独立的基本部件，如表3-1所示。

基 本 图 形 符 号        表 3-1

| 符　号 | 名　称 | 符　号 | 名　称 |
|---|---|---|---|
| | 热（温） | | 发声器 |
| | 烟 | | 扬声器 |
| | 光（火焰） | | 光信号 |
| | 易爆气体 | | 指示灯 |
| | 手动启动 | | |
| | 电铃 | | 电话 |

一般图形符号用于表示某一类的部件、装置或设备，或用于与基本图形符号、文字符号相结合派生出的明细图形符号，如表3-2所示。

一般图形符号     表 3-2

| 符　号 | 名　称 |
|---|---|
| | 报警启动装置 |
| | 火灾报警装置 |
| | 火灾警报装置 |

## 四、火灾探测器主要技术性能

火灾探测器的种类较多，工作原理和构造也不尽相同，但它们的主要技术性能及要求大致相同。这里只对工程中感兴趣的几个主要技术性能及要求加以说明。

### （一）可靠性

可靠性是火灾探测器最重要的性能指标。可靠性常用其误报率来衡量。所谓误报是指火灾初期探测器的漏报与监视警戒状态时探测器的虚报现象。有关探测器可靠性的问题，在后面系统设计（第九章）还要进一步讨论。

（二）工作电压和允差

1. 工作电压

探测器的工作电压又称额定电压。对于某一个确定的产品，它是一个定值，是探测器长期正常工作所需的电源电压。探测器所需的工作电压由火灾报警控制器供给。国产火灾探测器的工作电压为DC24V。从国外引进的产品有其它的工作电压值，如营口报警设备总厂引进德国 effeff 公司技术生产的探测器工作电压为 DC12V。

2. 允差

允差（允许压差）又称操作电压。它是指火灾探测器正常工作所允许波动的电压范围。我国规定，允差为额定电压的$-15\%\sim+15\%$。不同产品，由于采用的元器件不同，电路不同，允差值也不一样。一般允差越大越好，允差越大，表明探测器适应电压变化的能力越强，对火灾报警控制器供电的精度要求越低。

（三）灵敏度

灵敏度是指火灾探测器响应火灾参数的灵敏程度，在工程设计及探测器的设置中是个很重要的技术指标。有关问题在本章后面要专门讨论。

（四）监视电流

它是指火灾探测器处于监视状态时的工作电流，又称警戒电流。由于工作电压是定值，所以监视电流的数值代表了探测器的运行功耗，即运行成本。探测器的监视电流越小越好。随着科学技术的发展，低功耗元件的出现，目前产品的监视电流已由原来的几个毫安降到几十微安。

（五）最大报警电流

是指火灾探测器报警时允许的最大工作电流。若由于某种原因探测器报警时超过了最大报警电流，探测器可能会损坏。此值应越大越好，越大就表明探测器过载能力越强。

（六）报警电流

是指火灾探测器在报警状态时的工作电流。它比最大报警电流要小，通常在几十毫安。报警电流和允差共同决定了火灾报警系统中探测器距报警控制器的最远距离，以及在同一回路或者一个部位号中允许并接探测器的数量。探测器允差越大、报警电流越小，探测器允许最远安装距离越长，同一回路或同一部位号中允许并联的个数越多。

（七）保护范围

是指一个探测器警戒（监视）的有效范围。它是确定火灾自动报警系统中采用探测器数量的基本依据。不同种类的探测器由于对火灾探测的方式不同，其保护范围的单位和衡量方法也各不相同，一般可分为两类：

1. 保护面积

是指一只火灾探测器有效探测的面积。点型的感烟、感温探测器都是以有效探测的地面面积（$m^2$）来表示其保护范围，国家对此有统一规定，设计时要按规定使用。

2. 保护空间

是指一只火灾探测器有效探测的整个空间。感光探测器就是用视角和最大探测距离两个量来确定其保护空间。探测器的保护空间，目前国家无统一规定，由生产厂家提供该产品的保护范围。

对于气体火灾探测器的保护范围，目前国家也尚无具体规定，通常要根据现场保护对象的空间大小、可燃气体可能泄漏的位置、可燃气体的比重、环境的通风条件、气流的方向和速度等因素综合考虑确定。

（八）工作环境

它包括探测器使用环境的温度、相对湿度、气流速度和污染程度等。这是保证探测器长期正常工作必要的外部条件，也是选用探测器的重要依据。

# 第二节　火灾探测器工作原理

本节着重介绍民用建筑中常用的点型感烟探测器和点型感温探测器的工作原理。

## 一、感烟火灾探测器

除易燃易爆物质遇火立即爆炸起火外，一般物质的火灾发展过程通常都要经过初始、发展和熄灭三个阶段。火灾的初始阶段特点是温度低、产生大量烟雾、很少或没有火焰辐射，基本上未造成物质损失。感烟探测器就是用于探测火灾初始阶段的烟雾，并自动向火灾报警控制器发出火灾报警信号的一种火灾探测器。它响应速度快、能及早的发现火情、有利于火灾的早期扑救，是建筑工程中使用最广泛，使用量最大的一种火灾探测器，作为最基本的探测器使用。

（一）点型感烟火灾探测器

点型感烟探测器是对警戒范围中某一点周围空间烟雾敏感响应的火灾探测器。建筑工程中，点型感烟探测器使用量最大。

1. 离子感烟火灾探测器

离子感烟探测器是根据烟雾（烟粒子）粘附（亲附）电离离子，使电离电流变化这一原理而设计的。

图 3-6 是电离室原理图。$P_1$ 和 $P_2$ 是一对相对的电极板。极板作用是在外加直流 $E$ 时形成电场，吸引离子形成电离电流，是电离室的主要构件，其尺寸大小、形状和位置决定了电离室的性能和灵敏度。极板间设置放射源 $Q$。通常采用发射电离能力强的锔（Am）241作放射源产生持续的 $\alpha$ 射线。在设计上已保证其 $\alpha$ 射线对人体无害，安全可靠。电离室内的放射源将室内洁净的空气电离为正离子和负离子。

当离子感烟探测器接到火灾报警器上去，两极板即被加上一个直流电压 $E$，则在极板间形成电场，两极板间被电离的正、负离子在电场作用下分别向正、负极板运动而形成一个微微安的离子电流 $I_1$。洁净空气时的电离电流如图 3-7 中 $R$ 曲线所示。当烟雾粒子进入电

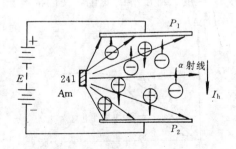

图 3-6　电离室原理图

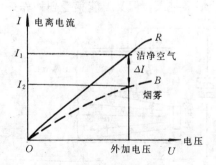

图 3-7　烟雾对电离室电流——电压特性的影响

41

离室后，由于烟粒子的质量大大超过被电离的洁净空气离子的质量，并粘附在导电离子上，使离子质量大大增加，从而使离子运动速度大大降低。一方面引起电离室内等效电阻增加；另方面使正负离子在电场中滞留时间加长，正、负离子复合几率增加，使电离室极板上收集到的离子数减少。在这双重结果之下，烟雾将使电离室的离子电流减少（如图3-7中$B$曲线对应电流$I_2$），这个电流变化转换成电压降而被测量到，并由在后面的电子电路中给以鉴定。离子电流的变化和进入电离室的烟雾浓度有关，烟雾浓度越大，烟离子粘附作用越强，离子电流减小就越多。当电离电流减小到规定值时，通过放大电路使触发电路翻转，探测器动作并向报警器发送报警信号。从图3-7可见，由于烟粒子粘附作用，在同一电压下，离子电流从$I_1$降到$I_2$。

电离室根据$\alpha$射线照射部位和范围不同，又分为单极性和双极性电离室两种。图3-6即所谓双极性电离室，其电离室的全部空间均被$\alpha$射线照射，整个电离室的空气全被电离，充满了正、负离子对。

图3-8是一个单极性电离室原理图。和双极性电离室比较，单极性的电离室内设置有独立的隔网，放射源设置得只能照射电离室一部分。这样，在隔网的两边形成两个区域。其中一个区域在放射源$\alpha$射线照射下有正、负离子存在，形成电离区。另一个区域因不被$\alpha$射线照射，只有单一极性的离子存在，成为一个非电离区，称为主感应区。在电离区和主感应区的交界面处，会形成一个呈负极性的临界面，它会阻止电离区的负离子进入主感应区。和双极性电离室比较，单极性电离区内的负离子浓度要大得多。在同一外加电压下，当等量的烟雾进入电离室时，单极性电离区内烟雾粒子粘附离子的机会（数量）比双极性大得多。因此，单极性的离子流动比双极性的要慢得多，从而使单极的离子电流比双极性的要小得多（见图3-9），所引起的电量变化就更大，也就更容易被后面的电路鉴定，使探测器的动作更快。因此，单极性电离室比双极性电离室的感烟更灵敏。工程中，通常都用单极性电离室以提高离子感烟探测器的灵敏度。根据烟雾粒子粘附原理所制成的感烟火灾探测器的优点是：探测器均以恒定的灵敏度对不同尺寸的烟雾颗粒都能作出反应，不管是在低温燃烧开始阶段的大颗粒烟雾或在开放性火灾时的小颗粒烟雾，探测器是同样灵敏的。

工程中使用的离子感烟探测器，主要由两个串联的单极性电离室和一个中央电极组成。其中一个外电离室（又称测量室），另一个叫内电离室（又称补偿室或基准室）。内、外电离室之间设置一个中央电极，它引至信号放大回路的输入端，异电的中央电极保证了内、外电离室在电气上的分开，如图3-10所示。外电离室的几何形状要让烟雾很容易地进入，用它来探测火灾时的烟雾，并利用粘附原理产生的效应供电路鉴定。内电离室尽可能密封好，不要让烟雾进入，但又要能感受到外界环境如压力、温度、湿度等的变化，使内电离室不

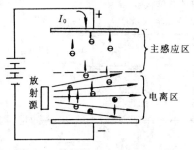

图 3-8　单极性电离室原理示意图

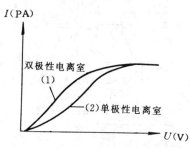

图 3-9　单极性、双极性电离室的伏安特性曲线

但提供一个电路工作时的基准电压，而且还能补偿由于外界环境变化对电路的影响，以提高探测器的稳定性，减少误极。

当火灾发生时，烟雾粒子进入外电离室，在粘附原理作用下，一方面使离子电流从无烟时的 $I$ 减小到 $I'$（如图 3-11 所示），另一方面，使外电离室的伏安特性曲线下移。造成外电离室两端电压由 $V_2$ 增加到 $V'_2$：

$$V'_2 - V_2 = \Delta V$$

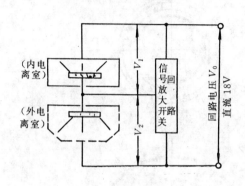

图 3-10　离子感烟探测器结构示意图

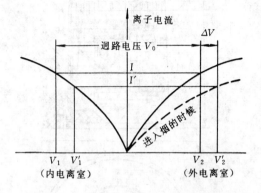

图 3-11　内外电离室电压—电流特性曲线

作为内、外电离室公共点的中央电极取出 $\Delta V$ 供电路鉴定。当 $\Delta V$ 达到规定值后，信号放大，开关电路动作，探测器向报警器送出报警信号。

图 3-12 是一种离子感烟探测器的电原理框图，它由内外电离室、信号放大回路、开关转换回路、故障自动监测回路、火灾模拟检查回路、确认灯回路等组成。

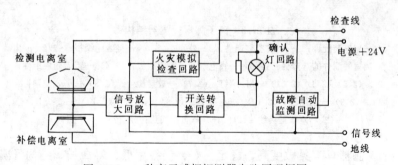

图 3-12　一种离子感烟探测器电路原理框图

火灾发生时，烟雾进入外电离室，使外电离室两端电压发生变化，中央电极取出其电压变化量 $\Delta V$，使信号放大回路动作。由于离子室的内阻很大，为 $10^{11}\Omega$ 数量级，故通常由高输入阻抗场效应管（输入阻抗要求大于 $10^{13}\Omega$）接成源极输出器进行阻抗变换后再由电路放大。放大后的信号去触发开关回路。在向报警器输出报警信号的同时也将点亮确认灯。开关回路一旦工作就自保持。若探测器与报警器之间出现断线，故障自动监测回路工作，并通过检查线使报警器发出断线故障信号。通过火灾模拟检查回路可作人工手动的远距离模拟火灾试验。当进行手动模拟火灾试验时，报警器在检查线上加入一高电平，使信号放大电路工作，并触发开关回路。这种检查试验，不但检查了传输线路是否有故障，而且对探测器的全部元器件及电路是否完好，报警器自身的各个环节工作是否正常都进行了全面检查，这是一种对整个火灾自动报警系统工作是否正常的全面检查。

图 3-13 是一种离子感烟探测器的结构图。

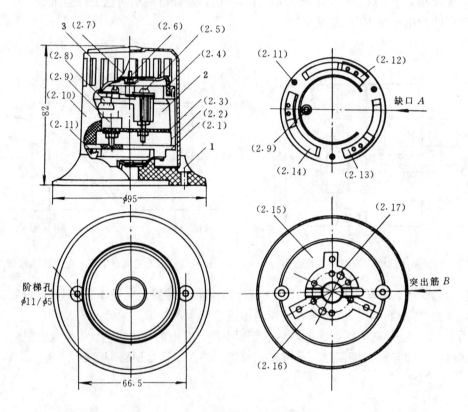

图 3-13　离子感烟探测器结构图

1—底座装配件；2—电离室装配件；3—外壳；(2.1)—接线绝缘板；(2.2)—电离室装配件的基体件；(2.3)—表电子元件的印刷板；(2.4)—铝质栅极组件；(2.5)(2.6)(2.11)—$M_3$ 螺钉；(2.7)—放射源片；(2.8)—场效应管；(2.9)—电位器；(2.10)—$M_2$ 螺钉；(2.12)(2.13)(2.14)—接线卡；(2.15)—正接线片；(2.16)—负接线片；(2.17)—$M_1$ 螺钉

离子感烟探测器具有灵敏度高、稳定性好、误报率低、寿命长、结构紧凑、价格低廉等优点，是火灾初始阶段预报警的理想装置，因而得到广泛应用。建筑工程中，它的应用约占感烟探测器的 90% 左右，是最基本的火灾探测器，其它类型的火灾探测器，只是在某些特殊场合作为补充用。

要指出，离子感烟探测器的外壳除了美化外观、防御外力破坏等外，更重要的是它的结构造型对外电离室的性能影响很大。若外壳几何形状设计得使外电离室太开放，则很容易受到外部气流影响，当进入外电离室的气流速度超过一定时，将会吹走带电粒子，减小电离电流，这与烟雾粒子粘附离子减小电离电流的作用等效，容易造成探测器误极，同时还容易使灰尘或小虫进入。但若外壳设计得太封闭，又影响了烟雾的进入，使探测器灵敏度降低。因此，离子感烟探测器外壳的结构造型，几何形状是要精心设计的。尽管如此考虑，一般离子感烟探测器仍易受环境条件（风速、灰尘等）的影响，并且是不可避免的，这将直接影响到整个系统工作的稳定性。为此，国外开发出了具有90年代先进水平的新一代离子感烟探测器。它仍由测量和基准两个电离室组成，但它把烟雾进入测量电离室引起的电离电流变化由探测器自身设置的微处理器进行判断和处理，使探测器具有智能化（类比）的功能。它能自动跟踪环境条件变化，根据变化调整报警信号大小；确定探测器的老化程度；自动检测干扰信息；环境条件变化或灰尘积累超过允许的工作极限，可将故障信号传送给控制器，同时探测器本身有故障灯显示。这些特点使探测器具有最大的可靠性和恒定的反应灵敏度；最大可能有的功能稳定性；火灾特性的无错检测及不受环境的变化影响。无疑，这将使整个系统工作十分可靠、稳定。

2. 光电感烟火灾探测器

光电感烟探测器是利用火灾时产生的烟雾可以改变光的传播特性，并通过光电效应而制成的一种火灾探测器。根据烟粒子能对光线产生吸收（遮挡）、散（乱）射的作用，光电感烟探测器可分为遮光型和散射型两种。主要由检测室、电路、固定支架和外壳等组成。其中检测室是其关键部件。

（1）遮光型

1）检测室　由光束发射器、光电接收器和暗室等组成。如图3-14所示。

光束发射器：由光源和透镜组成，形成光源。目前普遍采用的是红外发光二极管作光源，它具有可靠性高、功耗低、寿命长等优点。以前早期所用的钨丝灯作光源，由于功耗大、寿命短而被淘汰。光源受脉冲发生器产生的电流控制。透镜通常用凸型和球面型透镜，其作用是使光源发出的光聚成平行光束。

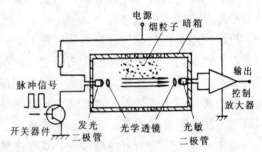

图3-14　遮光型光电感烟探测器原理示意图

光电接收器：由光敏元件和透镜组成。光敏元件的作用是将接收到的光能转换为电信号。光敏元件通常用与红外发光二极管发射光的峰值波长相适应的光敏二极管、光敏三极管、光电阻和硅光电池等。目前多数采用光电池。透镜的作用是将被烟粒子散射的光线聚焦后，准确、集中地被光敏元件接收，并通过光敏效应，把光信号转换成电信号。

暗室：光源和光敏元件置于暗室中。暗室结构要求能与周围空气相通，既使烟雾粒子畅通地进入，又不能使外部光线射入。通常是制成多孔形状，内壁为黑色。

2）工作原理。当火灾发生，有烟雾进入检测室时，烟粒子将光源发出的光遮挡（吸收），到达光敏元件的光能将减弱，其减弱程度与进入检测室的烟雾浓度有关。当烟雾达到一定浓度，光敏元件接受的光强度下降到预定值时，通过光敏元件启动开关电路并经以后电路鉴别确认，探测器即动作，向火灾报警控制器送出报警信号。

3）电路组成。光电感烟探测器的电路原理方框图如图3-15所示。它通常由稳压电路、脉冲发光电路、发光元件、光敏元件、信号放大电路、开关电路、抗干扰电路及输出电路等组成。

脉冲发光电路：为防止干扰和省电，发光二极管采用脉冲供电，每隔约3.5s红外发光

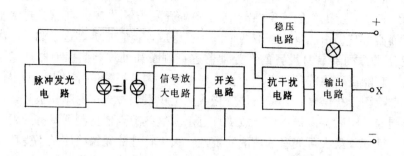

图 3-15　光电感烟探测器电路原理方框图

二极管发光一次，每次发光时间约 $100\mu s$ 左右。由于发光电流较大（最大发光电流约 1A），通常不由电源直接供电，而采取电容充放电形式供电。脉冲发光电路的种类较多，较典型的是互补振荡脉冲发光电路。

信号放大电路：由于光敏元件输出电压幅值较小，需要高倍数的放大器进行放大，常采用运算放大器或两级直接耦合放大电路。

开关电路：开关电路接收前级放大电路的输出信号，一旦烟雾达到一定浓度，开关电路即导通并推动输出电路。

抗干扰电路：抗干扰通常有两种途径：最基本的一种是采用脉冲发光电路，其触发光源的发光时间为不发光时间的千万分之一；另一种是设置对脉冲信号计数电路。当光敏元件连续两次接收到的光能均减弱到超过规定值时，电路才确认火灾发生。以上两种方法都能有效的防止因小虫进入暗室或其它扰动而使探测器误报。往往在同一个探测器中同时采用两种方法，可使探测器的可靠性大为提高。

输出电路：通常由可控硅或互补双稳态等具有信号自保持作用的电路组成。

（2）散射型

散射型光电感烟探测器是应用烟雾粒子对光的散射作用并通过光电效应而制作的一种火灾探测器。它和遮光型光电感烟探测器的主要区别在暗室结构上，而电路组成、抗干扰方法等基本相同。由于是利用烟雾对光线的散射作用，因此暗室的结构就要求光源 $E$（红外发光二极管）发出的红外光线在无烟时，不能直接射到光敏元件 $R$（光敏二极管）。实现散射型的暗室各有不同，其中一种是在光源与光敏元件之间加入隔板（黑框），如图 3-16 所示。无烟雾时，红外光无散射作用，也无光线射在光敏二极管上，二极管不导通，无信号输出，

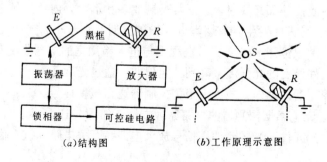

(a)结构图　　　　　(b)工作原理示意图

图 3-16　散射型光电感烟探测器结构示意图

探测器不动作。当烟雾粒子进入暗室时，由于烟粒子对光的散（乱）射作用，光敏二极管会接收到一定数量的散射光，接收散射光的数量与烟雾浓度有关，当烟的浓度达到一定程度时，光敏二极管导通，电路开始工作。由抗干扰电路确认是有两次（或两次以上）超过规定水平的信号时，探测器动作，向报警器发出报警信号。光源仍由脉冲发光电路驱动，每隔 3～4s 发光一次，每次发光时间约 100μs 左右，以提高探测器抗干扰能力。

光电式感烟探测器比离子式感烟探测器开发得晚些，但发展很快，种类也不断增多，很有发展前途。它在一定程度上可克服离子感烟探测器的缺点，除了可在建筑物内部使用，更适用于电气火灾危险较大的场所，如仪器仪表室、计算机房、电缆沟、隧道等处。使用中应注意，当附近有过强的红外光源时，可导致探测器工作不稳定。它的敏感元件寿命不如离子式长。

（二）线型感烟火灾探测器

线型感烟探测器是一种能探测到被保护范围中某一线路周围烟雾的火灾探测器。按光源分类，可分为红外光束型、紫外光束型和激光型感烟探测器三种。线型感烟火灾探测器与光电式感烟探测器的工作原理相似，都是利用烟雾粒子能改变光线传播特性而制成的。不同的是，线型感烟探测器的光束发射器和光电接收器是在现场中相对放置的两个独立部分而形成一个完整的工作装置，不像光电感烟探测器是将它们置于同一装置（暗室）中。故而有的又称线型感烟探测器为光电式分离型感烟探测器。

图 3-17 是线型感烟探测器的工作原理图。探测器由光束发射器和光电接收器两部分组成。它们分别安装在被保护区域的两端，中间用光束连接（软连接），其间不能有任何可能遮断光束的障碍物存在，否则探测器将不能工作。在无烟情况下，光束发射器发出的光束射到光电接收器上，转换成电信号，经电路鉴别后，报警器不报警。当火灾发生并有烟雾进入被保护

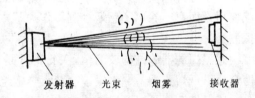

发射器　光束　烟雾　接收器

图 3-17　线型感烟火灾探测器工作原理图

空间，部分光线束将被烟雾遮挡（吸收），则光电接收器接收到的光能将减弱，当减弱到预定值时，通过其电路鉴定，光电接收器便向报警器送出报警信号。

为延长光源的寿命、降低功耗、提高探测器的抗干扰能力，发射器采用脉冲方式工作，使光束以间歇方式为接收器接收。脉冲的周期为毫秒级，脉宽为微秒级。在接收器设置有故障报警电路（如反相比较器），以便当光束为飞鸟或人遮住、发射器损坏或丢失、探测器因外因倾斜而不能接收光束等原因时，故障报警电路要锁住火警信号通道，向报警器送出故障报警信号。接收器一旦发出火警信号便自保持，确认灯亮。

线型感烟火灾探测器具有监视范围广、保护面积大、使用环境条件要求不高等特点，适于初始火灾有烟雾形成大空间、大范围场所，如像较大仓库、电缆沟、高举架、易燃材料的堆垛等。

激光感烟火灾探测器，激光是由单一波长组成的光束，由于其方向性强、亮度高、单色性和相干性好等特点，在各领域中都得到了广泛应用。激光光电式感烟探测器由激光发射机（包括脉冲电源和激光发生器）和激光接收器（包括光电接收器、脉冲放大及报警）组成。在无烟情况下，脉冲激光束射到光电接收器上，转换成电信号，报警器不发出报警。一

且激光束在发射过程中有烟雾遮挡而减小到一定程度，使光电接收器信号显著减弱，报警器便自动发出报警信号。能作激光源的种类较多，但半导体激光器具有所需激发电压低、脉冲功率大、效率高、器件体积小、寿命长、耐震和价格低廉等优点，尽管它问世不久，但已受到普遍重视。

红外光和紫外光感烟探测器，它们是利用烟雾能吸收或散射红外光束或紫外光束原理制成的感烟探测器，具有技术成熟、性能稳定可靠、探测方位准确、灵敏度高等优点。目前国内生产和使用的线型感烟火灾探测器基本上都是红外光感烟探测器。

**二、感温火灾探测器**

感温火灾探测器是一种能对异常高温或异常温升速率敏感响应的火灾探测器。由于火灾初期阶段，除有大量烟雾产生，还必然会因燃烧释放的热量使其周围空气温度异常升高。因此，用对温度（热）敏感元件制成的感温探测器也能及早发现火情。感温探测器是问世最早、品种最多、结构最简单、价格最低廉、而且可以不配置电子电路（指其中的几种）也能工作的火灾探测器。与感烟探测器和感光探测器比较，它的可靠性较高、对环境条件的要求更低，但对初期火灾的响应要迟钝些，报警后的火灾损失要大些。在建筑工程中，它主要适用于因环境条件而使感烟探测器不宜使用的某些场所；并常与感烟探测器联合使用组成与门关系，对火灾报警控制器提供复合报警信号。由于感温探测器有很多优点，因此它是仅次于感烟探测器在建筑工程中使用最广泛的一种作火灾早期报警的火灾探测器。

（一）点型感温火灾探测器

点型感温探测器是对警戒范围中某一点周围的温度响应的火灾探测器。在民用建筑中，就使用量而言，除离子感烟探测器作为基本类型选用而居首位外，其次要数点型感温火灾探测器。

感温探测器的结构较简单，关键部件是它的热敏元件。常用的热敏元件有双金属片、易熔合金、低熔点塑料、水银、酒精、热敏绝缘材料、半导体热敏电阻、膜盒机构等。

感温探测器是以对温度的响应方式分类，每类中又以敏感元件不同而分为若干种。

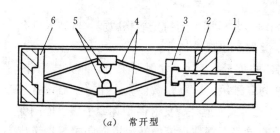

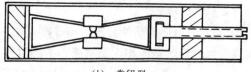

(b) 常闭型

图 3-18 双金属圆筒状结构定温
火灾探测器结构示意图

1—不锈钢管；2—调节螺栓；3、6—固定块；
4—铜合金片；5—电接点

**1. 定温火灾探测器**

点型定温探测器是一种对警戒范围中某一点周围温度达到或超过规定值时响应的火灾探测器，当它探测到的温度达到或超过其动作温度值时，探测器动作，向报警控制器送出报警信号。定温探测器的动作温度应按其所在的环境温度进行选择。

（1）双金属型定温火灾探测器

双金属型定温火灾探测器是以具有不同热膨胀系数的双金属片为热敏元件的定温火灾探测器。

图 3-18 是一种圆筒状结构的双金属定温火灾探测器。它是将两块磷铜合金片通过固定块固定在一个不锈钢的圆筒形外壳内，在铜合金片的中段部位各装有一个金属触头

作为电接点。由于不锈钢的热胀系数大于磷铜合金，当探测器检测到的温度升高时，不锈钢外筒的伸长大于磷铜合金片，两块合金片被拉伸而使两个触头靠拢。当温度上升到规定值时，触点闭合，探测器即动作，送出一个开关信号使报警器报警。当探测器检测到的温度低于规定值时，经过一段时间，两触点又分开，探测器又重新自动回复到监视状态。

（2）易熔金属型定温火灾探测器

易熔金属型定温火灾探测器是一种能在规定温度值时迅速熔化的易熔合金作为热敏元件的定温火灾探测器。图3-19是易熔合金定温火灾探测器的结构示意图。

探测器下方吸热片的中心处和顶杆的端面用低熔合金焊接，弹簧处于压紧状态，在顶杆的上方有一对电接点。无火灾时，电接点处于断开状态，使探测器处于监视状态。火灾发生后，只要它探测到的温度升到动作温度值，低熔点合金迅速熔化，释放顶杆，顶杆借助弹簧弹力立即被弹起，使电接点闭合，探测器动作。

另一类定温探测器属电子型，常用热敏电阻或半导体 $P\text{-}N$ 结为敏感元件，内置电路常用运算放大器。电子型比机械型的分辨能力高，动作温度的准确性容易实现，适用于某些要求动作温度较低，而机械型又难以胜任的场合。机械型不需配置电路、牢固可靠、不易产生误动作、价格低廉。工程中两种类型的定温探测器都经常采用。

2．差温及差定温火灾探测器

（1）差温火灾探测器

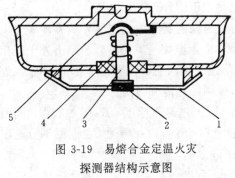

图 3-19　易熔合金定温火灾
探测器结构示意图

1—吸热片；2—易熔合金；3—顶
杆；4—弹簧；5—电接点

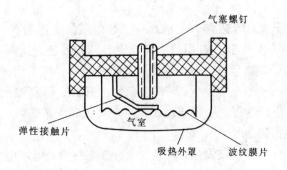

图 3-20　膜盒型差温探测器结构示意图

差温火灾探测器是对警戒范围中某一点周围的温度上升速率超过规定值时响应的火灾探测器。差温火灾探测器有几种，下面以一种膜盒型的差温探测器为例进行说明。

图3-20是膜盒型差温探测器结构示意图。分析膜盒型差温探测器的关键部位在气室。由感热外罩与底座形成密闭的气室。气室内设置有波纹膜片、弹性接触片、气塞螺钉等。膜片的作用是将气室内空气受热引起的压强变化转换成位移的变化，是探测器的核心元件。气塞螺钉有三个作用：气室内的空气只能由气塞螺钉上的小孔泄漏到空气中去；与弹性接触片形成一对电接点供外部电路使用；可以调节电接点的间距，以改变电接点闭合的时间。当环境温度的升高缓慢变化时，气室内外的空气可以通过小孔进行调节，使气室内外空气压力差别不大，波纹膜片基本上不发生位移。火灾发生时，在环境温升速率上升很快的场合中，气室内的空气由于急剧膨胀而来不及从小孔泄漏出去，使气室内的气压增高，推动波

纹上凸，从而推动弹性接触片上移，接通电接点，探测器即动作，报警器报警。温升速率越大，探测器动作的时间越短。显然，差温探测器特别适于火灾时温升速率大的场所。这是一种可恢复型的感温探测器。

（2）差定温火灾探测器

差定温探测器兼有差温和定温两种功能。在图 3-20 中只要另用一个弹簧片，并用易熔合金将此弹簧片的一端焊在吸热外罩上，就形成膜盒型差定温感温探测器。其中，气室是差温的敏感元件，它在环温速率剧增时，其差温部分起作用；易熔元件是定温的敏感元件，当环温升高到易熔合金标定的动作温度（如 70℃）时，该定温部分起作用，此时易熔合金熔化，弹簧片向上弹起，推动波纹膜片，使电接点接通。但这种作法的膜盒型差定温探测器的定温部分动作后，其性能即失效（一次性），但差温部分动作后仍可反复使用。

图 3-21 是 JW-DC 型电子式差定温探测器的电气原理图，假定定温的动作温度为70℃。敏感元件由三只具有负温度系数的热敏电阻 $R_1$、$R_2$ 和 $R_5$ 组成。其中 $R_5$ 是定温部分的敏感元件，$R_1$ 和 $R_2$ 是差温部分的敏感元件。要求 $R_1$ 和 $R_2$ 的阻值和温度特性相同，但在结构布置上，$R_1$ 密封在一个特制的金属罩内，使其对环境温度反应不敏感；$R_2$ 应直接的感受到环境温度的变化而置于铜外壳上。

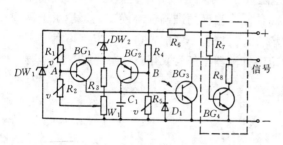

图 3-21　电子式差定温探测器原理图

当探测器警戒范围的环境温度缓慢上升，且未达到 70℃ 前，$R_1$、$R_2$ 的阻值变化基本一致，A 点电位基本不变，$BG_1$ 仍处于截止状态；同时 $R_5$ 阻值的降低使 B 点电位随之降低，但还不足以使 $BG_2$ 导通，因此 $BG_3$ 也处于截止状态，使电路的差温和定温部分都不动作，探测器无信号输出。

当火灾发生，若温度急剧上升，$R_2$ 因直接受热，阻值迅速降低，而 $R_1$ 受热较慢，阻值下降也慢，从而导致 A 点电位降低，当降低到一定程度，$BG_1$、$BG_3$ 导通，由差温部分送出报警信号。

当火灾发生，若温度上升速率缓慢，但环温已升高到 70℃ 时，$R_5$ 阻值的降低已足以使 B 点电位低到使 $BG_2$、$BG_3$ 导通，由定温部分送出报警信号。

$BG_4$、$R_7$、$R_8$ 组成探测器的断路自动监控环节。报警系统处于警戒状态时，$BG_4$ 是导通的。当报警器与探测器间的三根连接线（电源＋、电源－、信号线）任中断掉一根，$BG_4$ 立即截止，向报警器发出断线（开路）故障信号。有无断路自动监控环节是非编码火灾自动报警系统中，终端型（监控型）探测器与非终端型（普通型）探测器在电路上的区别。在安装时，若终端型探测器不设置在一条回路的末端，而是设在中间，就会造成报警器对终端型以后的普通探测器失去自动断路监控作用，系统将可能丢失该部分的保护范围，这是十分危险的。

显然，差定温探测器同时具有定温和差温的功能，即对于火灾初始阶段温度上升速度快的，其差温部分动作；对温度上升速率慢，但只要环温达到了动作温度值，其定温部分动作，这样就扩大了它的使用范围。

（二）线型感温火灾探测器

线型感温火灾探测器是对警戒范围中某一线路周围的温度升高敏感响应的火灾探测器。其工作原理和点型的基本相同。

线型感温火灾探测器也有差温、定温和差定温三种类型。定温型大多为缆式。缆式的敏感元件用热敏绝缘材料制成。缆式可以是用涂有热敏绝缘材料的载流导线绞合在一起，置于编织电缆的外皮内，也可以用同轴电缆形成。图 3-22 是一种由同轴电缆构成的缆式定温火灾探测器。电缆中的两根载流芯线间用热敏绝缘材料隔开，外面用金属丝编织的网作保护。当缆式线型定温探测器处于警戒状态时，两导线间处于高阻态。当火灾发生，只要该线路上某处的温度升高达到或超过预定温度时，热敏绝缘材料阻抗急剧降低，使两芯线间呈低阻态；或者热敏绝缘材料被熔化，使两芯线短路，这都会使报警器发出报警信号。缆线的长度一般为 100～500m。

图 3-22　同轴电缆缆式线型定温火灾探测器结构示意图

线型感温火灾探测器也可用空气管作为敏感元件制成差温工作方式，称为空气管线型差温火灾探测器。利用点型膜盒差温探测器气室的工作特点，将一根用铜或不锈钢制成的细管（空气管）与膜盒相接构成气室。当环境温度上升较慢时，空气管内受热膨胀的空气可从泄漏孔排出，不会推动膜片，电接点不闭合；火灾时，若环境温度上升很快，空气管内急剧膨胀的空气来不及从泄漏孔排出，空气室中压强增大到足以推动膜片位移，使电接点闭合，即探测器动作，报警器发出报警信号。

线型感温火灾探测器通常用于一些特定场合及保护工业设备，民用建筑中较少采用。

### 三、感光火灾探测器

感光火灾探测器又称火焰探测器，它是一种能对物质燃烧火焰的光谱特性、光照强度和火焰的闪烁频率敏感响应的火灾探测器。

和感烟、感温、气体等火灾探测器比较，感光探测器的主要优点是：响应速度快，其敏感元件在接受到火焰辐射光后的几毫秒，甚至几个微秒内就发出信号，特别适用于突然起火无烟的易燃易爆场所；它不受环境气流的影响，是唯一能在户外使用的火灾探测器；另外，它还有性能稳定、可靠、探测方位准确等优点，因而得到普遍重视，成为目前火灾探测的重要设备和发展方向。

（一）红外感光火灾探测器

红外感光火灾探测器又称红外火焰探测器，它是一种对火焰辐射的红外光敏感响应的火灾探测器。

1. 结构特点

图 3-23 是国产 JGD-1 型红外感光火灾探测器的结构示意图。这是一种点型火灾探测器。它主要由外壳、固定部件、红外滤光片、敏感元件、印刷电路板等组成。

红外滤光片：只让火焰光谱中的红外光透过，使探测器工作在火焰辐射的红外波段范围内，以得到较强的信噪比。置于敏感元件的前方并兼作敏感元件的保护层。由锗片制成。

敏感元件：将红外光转换成电信号的光敏传感元件。通过红外滤光片的分散红外光要聚焦到敏感元件上，以增强敏感元件接收的红外光辐射强度。此产品是采用对红外光敏感

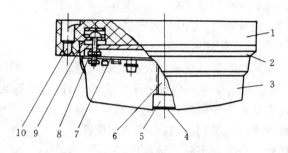

图 3-23　JGD-1 型红外感光火灾探测器结构示意图

1—底座；2—上盖；3—罩壳；4—红外滤光片；5—硫化铅红外光敏元件；

6—支架；7—印刷电路板；8—柱脚；9—弹性接触片；10—确认灯

的硫化铅作为敏感元件。其它如硫化镉、硅光电池、硅光电子元件等都可以作为红外光的敏感元件。聚焦可采用反射式或凸透镜等方式实现。

2. 电路特点

电路设计的指导思想是既要让探测器检测到频率为 3～30Hz 范围的火焰闪烁真信号，又要能鉴别假信号。为此，电路要配置一个带通滤波器。滤波器应作到将火焰闪烁频率范围以外的连续假信号频率进行最大可能的衰减，而对其频率范围内的信号尽可能不受到影响。还要配置一个延时电路，使探测器有一个时间去鉴别瞬时假信号所造成的干扰，并通过积分电路的积分电容去消除它。常用的带通滤波器有单 T、双 T 滤波器、晶体滤波器等，有时也采用 RC 移相滤波器。

火焰辐射的红外光穿过红外滤光片聚焦到敏感元件转换成交变电信号，经过放大，通过滤波器把连续假信号进行衰减，由积分延时电路对瞬时假信号鉴别并消除。只有具有特定频率范围和峰值的火焰辐射红外光才能为积分电路识别，并使开关电路导通，送出报警信号。

红外火焰探测器对恒定的红外辐射，一般电光源如白炽灯、荧光灯、太阳光及瞬时的闪烁现象不反应，具有响应快、抗干扰性好、误报小、电路工作可靠、通用性强、能在有烟雾场所及户外工作等优点。通常用于电缆地沟、坑道、库房、地下铁道及隧道等场所，特别适用于无阴燃阶段的燃料火灾（如醇类、汽油等易燃液体）的早期报警。

（二）紫外感光火灾探测器

1. 基本原理

紫外感光火灾探测器又称紫外火焰探测器，它是一种对紫外光辐射敏感响应的火灾探测器。

虽然对紫外辐射光敏感的器件品种较多，但目前国内外用于探测器的敏感元件通常是紫外充气光敏管。图 3-24 是一种紫外光敏管的结构示意图。它的玻璃外壳内充有一定量高纯度的氢气和氖气作填充气体，壳内装有 2 根高纯度的钼丝或钨丝制成的电极，管壳顶部由透紫外线的玻璃制成，以保证尽可能多的紫外线射到电极上。当电极受到紫外光辐射时立即发射出电子，电子被两电

管壳

电极

填充气体

管脚

图 3-24　紫外光敏管

结构示意图

极间强电场加速后具有较大动能去撞击气体分子，使气体分子电离。在强电场作用下，很快就产生"雪崩"式的放电过程。光敏管就由截止状态变成导通状态，驱动电路发出报警信号。导通状态一直要维持到电极的端电压降至维持电压以下，此时由于电场变弱，"雪崩"现象消失，光敏管又恢复到截止状态。

2. 紫外感光火灾探测器的特点

紫外感光探测器由于使用了紫外光敏管为敏感元件，而紫外光敏管同时也具有光电管和充气闸流管的特性，所以它使紫外感光火灾探测器具有如下主要特点。

（1）响应速度快，灵敏度高。紫外感光探测器的响应速度远远快于其它类型的火灾探测器，甚至比最快的红外感光探测器还要快几倍。光敏管的工作状态只需要个别光量子的作用就可以改变，极易被激发，故而灵敏度很高。

（2）脉冲输出。由于紫外光敏管是在截止和导通两个状态交替工作，就使探测器亦运行在脉冲状态，其输出信号为计数脉冲。

（3）可以交流或直流供电。光敏管两个电极加以交流电压或直流电压都可以正常工作，其影响只是输出的脉冲个数不同。其它类型的探测器都只能在直流电压下工作。

（4）工作电压高。由于光敏管产生"雪崩"式放电过程需要在强电场作用下才能发生，这就要求两电极的工作电压很高，通常在200V以上。这会给安装和使用带来不便。而其它类型的火灾探测器都可在较低的直流电压下工作。

由于紫外光主要是由高温火焰发出的，温度较低的火焰产生的紫外光很少，而且紫外光的波长也较短，对烟雾穿透能力弱，所以它特别适用于爆燃和无烟燃烧（如生产、贮存酒精、石油等）危险、恶劣的场所。也由于紫外光敏管灵敏度很高，探测器对非火灾的紫外光辨别能力差，使用中要特别注意周围环境如太阳光、人工光源、电火花、电焊弧光等干扰，以免引起误报。另外，长期受外界环境影响的紫外光敏管可能会使管子特性变化产生自激现象，从而使探测器频繁误报，这种情况更换光敏管后即可解决。对紫外光敏管应经常清洁，以保证透光性良好，对红外感光探测器也有类似要求。

四、可燃气体火灾探测器

可燃气体火灾探测器是一种能对空气中可燃气体浓度进行检测并发出报警信号的火灾探测器。

可燃气体火灾探测器是通过测量空气中可燃气体爆炸下限以内的含量，以便当空气中可燃气体浓度达到或超过报警设定值时自动发出报警信号，提醒人们及早采取安全措施，避免事故发生。可燃气体探测器除具有预报火灾，防火防爆功能外，还可以起监测环境污染作用。和紫外火焰探测器一样，主要在易燃易爆场合中安装使用。

（一）催化型可燃气体探测器

催化型是用难熔的铂（pt）金丝作为探测器的气敏元件。工作时，铂金丝要先被靠近它的电热体预热到工作温度。铂金丝在接触到可燃气体时，会产生催化作用，并在自身表面引起强烈的氧化反应（即所谓"无烟燃烧"），使铂金丝的温度升高，其电阻增大，并通过由铂金丝组成的不平衡电桥将这一变化取出，通过电路发出报警信号。

（二）半导体可燃气体探测器

这是一种用对可燃气体高度敏感的半导体元件作为气敏元件的火灾探测器，可以对空气中散发的可燃气体，如烷（甲烷、乙烷等）、醛（丙醛、丁醛等）、醇（乙醇等）、炔（乙

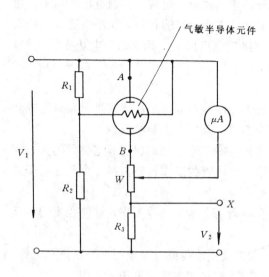

图 3-25　半导体型可燃气体火灾
探测器电路原理图

炔等）等或气化可燃气体，如一氧化碳、氢气及天然气等进行有效的监测。

气敏半导体元件具有如下特点：灵敏度高，既使浓度很低的可燃气体也能使半导体元件的电阻发生极明显的变化，可燃气体的浓度不同，其电阻值的变化也不同，在一定范围内成正比变化；检测线路很简单，用一般的电阻分压或电桥电路就能取出检测信号；制作工艺简单；价廉；适用范围广，对多种可燃性气体都有较高的敏感能力，但选择性差，不能分辨混合气体中的某单一成分的气体。

图 3-25 是半导体可燃气体探测器的电路原理图。$V_1$ 为探测器的工作电压，$V_2$ 探测器检测部分的信号输出，由 $R_3$ 取出作用于开关电路，微安表用来显示其变化。探测器工作时，气敏半导体元件的一根电热丝 $r$ 先将元件预热至它的工作温度。无可燃气体时，$V_2$ 值不能产生报警信号，微安表指示为零。在可燃气体接触到气敏半导体时，其阻值（$A$、$B$ 间电阻）发生变化，$V_2$ 亦随之变化，微安表有对应的浓度显示，可燃气体浓度一旦达到或超过预报警设定点时，$V_2$ 的变化将使开关电路导通，发出报警信号。调节电位器 $W$ 可任意设定报警点。

可燃气体探测器要与专用的可燃气体报警器配套使用组成可燃气体自动报警系统。若把可燃气体爆炸浓度下限（L·E·L）定为 100%，而预报的报警点通常设在 20%～25% L·E·L 的范围，则不等空气中可燃气体浓度引起燃烧或爆炸，报警器就提前报警了。

# 第三节　火灾探测器使用与选择

合理使用和选择探测器，是工程设计中极为重要的问题，它对整个系统是否能正常工作，有效地对需要保护的范围进行保护及减少误报等都有极其重要的作用。下面对工程中所关心的有关问题加以说明。

## 一、探测器的使用数量

下面只对建筑工程中使用最广泛的点型感烟、点型感温探测器在一个探测区域内所需的探测器数量加以讨论。关于探测区域的问题将在 §9-2 中讨论。

（一）感烟、感温探测器保护面积 $A$ 和保护半径 $R$

保护面积 $A$：是指一只火灾探测器能有效探测的地面面积，称为保护面积，用 $A$ 表示。单位为 m²。

保护半径 $R$：一只火灾探测器能有效探测的单向最大水平距离称为保护半径。用 $R$ 表示。单位为 m。

一只点型的感烟、感温探测器的保护面积和保护半径，应按表 3-3 确定。

| 火灾探测器的种类 | 地面面积 $S$ (m²) | 房间高度 $h$ (m) | 探测器的保护面积 $A$ 和保护半径 $R$ | | | | | |
|---|---|---|---|---|---|---|---|---|
| | | | 房顶坡度 $\theta$ | | | | | |
| | | | $\theta \leqslant 15°$ | | $15° < \theta \leqslant 30°$ | | $\theta > 30°$ | |
| | | | $A$ (m²) | $R$ (m) | $A$ (m²) | $R$ (m) | $A$ (m²) | $R$ (m) |
| 感烟探测器 | $S \leqslant 80$ | $h \leqslant 12$ | 80 | 6.7 | 80 | 7.2 | 80 | 8.0 |
| | $S > 80$ | $6 < h \leqslant 12$ | 80 | 6.7 | 100 | 8.0 | 120 | 9.9 |
| | | $h \leqslant 6$ | 60 | 5.8 | 80 | 7.2 | 100 | 9.0 |
| 感温探测器 | $S \leqslant 30$ | $h \leqslant 8$ | 30 | 4.4 | 30 | 4.9 | 30 | 5.5 |
| | $S > 30$ | $h \leqslant 3$ | 20 | 3.6 | 30 | 4.9 | 40 | 6.3 |

表 3-3 中的保护面积 $A$，是根据在一特定的试验条件下通过五种典型的火试验后提供的数据，并参照国外先进规范确定的，是用来作为设计人员确定火灾自动报警系统中采用探测器数量的主要依据。而保护半径 $R$ 可作为布置探测器的校核条件使用。从表 3-3 中可看出如下几点：

（1）房顶坡度 $\theta$ 增大，探测器保护半径 $R$ 相应增大。这是由于探测器安装在探测区域的不同坡度的顶棚上时，随着顶棚坡度的增大，烟雾沿斜顶棚和屋脊聚集，使得在屋脊（或靠近屋脊）的探测器进烟或感受热气流的机会随之增加的原因。

（2）房间高度 $h$ 增大，探测器保护面积 $A$ 也增大。这是因为当探测器监视的地面面积 $S > 80$m² 时，安装在其顶棚上的感烟探测器受其它环境条件的影响较小。房间越高、火源和顶棚的间距越大，则烟雾均匀扩散的区域越大。

（3）感烟探测器的保护面积和保护半径比感温探测器的要大，$A_{烟} = 60 \sim 120$m²/只、$A_{温} = 20 \sim 40$m²/只；$R_{烟} = 5.8 \sim 9.9$m/只、$R_{温} = 3.4 \sim 6.3$m/只。主要原因是烟的均匀扩散能力和范围比温度（热气流）要大。

（二）探测器的设置数量

一个探测区域内所需设置探测器的数量，应按下式计算：

$$N \geqslant \frac{S}{K \cdot A} \tag{3-1}$$

式中　$N$——一个探测区域内所需设置的探测器数量（只）；

　　　$S$——一个探测区域的面积（m²）；

　　　$A$——一个探测器的保护面积（m²）；

　　　$K$——修正系数，$K = 0.7 \sim 1.0$。

工程设计中用上式计算 $N$ 值时，有三点需要加以说明：

（1）式中给出的修正系数 $K=0.7\sim1.0$ 的主要依据是，根据我国工程设计人员的实践经验、按预期火灾对人身和财产的损失程度、危险大小、扑救火灾的难易程度以及火灾对社会的影响面大小等多种条件考虑取适当的 $K$ 值。建议重点保护建筑 $K=0.7\sim0.9$，非重点保护建筑 $K=1$。

（2）重点保护建筑，是指公安消防部门作为重点保护的建筑物，通常是指《高层民用建筑设计防火规范》中规定的一类建筑物、二类建筑物及《建筑设计防火规范》中规定的甲、乙、丙类生产厂房、重要的公共建筑物。除此以外，对需要设置火灾自动报警系统的工程，都可按非重点保护建筑考虑。

（3）在工程设计中，只要是选用由国家消防电子产品质量监督检验测试中心检验合格的感烟、感温探测器（点型），无论厂家是否提供了保护面积和保护半径的数据，都应按表3-3所列数据及关系进行设计。厂家提供的数据只能作为参考，不能作为设计的依据。

## 二、探测器的灵敏度

探测器的灵敏度是指其响应火灾参数（烟、温度、辐射光、可燃气体等）的敏感程度。在选择探测器时，灵敏度是作为一个重要内容来考虑的，它直接关系到整个系统的运行。下面只对感烟和感温探测器灵敏度的主要问题作介绍。

（一）感烟探测器的灵敏度

感烟探测器的灵敏度是指探测器响应不同烟雾浓度的敏感程度。

按照国家消防组织规定，感烟探测器的灵敏度应根据下述标准标定：

$$\delta\% = \frac{I_0 - I}{I_0} \times 100\% \tag{3-2}$$

式中　$\delta\%$——每米烟雾减光率；

　　$I_0$——标准光束无烟时在 1m 处的光强度；

　　$I$——标准光束在有烟时 1m 处的光强度。

$\delta\%$ 是指用标准光束稳定照射，在通过单位（1m）厚度的烟雾后，照度减小的百分数，并以此作为感烟探测器灵敏度等级标定的依据。感烟探测器的灵敏度用减光率来标定时，通常是标定为三级，即：

Ⅰ级，$\delta\%=5\%\sim10\%$；

Ⅱ级，$\delta\%=10\%\sim20\%$；

Ⅲ级，$\delta\%=20\%\sim30\%$。

显然，Ⅰ级的灵敏度最高，它表示能在烟雾浓度很小的情况下，探测器都能敏感的响应。在选用感烟探测器时，应考虑到环境条件、建筑物的功能等选择不同的灵敏度。通常，Ⅰ级用于无（禁）烟及重要场所；Ⅱ级用于少烟场所；除此外可选用Ⅲ级。

（二）感温探测器的灵敏度

为了保证点型感温探测器的灵敏度有一个统一标准，符合要求并便于实际选用，国际标准化组织（ISO）对有关内容作了统一规定（草案），国标 GB4716—84《点型感温火灾探测器技术要求及试验方法》亦作了具体规定。

1. 响应时间

响应时间又称动作时间，它是指火灾发生时，环境温度上升过程中，感温探测器由警戒状态到发出报警信号所需的时间，并用它来作为标定探测器灵敏度的依据。感温探测器的响应时间给出了一个极限范围，即用响应时间下限和响应时间上限来规定其响应时间，见表3-4、表3-5、表3-6。

定温探测器动作时间表　表 3-4

| 级　别 | 动作时间下限（s） | 动作时间上限（s） |
|---|---|---|
| 一　级 | 30 | 40 |
| 二　级 | 90 | 110 |
| 三　级 | 20 | 280 |

定温、差定温探测器的响应时间　　　　　　　　表 3-5

| 温升速率 | 响应时间下限 | 响应时间上限 | | |
|---|---|---|---|---|
| | 各级灵敏度 | Ⅰ级灵敏度 | Ⅱ级灵敏度 | Ⅲ级灵敏度 |
| ℃/min | min　　s | min　　s | min　　s | min　　s |
| 1 | 29　　0 | 37　　20 | 45　　40 | 54　　0 |
| 3 | 7　　13 | 12　　40 | 15　　40 | 18　　40 |
| 5 | 4　　0.9 | 7　　44 | 9　　40 | 11　　36 |
| 10 | 0　　30 | 4　　02 | 5　　10 | 6　　18 |
| 20 | 0　　22.5 | 2　　11 | 2　　55 | 3　　37 |
| 30 | 0　　15 | 1　　34 | 2　　08 | 2　　42 |

差温探测器的响应时间　　表 3-6

| 温升速率 | 响应时间下限 | 响应时间上限 |
|---|---|---|
| ℃/min | min　　s | min　　s |
| 5 | 2　　0 | 10　　30 |
| 10 | 0　　30 | 4　　2 |
| 20 | 0　　22.5 | 1　　30 |
| 30 | 0　　15 | 1　　0 |

2. 灵敏度分级

感温探测器的灵敏度是指火灾发生时，探测器达到动作温度（或温升速率）时发出报警信号所需时间的快慢，并用动作时间表示。

我国将定温、差定温探测器的灵敏度分为三级：Ⅰ级、Ⅱ级、Ⅲ级，并分别在探测器上用绿色、黄色和红色三种色标表示。表3-4给出了定温探测器各级灵敏度对应的动作时间范围。

差定温探测器的灵敏度也分为三级，各级灵敏度差温部分的动作时间范围与温升速率间的关系由表3-5给出；定温部分在温升速率小于1℃/min时，各级灵敏度的动作温度均不得小于54℃，也不得大于各自的上限值，即：

Ⅰ级灵敏度：54℃＜动作温度＜62℃标志绿色；

Ⅱ级灵敏度：54℃＜动作温度＜70℃标志黄色；

Ⅲ级灵敏度：54℃＜动作温度＜78℃标志红色。

差温探测器的灵敏度没有分级,其动作时间范围与温升速率间关系由表 3-6 给出。它的动作时间比差定温探测器的差温部分来得快。

由上面各表可见,灵敏度为一级的,动作时间最快,即当环境温度变化达到动作温度后,报警所需时间最短,常用在需要对温度上升作出快速反应的场所。

3. 动作温度及温升速率

(1) 动作温度

动作温度又称额定(标定)动作温度,它是指定温探测器或差定温探测器中的定温部分发出报警信号的温度值。

定温探测器的动作温度各国都有统一的规定,但划分等级未被统一。我国是把动作温度从 60~150℃ 标定为 12 个值,以供不同环境温度选用,它们是:60℃、65℃、70℃、80℃、90℃、100℃、110℃、120℃、130℃、140℃、150℃。若按等级划分,又分为四个等级:低等级、60℃;普通级、65~75℃;中等级、80~120℃;高等级、130~150℃。

在工程设计中,定温探测器及差定温探测器的动作温度通常是以不高出它所安装位置的最高环境温度 20~35℃ 来确定的。如用于厨房、锅炉房的定温探测器的动作温度就比用于停车场的要高得多。

(2) 温升速率

额定温升速率,简称温升速率,它是指差温探测器或差定温探测器的差温部分发出报警信号的温度上升的速度值。单位用 C°/min 表示。其值分为 1℃/min、3℃/min、5℃/min、10℃/min、20℃/min、30℃/min 等。

### 三、火灾探测器的选择

(一) 选择火灾探测的原则

火灾探测器的作用是要把火灾初期阶段能引起火灾的参数尽早,及时和准确的检测出来及早报警,并根据需要启动相关部位的联动装置。因此,火灾探测器的选择原则是要根据探测器警戒区域内初期火灾的形成和发展特点去选择有相应特点和功能的火灾探测器。其中探测器的特点就包含了对环境条件、房间高度及可能引起误报的原因等因素的考虑。

(二) 火灾探测器的选用

(1) 火灾初期阴燃阶段能产生大量的烟和少量热,很少或没有火焰辐射,应选用感烟探测器,并根据正常情况产生烟(如吸烟)的情况,配以不同等级的灵敏度。

下列场所宜选用离子感烟探测器或光电感烟探测器:

1) 饭店、大厦、商场、旅馆、公寓、办公楼、教学楼的厅堂、卧室、办公室等;

2) 金库、电子计算机房、通讯机房、科研机构、影剧院、电影院或电视放映室等;

3) 楼梯、走道、电梯机房等;

4) 书库、档案库、资料库、博物馆及其它重点文物古迹保护;

5) 配电房、空调机房、水泵房等有电器火灾危险的场所。

有下列情形的场所不宜选用离子感烟探测器:

1) 相对湿度长期大于 95%;

2) 气流速度大于 5m/s;

3) 有大量粉尘、水雾滞留;

4) 可能产生腐蚀性气体;

5）在正常情况下有烟滞留；

6）产生醇类、醚类、酮类等有机物质。

有下列情形的场所不宜选用光电感烟探测器：

1）可能产生黑烟；

2）大量积聚粉尘；

3）可能产生蒸汽和油雾；

4）有高频电磁干扰、过强的红外光源。

感烟探测器的灵敏度级别应根据初期火灾燃烧特性和环境特征等因素正确选择，一般可按下述原则确定：

1）禁烟场所、计算机室、仪表室、电子设备机房、图书馆、票证库和书库等，灵敏度为Ⅰ级；

2）一般环境（居室、客房、办公室等）灵敏度为Ⅱ级；

3）走廊、通道、会议室、吸烟室、大厅、餐厅、地下层、管道井等，灵敏度为Ⅲ级；

4）当房间高度超过8m时，感烟探测器灵敏度为Ⅰ级。

（2）火灾发展迅速、产生大量热、烟和火焰辐射，可选用感温探测器、感烟探测器、火焰探测器或其组合。

下列情形或场所宜选用感温探测器：

1）相对湿度经常高于95％以上；

2）可能发生无烟火灾；

3）有大量粉尘；

4）在正常情况下有烟和蒸汽滞留；

5）厨房、锅炉房、发电机房、茶炉房、烘干车间等；

6）汽车库；

7）吸烟室、小会议室；

8）其它不宜安装感烟探测器的厅堂和公共场所。

下列场所不宜选用感温探测器：

1）可能产生阴燃或者如发生火灾不及早报警将造成重大损失；

2）温度在0℃以下的场所，不宜选用定温探测器；

3）正常情况下温度变化较大的场所，不宜选用差温探测器；

4）定温探测器的动作温度在无环境特殊要求时，一般选用Ⅱ级灵敏度；

5）在电缆托架、电缆隧道、电缆夹层、电缆沟、电缆竖井等场所，宜用缆式线型感温探测器；

6）火灾初期环境温度难以肯定，宜选用差定温复合式探测器。

（3）火灾发展迅速，有强烈的火焰和少量烟、热，应选用火焰探测器。

有下列情形的场所宜选用火焰探测器：

1）火灾时有强烈的火焰辐射；

2）无阴燃阶段的火灾；

3）需要对火焰作出快速反应。

有下列情形的场所不宜选用火焰探测器：

1）可能发生无焰火灾；

2）在火焰出现前有浓烟扩散；

3）探测器的镜头易被污染；

4）探测器的"视线"（光束）易被遮挡；

5）探测器易受阳光或其它光源直接或间接照射；

6）在正常情况下有明火作业及 X 射线、弧光等影响。

（4）当有自动联动装置或自动灭火系统时，宜把感烟、感温、火焰探测器（同类型或不同类型）组合使用。

（5）在生产、贮存、输送或有可能散发、泄漏可燃气体和可燃蒸汽引起易燃易爆的场所，宜用可燃气体探测器。如炼油厂、气体打火机厂、化学车间、溶剂车间、过滤车间、油库、输油输气管的接头及阀门等工业建筑及具有瓦斯管道、液化气罐的民用建筑工程中都宜用可燃气体探测器。但在含有硫化氢气体的场所不宜使用。在长期含有酸、碱腐蚀气体环境中使用时，会影响其寿命。

（6）对有特殊工作环境条件的场所，应分别采用耐寒、耐酸、耐碱、防水、防爆等功能的探测器。

（7）保护面积过大的，宜用线型探测器。

（8）对不同高度的房间，可按表 3-7 选择火灾探测器。

根据房间高度选择探测器　　　　　　　　　　　　　　　　表 3-7

| 房间高度 h (m) | 感烟探测器 | 感 温 探 测 器 | | | 火焰探测器 |
| --- | --- | --- | --- | --- | --- |
| | | 一 级 | 二 级 | 三 级 | |
| 12<h≤20 | 不适合 | 不适合 | 不适合 | 不适合 | 适 合 |
| 8<h≤12 | 适 合 | 不适合 | 不适合 | 不适合 | 适 合 |
| 6<h≤8 | 适 合 | 适 合 | 不适合 | 不适合 | 适 合 |
| 4<h≤6 | 适 合 | 适 合 | 适 合 | 不适合 | 适 合 |
| h≤4 | 适 合 | 适 合 | 适 合 | 适 合 | 适 合 |

随着房间顶棚高度增加，使感温探测器能响应的火灾规模越大，因此感温探测器要按不同的房间高度划分三个灵敏度等级。较灵敏的探测器宜用于较大高度的房间。

感烟探测器对各种不同类型火灾的灵敏度有所不同，但难以找出灵敏度与房间高度的对应关系，考虑到房间越高烟越稀薄，在房间高度增加时，可将探测器的灵敏度等级相应提高。

（9）火灾形成特点不可预料，可进行模拟试验，根据试验结果选择火灾探测器。

**四、探测器与系统的连接**

探测器是通过底座与系统进行连接的。探测器与系统的连接是指探测器与报警控制器间的连接及探测器与辅助功能部分的连接。

（一）与多线制系统的连接

探测器的线制是指探测器与报警控制器的接线方式（出线方式），也就是探测器底座的引线数。按探测器配置的电子电路不同，出线方式也不同。例如三线制探测器有如下功能的引出端：

电源（＋）、电源（－）　电源线作为提供探测器工作电压用，电源（－）作为接地（零）公共线，在两线制中电源（＋）兼作功能线；

信号线　作探测器输出信号用；

检查线　在报警器上用手动模拟对探测器、传输线路及报警器是否完好作远距离试验；

部位选址线　作为对探测器在部位选通下发出火灾报警信号用；

巡检控制线　用来指令探测器是执行故障巡检或是火警巡检功能用。

图 3-26 是三线制常见的一种底座结构示意图，探测器与底座间采用卡装方式，探测器的出线方式：三线制电源（＋）、电源（－）、信号线 $S$（$X$）。探测器通过底座上的四个接线螺丝与系统相连，底座上的两个 $V_-$ 接点互不相通，当探测器插入底座时，探测器底部的一块金属弹性片将两个 $V_-$ 点连接，取下探测器则两个 $V_-$ 接点断开，这种结构是为系统运行时，若某探测器被取下，可以向报警器发出断线（开路）故障信号。

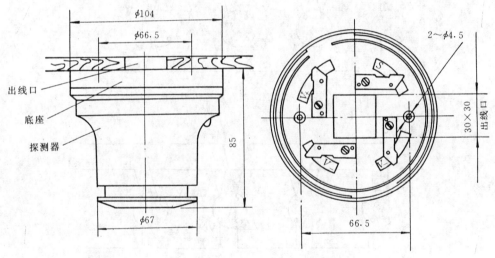

图 3-26　一种三线制底座结构示意图

区域报警控制器的每个回路（部位）允许并联的探测器数量，不同产品有不同的要求，但每个回路并行连接的末端探测器必须配置终（尾）端电阻或用监控（终端）型探测器，以实现回路断线（开路）故障报警。为便于施工和检修，电源（＋）、电源（－）分别用红、黑色导线，信号线 $S$ 可自行选用一种颜色。下面以探测器分为监控型（用 $K$ 表示）和普通型（用 $P$ 表示）情况说明三线制接线。其余线制亦可参考。

1. 一个回路只有一只探测器的接法

图 3-27 是回路中只有一只探测器的底座接法，必须选用 $K$ 型探测器。一个探测器占一个部位，如一间房只用一个探测器报一个点。

2. 一个回路中多只探测器并联接法

图 3-28、图 3-29 是一个回路中有多只探测器的两种接法，如一个大房间需要用四只探

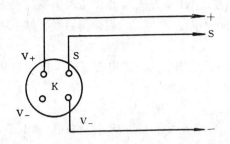

图 3-27　回路中只有一只探测器的接法

测器保护。这四只探测器在区域报警器上共报一个点，占一个部位号。两种接法的区别在于底座上 $V_-$ 端的接法。图 3-28 由于电源（一）线在底座上接成一个点，使得只有终端探测器有监控作用，其它 $P$ 型探测器不具有监控作用。只要不取下 $K$ 型探测器，其余 $P$ 型探测器任意取下一只或几只，都不会影响其它探测器的工作，也不会发出断线故障信号。图 3-29 由于电源（一）线在底座上是接在两个 $V_-$ 端上，而两 $V_-$ 端是在探测器装上后才被接通，这就使每个探测器都有监控作用。只要取下任意一个 $P$ 型探测器，该探测器的两 $V_-$ 端电气断开，使 $K$ 型探测器失去电源（一），便会向报警器发出断线（开路）故障信号。工程中，建议采用图 3-29 接法，这可避免因维修、清洁或意外等人为因素取下一只探测器而又忘记补上的情况发生。

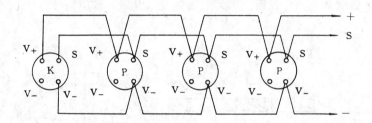

图 3-28　只有末端探测器有监控作用的底座接法

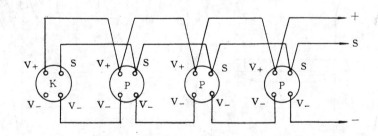

图 3-29　每只探测器都有监控作用的底座接法

实际建筑工程中会发现有图 3-30 的接法，这是安装人员在布线时为图省事或不了解系统特点的一种错误接法。虽然它也能保证每个探测器工作，但若任意一个底座的三根引出

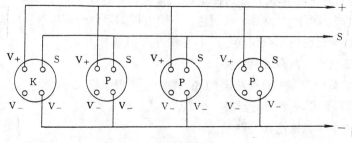

图 3-30　一种错误的底座接法

线中的一根或三根与底座接触不好甚至断开，都不会发出断线故障信号，这个探测器尽管是好的，但已失去监控作用，形同虚设，减少了探测区的保护范围。这种接法一旦施工完成及在今后的系统运行中，不加注意是不容易发现的。也就是说，探测器的接线在工程中要注意的一点是底座上的任意一个接线端（同一电气点），都要以一进一出的方式接线。探测器的连接必须要保证回路中任意一根导线断开或接触不好时有断线故障信号发出。

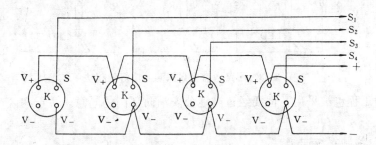

图 3-31　多回路电源正负线共用的底座接法

图 3-31 是多回路电源正负线共用的底座接法，其中每个探测器在区域报警器上占一个回路。

有的产品不分监控型或普通型探测器，可以通用，这只需在每一回路的尾端（$K$ 型探测器位置）并接一个通常用电阻元件的尾端线路元件就可起到监控型探测器的作用。报警器上若有不接探测器的空回路，则应在该回路上接入终端电阻，以免该回路报开路故障信号。

这种三线制工作的系统，区域报警控制器与探测器连接的总导线数为 $n+2$，其中 $n$ 为回路数，电源（＋）、（－）公用两根。若系统探测 50 个回路，则报警器出线需 52 根才能完成与探测器的连接，这即为所谓的"多线制"报警系统。多线制系统也有 $n+1$、$2n+1$、$2n+3$ 导线接线方式。

3. 门灯接法

门灯是一个为方便值班人员在门外查看房间内的探测器是否报警而设置在房间门的上方或侧面的一种外接确认灯，它与探测器同步动作而显示。门灯由探测器驱动并通过底座引出。图 3-32、图 3-33 分别是三线制中回路只有一个或多个门灯的接法。在多个相邻房间共用一个回路报一个点时，要求在每个门外设置一个门灯。图中二极管 D 起隔离作用，电阻 R 为发光二极管限流电阻。

在有的建筑物中，也有将各门灯的发光二极管（红色）集中置于一盘面上，加入声报警功能，制成楼层复示器并置于每层楼经常有人的地方（如服务台、值班室），值班人员可以通过复示器知道是哪个部位的探测器在报警。这可使区域报警每个回路由报点变成报区，而报点功能由复示器完成，它可大大降低工程对报警器容量的要求。这种作法在每个报警区域经

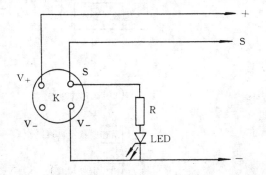

图 3-32　回路中只有一只门
探测器门灯的接法

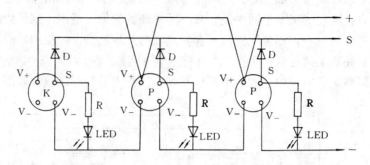

图 3-33　回路中有多只探测器门灯的接法

常有人值班的工程也被采用，但要经过当地公安消防部门的同意。关于"区"，"点"的意义见第九章。

　　（二）与总线制系统连接

　　总线制（少线制）火灾自动报警控制系统，它采用单片机技术，总线制数字传输及控制的通讯方式，大大减少了系统布线数量，并利用计算机软件开发功能，方便了工程的扩展和变化。所有的总线器件都根据不同的编（码）号确定自己的地址（地址码），然后都挂在总线上，并通过总线向报警器发送或接收报警器的操作控制指令信号，以实现系统监控

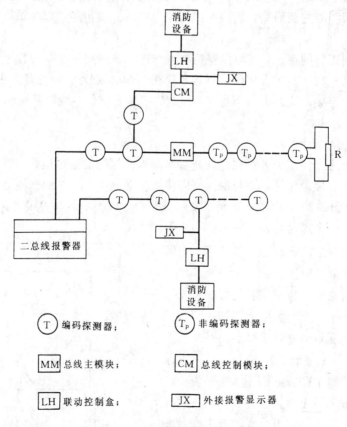

图 3-34　二总线探测器布线示意图

功能。图 3-34 是一种二总线中与探测器接线有关的布线示意图。探测器 T、控制模块 CM、主模块 MM 均为有地址编码功能的总线器件。编码探测器底座可外接报警显示器（门灯），联动控制盒 LH 可以并接在门灯上。LH 能将探测器和报警器的控制信号自动转换成继电器触点动作信号去控制外部消防联动装置。若干非编码探测器 T$_P$ 可通过总线主模块 MM 接入系统共占一个地址，T$_P$ 允许接入的数量由系统决定，一般不超过 10 个。MM 可通过 LH 控制外部消防设备，由 T$_P$ 组成的回路末端要并接一个终端电阻 R。总线控制模块 CM 可与编码探测器相连，并通过现场编程与若干探测器建立"或"关系，当其中一只探测器发生火警信号时，即可启动 CM 动作，通过 LH 控制有关消防设备动作。

# 第四节　火灾探测器的布置与安装

建筑消防系统在设计中应根据建筑、土建及相关工种提供的图纸、资料等条件，正确地布置与安装火灾探测器。

## 一、探测器的布置

当一个探测区域所需探测器数量确定后，如何布置这些探测器、依据是什么、会受到哪些因素的影响、又如何处理等是设计中关心的问题，下面就有关内容加以说明。

（一）探测器的安装间距

探测器的安装间距定义为两只相邻探测器中心之间的水平距离，单位 m。当探测器矩形布置时，$a$ 称为横向安装间距，$b$ 称为纵向安装间距，如图 3-35 所示。以图中 1$^#$ 探测器为例，探测器安装间距 $a$、$b$ 是指 1$^#$ 探测器与它相邻的 2$^#$、3$^#$、4$^#$、5$^#$ 探测器之间的距离，而不是 1$^#$ 探测器与 6$^#$、7$^#$、8$^#$、9$^#$ 探测器之间的距离。当探测器正方形组合布置时，$a=b$。

（二）探测器的平面布置

1. 探测器布置的基本原则

系统设计中，当一个保护区域被确定后，就要根据该保护区所需要的探测器进行平面布置。布置的基本原则是被保护区

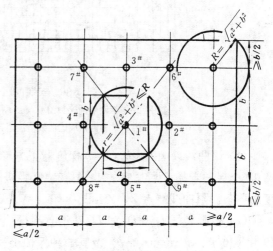

图 3-35　探测器安装间距图例

域都要处于探测器的保护范围之中。一个探测器的保护面积 $A$ 是以它的保护半径 $R$ 为半径的内接正四边形面积表示的，而它的保护区域又是一个保护半径为 $R$ 的一个圆。探测器的安装间距又以 $a$、$b$ 水平距离表示。$A$、$R$、$a$、$b$ 之间近似符合如下关系（参见图 3-25），即：

$$A = a \cdot b \tag{3-3}$$

$$R = \sqrt{\left(\frac{a}{2}\right)^2 + \left(\frac{b}{2}\right)^2} \tag{3-4}$$

$$D = 2R \tag{3-5}$$

工程设计中，为减小探测器布置的工作量，常借助于"安装间距 $a$、$b$ 的极限曲线"（图3-26），在适当考虑式（3-1）修正系数后，根据式（3-3）、（3-4）两式将 $A$、$R$、$a$、$b$ 之间的关系用图 3-26 综合表示，这样就能很快的确定满足 $A$、$R$ 的安装间距 $a$、$b$。其中 $D$ 有的称为保护直径。对图 3-36 有如下几点说明：

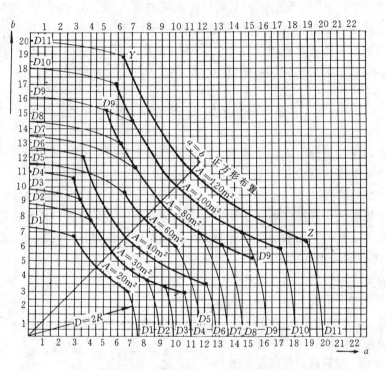

图 3-36　安装间距 $a$、$b$ 极限曲线

图中：$A$—探测器的保护面积（m²）；$a$、$b$—探测器的安装间距（m）；
在 $Y$ 和 $Z$ 两点间的曲线范围内，保护面积可得到充分利用

（1）该曲线以 45°斜线（$a=b$ 探测器正方形布置）左右对称，一共给出 7 个保护面积 $A$ 和 11 个保护半径 $R$ 所适宜的 11 条安装间距极限曲线 $D_1 \sim D_{11}$，各安装间距 $a$、$b$ 的极限长度由各条极限曲线端点 $Z$、$Y$ 给出。

（2）极限曲线 $D_1 \sim D_4$ 和 $D_6$ 适于感温探测器，它们分别对应于表 3-3 中的 3 种保护面积 $A$（20m²、30m² 和 40m²）及其 5 种保护半径 $R$（3.6m、4.4m、4.9m、5.5m、6.3m）。

（3）极限曲线 $D_5$ 和 $D_7 \sim D_{11}$ 适于感烟探测器，它们分别对应表 3-3 中的 4 种保护面积 $A$（60m²、80m²、100m² 和 120m²）及其 6 种保护半径 $R$（5.8m、6.7m、7.2m、8.0m、9.0m 和 9.9m）。

（4）11 条极限曲线的端点 $Y$ 和 $Z$ 坐标值 $a$、$b$ 由式（3-3）和（3-4）算得如表 3-8。在 $Y$ 和 $Z$ 两端点间坐标值 $a$、$b$ 对应的安装间距、保护面积可以得到充分利用。

（三）探测器平面布置举例

为说明探测器平面布置的作法，以下例说明。

【例】　某玩具装配车间，长 30m，宽 40m，高 7m，平顶，用感烟探测器保护，试问需多少探测器？平面图上如何布置？

| 极限曲线 | Y 点 | Z 点 | 极限曲线 | Y 点 | Z 点 |
|---|---|---|---|---|---|
| $D_1$ | $Y_1$ (3.1, 6.5) | $Z_1$ (6.5, 3.1) | $D_7$ | $Y_7$ (7.0, 11.4) | $Z_7$ (11.4, 7.0) |
| $D_2$ | $Y_2$ (3.8, 7.9) | $Z_2$ (7.9, 3.8) | $D_8$ | $Y_8$ (6.1, 13.0) | $Z_8$ (13.0, 6.1) |
| $D_3$ | $Y_3$ (3.2, 9.2) | $Z_3$ (9.2, 3.2) | $D_8$ | $Y_8$ (5.3, 15.1) | $Z_8$ (15.1, 5.3) |
| $D_4$ | $Y_4$ (2.8, 10.6) | $Z_4$ (10.6, 2.8) | $D_9'$ | $Y_9'$ (6.9, 14.4) | $Z_9'$ (14.4, 6.9) |
| $D_5$ | $Y_5$ (6.1, 9.9) | $Z_5$ (9.9, 6.1) | $D_{10}$ | $Y_{10}$ (5.9, 17.0) | $Z_{10}$ (17.0, 5.9) |
| $D_6$ | $Y_6$ (3.3, 12.2) | $Z_6$ (12.2, 3.3) | $D_{11}$ | $Y_{11}$ (6.4, 18.7) | $Z_{11}$ (18.7, 6.4) |

【解】 1. 确定感烟探测器的保护面积 $A$ 和保护半径 $R$。

因保护区域面积 $S = 30 \times 40 = 1200 \text{m}^2$。

房间高度 $h = 7\text{m}$，即 $6\text{m} < h \leqslant 12\text{m}$。

顶棚坡度 $\theta = 0°$，即 $\theta \leqslant 15°$。

查表 3-3 可得，感烟探测器：

保护面积 $\quad A = 80 \text{m}^2$；

保护半径 $\quad R = 6.7\text{m}$。

2. 计算所需探测器数 $N$

根据建筑设计防火规范，该装配车间属非重点保护建筑，取 $K = 1.0$。由式（3-1）有：

$$N \geqslant \frac{S}{K \cdot A} = \frac{1200}{1.0 \times 80} = 15（只）$$

3. 确定探测器安装间距 $a$、$b$

（1）查极限曲线 $D$

由式（3-5）$D = 2R = 2 \times 6.7 = 13.4\text{m}$，$A = 80\text{m}^2$，查图 3-36 得极限曲线为 $D_7$。

（2）确定 $a$、$b$

认定 $a = 8\text{m}$，对应 $D_7$ 查得 $b = 10\text{m}$。

4. 由平面图按 $a$、$b$ 值布置 15 只探测器，如图 3-37 所示。

5. 校核

由式（3-3）算得：

$$r = \sqrt{\left(\frac{a}{2}\right)^2 + \left(\frac{b}{2}\right)^2} = \sqrt{\left(\frac{8}{2}\right)^2 + \left(\frac{10}{2}\right)^2} = 6.4\text{m}$$

即 $\quad 6.7\text{m} = R > r = 6.4\text{m}$ 满足保护半径 $R$ 的要求。

综上所述，将探测器平面布置的步骤归纳如下：

（1）根据探测器保护区域的地面面积 $S$、房间高度 $h$、屋顶坡度 $\theta$ 及选用的火灾探测器种类查表 3-3，得出使用该种探测器的保护面积 $A$ 和保护半径 $R$。然后按式（3-1）计算所需设置的探测器数量 $N$，计算结果取整数，所得 $N$ 值是该保护区域所需设置的最小数量。其

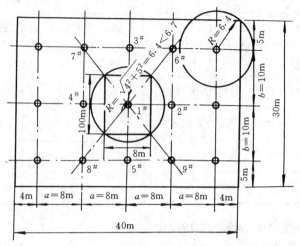

图 3-37　探测器布置图

中式（3-1）的修正系数 $K$ 值要根据建筑物的性质、有关规范来选取。

（2）根据上述查得的保护面积 $A$ 和保护半径 $R$ 值，由图 3-36 查得对应的极限曲线 $D$ 上选取安装间距 $a$、$b$，并根据给定的平面图对探测器进行布置。

（3）对已绘出的探测器布置平面图，校核探测器到最远点的水平距离 $r$ 是否超过探测器的保护半径 $R$，若超过则应重新选定安装间距 $a$、$b$，若仍然不能满足校核条件，则应增加探测器的设置数量 $N$，并重新布置，直到满足 $R>r$ 为止。在 $a$、$b$ 值差别不大的布置中，按上述方法得出的结果，一般都能满足要求。在 $a$、$b$ 值差别较大的布置中，往往会出现由式（3-1）算出的 $N$ 值不能满足保护半径 $R$ 的要求，需通过增大 $N$ 值才能满足校核条件。

（四）影响探测器设置的因素

式（3-1）计算所得的探测器数量，是点型感烟、感温探测器在一个探测区域内应装探测器的最少个数，但没有考虑到建筑结构、房间分隔等因素的影响。实际上这些因素会影响到探测器有效的监测作用，从而影响到探测区内探测器设置的数量。下面就有关问题加以说明。

1. 房间梁的影响

在无吊顶棚房间内，如装饰要求不高的房间、库房、地下停车场、地下设备层的各种机房等处，常有突出顶棚的梁。不同房间高度下的不同梁高，对烟雾、热气流的蔓延影响不同，会给探测器的设置和感受程度带来影响。若梁间区域面积较小时，梁对热气流或烟气流除了形成障碍，还会吸收一部分热量，使探测器的保护面积减少。表 3-8 和图 3-38 给出了不同梁间区域面积对探测器保护面积和不同房间高度下梁高对探测器设置的影响，这是经若干试验及借鉴国外作法得出的结果。从中可看出如下几点：

（1）梁高小于 200mm、房间高度 5m 以上的房间　这种情况在顶棚上设置感烟、感温探测器时，可以不考虑梁高对探测器保护面积的影响。

（2）梁高在 200～600mm、房间高度 5m 以上房间　应按图 3-38 和表 3-9 确定梁对探测器设置的影响和一只探测器能够保护的梁间区域的个数。由图 3-34 可见，房高和梁高对探测器的使用给出了极限值，其中：三级感温探测器房间高度极限值为 4m，梁高限度为 200mm；二级感温探测器房间高度极限值为 6m，梁高限度为 225mm；一级感温探测器房间高度极限值为 8m，梁高限度为 275mm；感烟探测器房间高度极限为 12m，梁高限度为 375mm。即在线性曲线左边部分均不用考虑梁的影响。

按梁间区域面积确定一只探测器能够保护的梁间区域的个数 　　　　表 3-9

| 探测器的保护面积（m²） | | 梁隔断的梁间区域面积 $Q$（m²） | 一只探测器保护的梁间区域的个数 |
|---|---|---|---|
| 感温探测器 | 20 | $Q>12$ | 1 |
| | | $8<Q\leqslant12$ | 2 |
| | | $6<Q\leqslant8$ | 3 |
| | | $4<Q\leqslant6$ | 4 |
| | | $Q\leqslant4$ | 5 |
| | 30 | $Q>8$ | 1 |
| | | $12<Q\leqslant18$ | 2 |
| | | $9<Q\leqslant12$ | 3 |
| | | $6<Q\leqslant9$ | 4 |
| | | $Q\leqslant6$ | 5 |
| 感烟探测器 | 60 | $Q>36$ | 1 |
| | | $24<Q\leqslant36$ | 2 |
| | | $18<Q\leqslant24$ | 3 |
| | | $12<Q\leqslant18$ | 4 |
| | | $Q\leqslant12$ | 5 |
| | 80 | $Q>48$ | 1 |
| | | $32<Q\leqslant48$ | 2 |
| | | $24<Q\leqslant32$ | 3 |
| | | $16<Q\leqslant24$ | 4 |
| | | $Q\leqslant16$ | 5 |

　　至于一只探测器能保护的梁间区域个数，由表 3-9 给出，这方便了设计，减少了计算工作量。

　　（3）梁高超过 600mm 的房间　此时，被梁隔断的每个梁间区域至少应设置一只探测器。

　　（4）当被梁隔断的区域面积超过一只探测器的保护面积时，则应将被隔断的区域视为一个探测区，按式（3-1）及有关规定确定探测器的设置数量。当梁间净距小于 1m 时，可视为平顶棚。

　　2. 房间隔离物的影响

　　有一些房间因功能需要，被轻质活动间隔、玻璃或者书架、档案架、货架、柜式设备等将房间分隔成若干空间。当各类分隔物的顶部至顶棚或梁的距离小于房间净高的 5％时，

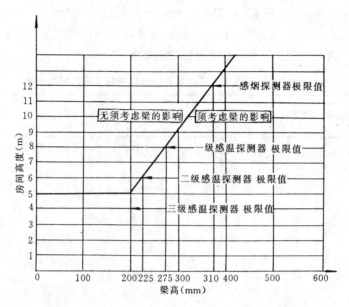

图 3-38 不同房间高度下梁高对探测器设置的影响

会影响烟雾、热气流从一个空间向另一空间扩散，这时应将每一个被隔断的空间当成一个房间对待，但每一个隔断空间至少应装一个探测器。至于分隔物的宽度无明确规定，可参考套间门宽的作法。除此外，一般情况下整个房间应当作一个探测区处理。

**二、探测器的安装使用**

探测器在安装使用中，应遵守有关规范的规定才能使设计得到充分的保证，也才能使系统发挥应有的作用。一般有如下几方面的规定：

（1）探测区域内的每个房间至少应设置一只火灾探测器。

（2）感烟、感温探测器的保护面积和保护半径应按表 3-3 确定。

（3）感烟、感温探测器的安装间距不应超过图 3-36 中由极限曲线 $D_1 \sim D_{11}$（含 $D_9'$）所规定的范围。

（4）一个探测区域内所需设置的探测器数量由式（3-1）计算。

（5）在宽度小于 3m 以内的走道顶棚上设置探测器时宜居中布置。感温探测器的安装间距 $L$ 不应超过 10m，感烟探测器的安装间距 $L$ 不应超过 15m。探测器至端墙的距离不应大于探测器安装间距的一半（如图 3-39 所示）。

（6）探测器至墙壁、梁边的水平距离不应小于 0.5m，如图 3-40 所示。

（7）探测器一般不安装在梁上，若不得已时，应按图 3-41 规定安装。

（8）探测器至空调送风口边的水平距

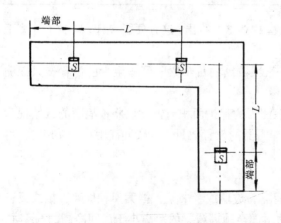

图 3-39 探测器在走道顶棚的安装

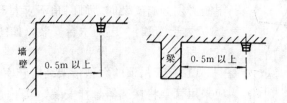

图 3-40 探测器靠墙、梁的安装

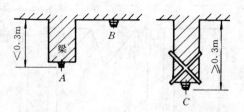

图 3-41 探测器在梁上的安装示意图

离不应小于 1.5m，至多孔送风顶棚孔口的水平距离不应小于 0.5m，如图 3-42 所示。在设有空调的房间内，探测器不应安装在靠近气流送风口处。这是因为气流阻碍极小的燃烧粒子扩散到探测器中去，烟雾不能被探测器探测到。此外，通过电离室的气流在某种程度上改变电离模型，可能使探测器更灵敏（易虚报）或更不灵敏（迟报或漏报）。当气流通过一个多孔顶棚向下流动时，形成一

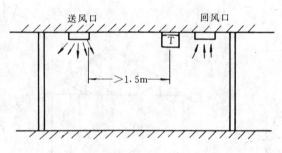

图 3-42 有空调时的安装

个空气覆盖层，这一覆盖层阻碍燃烧产物到达探测器。对此应作如上规定。

(9)当房屋顶部有热屏障时，感烟探测器下表面至顶棚的距离应符合表 3-10 的规定。在单层建筑或多层建筑的顶层。白天太阳的热辐射会将屋顶下的空气加热，形成一个热空气的滞留层；有时室内顶棚由于某种原因产生的热空气上升至顶棚下，也会形成热空气的滞留层。这个热空气滞留层就是热屏障。若将探测器直接装在顶棚下，火灾时，该热屏障在烟和气流上升通向探测器的道路上形成障碍，烟会在热屏障下边开始分层，使感烟探测器的动作灵敏性受到影响。因此在有热屏障的场所，感烟探测器应距顶棚一定的安装间距。而感温探测器受热屏障影响很小，所以感温探测器总是直接安装在顶棚上。

在坡度大于 15°的人字型屋顶和锯齿形屋顶情况下，屋脊处的热屏障作用特别明显，应在每个屋脊处设置一排探测器（见图 3-43）。探测器下表面距屋顶最高处距离 $d$ 应符合表 3-10 的规定。

感烟探测器下表面距顶棚（或屋顶）的距离    表 3-10

| 探测器的安装高度 $h_0$ (m) | 感烟探测器下表面距顶棚（或屋顶）的距离 $d$ (mm) | | | | | |
|---|---|---|---|---|---|---|
| | 顶棚（或屋顶）坡度 $\theta$ | | | | | |
| | $\theta \leqslant 15°$ | | $15° < \theta \leqslant 30°$ | | $\theta \leqslant 30°$ | |
| | 最　小 | 最　大 | 最　小 | 最　大 | 最　小 | 最　大 |
| $h \leqslant 6$ | 30 | 200 | 200 | 300 | 300 | 500 |
| $6 < h \leqslant 8$ | 70 | 250 | 250 | 400 | 400 | 600 |
| $8 < h \leqslant 10$ | 100 | 300 | 300 | 500 | 500 | 700 |
| $10 < h \leqslant 12$ | 150 | 350 | 350 | 600 | 600 | 800 |

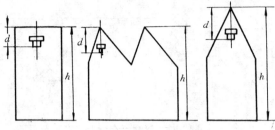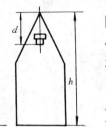

图 3-43　感烟探测器在不同顶棚或屋顶形状
下其表面距顶棚或屋顶的距离 $d$

（10）探测器宜水平安装，如受条件限制必须倾斜安装时，倾斜角不应大于45°。大于45°时，应加木台安装（如图3-44所示）。

（11）无吊顶的大型桁架结构仓库，应采用管架将探测器悬挂安装，其下垂高度按实际需要。当选用感烟探测器时，应加装集烟罩（如图3-45所示）。

（12）电梯井、升降机井、管道井和楼梯间等处应安装感烟探测器。

$(A)\theta\leqslant45°$时　$(B)\theta>45°$时

图 3-44　探测器的安装角度

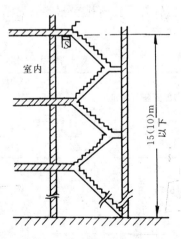

图 3-45　大型桁架结构仓库探测器安装示意图

1）楼梯间及斜坡道：

①楼梯间顶部必须安装一只探测器。

②楼梯间或斜坡道，可按垂直距离每10～15m 高处安装一只探测器。为便于维护管理方便，应在房间面对楼梯平台上设置（如图3-46所示）。

③地上层和地下层楼梯间若需要合并成一个垂直高度考虑时，只允许地下一层和地上层的楼梯间合用一个探测器。

2）电梯井、升降机井和管道井：

①电梯井　只需在正对井道的机房屋顶下装一只探测器

②管道井（竖井）　未按每层封闭的管道井（竖井）应在最上层顶部安装。在下述场合可以不安装探测器：

隔断楼板高度在三层以下且完全处于水平警戒范围内的管道井（竖井）及其它类似场所；

管道井（竖井）经常有大量停滞灰尘、垃圾、臭气或风速常在 5m/s 以上。

（13）安装在顶棚上的探测器边缘与下列设施的边缘水平间距宜保持在：

图 3-46　探测器在楼梯间的设置

1) 与照明灯具（主要是冷光源灯具，如日光灯和小容量白炽灯等）的水平净距不应小于 0.2m；

2) 感温探测器，尤其是差温型探测器，距高温光源灯具（如碘钨灯、容量大于 100W 的白炽灯等）的净距不应小于 0.5m；

3) 距电风扇的净距不应小于 1.5m；

4) 与各种自动喷水灭火喷头净距不应小于 0.3m；

5) 与防火门、防火卷帘的间距，一般在 1～2m 的适应位置，并宜在其两侧设置。

(14) 在下列场所可不设置感烟、感温探测器：

1) 火灾探测器的安装面距地面高度大于 12m（感烟）、8m（感温）的场所；

2) 因气流影响，使探测器不能有效发现火灾的场所；

3) 闷顶和夹层间距小于 50cm 的场所；

4) 闷顶及相关吊顶内的构筑物和装修材料是难燃型或已装有自动喷水灭火系统的闷顶或吊顶的场所；

5) 难以维修的场所；

6) 厕所、浴室及类似场所。

## 思 考 题 与 习 题

1. 火灾探测器有哪些类型（种类）？各自的使用（检测）对象是什么？

2. 简述离子感烟探测器的工作原理？

3. 简述遮光型（或散射型）光电感烟探测器的工作原理。

4. 线型与点型感烟火灾探测器有哪些区别？各适用于什么场合？

5. 何谓定温、差温、差定温感温探测器？

6. 红外感光探测器是如何实现对火焰探测的？

7. 紫外感光探测器的工作特点及使用特点？

8. 一个探测区域内的探测器数量如何确定？受哪些因素影响？

9. 选择火灾探测器的原则是什么？

10. 多线制系统和总线制系统的探测器接线各有何特点？

11. 有一地面面积为 50m×26m 的一般性仓库、其屋顶坡度为 20°，房间高度为 7m，使用感烟探测器保护，试问：

(1) 应设置多少只探测器？画出平面布置图。

(2). 假设因需要，改为商场用，做吊顶，吊顶距地面高度 5.8m，所需感烟探测器数量有无变化？若有变化，又该如何布置？

# 第四章　火灾报警控制器

火灾报警控制器也称为火灾自动报警控制器，它是建筑消防系统的核心部分。

本章主要介绍火灾报警控制器的结构、性能、工作原理及其设计安装使用等。

火灾报警控制器可以独立构成自动监测报警系统，也可以与灭火装置、联锁减灾装置构成完整的火灾自动监控消防系统。

## 第一节　火灾报警控制器功能

现代火灾报警控制器，溶入先进的电子技术、微机技术及自动控制技术，其结构与功能都已经达到较高水平。

### 一、火灾报警控制器型号

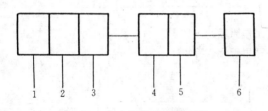

图 4-1　火灾报警控制器型号

1—J（警），消防产品分类代号；2—B（报），火灾报警控制器代号；3—应用范围特征代号，B（爆）—防爆型，C（船）—船用型，非防爆、非船用特征代号可省略；4—分类特征代号，D——单路，Q——区域，J——集中，T——通用；5—结构特征代号；G——柜式，T——台式，B——壁挂式；6—主参数，表示各报警区域的最大容量

根据我国有关专业标准规定，火灾报警控制器产品型号的编制方法如图 4-1 所示。

目前国内各生产厂家生产的火灾报警控制器，都一律采用了这种型号编制方法。

火灾报警控制器型号的确定，对其生产及使用都提供了极大的方便。

### 二、火灾报警控制器功能

由微机技术实现的火灾报警控制器已将报警与控制溶为一体，也即一方面可产生控制作用，形成驱动报警装置及联动灭火，联锁减灾装置的主令信号，同时又能自动发出声、光报警信号。

随着现代科技的高速发展，火灾报警控制器的功能越来越齐全，性能越来越完善。

火灾报警控制器功能可归纳如下：

（1）迅速而准确地发送火警信号。安装在被监控现场的火灾探测器，当检测到火灾信号时，便及时向火灾报警控制器发送，经报警控制器判断确认，如果是火灾，则立即发出火灾声、光报警信号。其中光警信号可显示出火灾地址及何种探测器动作等。光警信号采用红色信号灯，光源明亮，字符清楚，一般要求在距光源 3m 处仍能清晰可见。声警信号一般采用警铃。

火灾报警控制器发送火灾信号，一方面由报警控制器本身的报警装置发出报警，同时也控制现场的声、光报警装置发出报警。

（2）火灾报警控制器在发出火警信号的同时，经适当延时，还能启动灭火设备。灭火控制信号可用高、低电位信号也可用开关接点信号。

（3）火灾报警控制器除能启动灭火设备外，还能启动联锁减灾设备。联锁减灾控制信号同样可用高、低电位信号或开关接点信号。

（4）由于火灾报警控制器工作的重要性、特殊性，为确保其安全可靠长期不间断运行，就必须要设置本机故障监测，也即对某些重要线路和元部件，要能进行自动监测。一旦出现线路断线、短路及电源欠压、失压等故障时，及时发出故障声、光报警。

为区别于火灾声、光报警，常采用黄色信号灯作光警显示，而用蜂鸣器作为声警显示。

（5）当火灾报警控制器出现火灾报警或故障报警后，可首先手动消除声报警，但光字信号继续保留。消声后，如再次出现其他区域火灾或其他设备故障时，音响设备能自动恢复再响。

（6）火灾报警控制器具有火灾报警优先于故障报警功能。

当火灾与故障同时发生或者先故障而后火灾（故障与火灾不应发生在同一探测部位）时，故障声、光报警能让位于火灾声、光报警，即所谓火灾报警优先。

区域报警控制器与集中报警控制器配合使用时，区域报警控制器应向集中报警控制器优先发出火灾报警信号，集中报警控制器立刻进行火灾自动巡回检测。当火灾消失并经人工复位后，如果区域内故障仍未排除，则区域报警控制器还能再发出故障声、光报警，表明系统中某报警回路的故障仍然存在，应及时排除。

（7）火灾报警控制器具有记忆功能。当出现火灾报警或故障报警时，能立即记忆火灾或事故的地址与时间，尽管火灾或事故信号已消失，但记忆并不消失。只有当人工复位后，记忆才消失，恢复正常监控状态。

（8）可为火灾探测器提供工作电源。

以上叙述的是火灾报警控制器的功能，应当看成是基本功能。根据不同消防系统的不同要求，对报警控制器的功能要求也是不同的。

### 三、火灾报警控制器的选择与使用

工程实际中，应从以下几个方面来考虑火灾报警控制器的选择与使用。

（1）根据所设计的自动监控消防系统的形式确定报警控制器的基本（功能）规格。

目前国内流行的自动监控系统大体分以下几种类型：

第一类为全自动报警灭火系统。这类系统由检测现场火灾信号到报警控制器发出报警信号，同时启动联动灭火设备及联锁减灾设备的全过程均是自动完成。

第二类为半自动报警灭火系统。这类系统当报警控制器收到火灾信息时，经判断并确认火灾后立即发出报警信号，并启动一个或几个灭火装置，有时也将灭火装置动作信号及报警信号传送到消防控制中心。显然，此类系统不向联锁减灾装置发出动作指令信号。

第三类为"手动报警系统"。这类系统当火灾报警控制器发出火灾报警信号后，在没有启动自动灭火装置环节或该环节已失灵的情况下，由手动操纵一个或几个灭火装置扑火。

以上三类系统也可分成两类，即自动报警、自动灭火及自动报警、人工灭火两类不同的消防系统。

（2）在选择与使用火灾报警控制器时，应尽量使被选用的报警控制器与火灾探测器相配套，即火灾探测器输出信号与报警控制器要求的输入信号应属于同一种类型（同为低电平、或同为高电平，或同为接点信号等）。

（3）被选用的火灾报警控制器，其容量不得小于现场使用容量。如区域报警控制器其容量不得小于该区域内探测部位总数。集中报警控制器其容量不得小于它所监控的探测部位总数及监控区域总数。

（4）报警控制器的输出信号（联动、联锁指令信号）回路数应尽量等于相关联动、联锁的装置数，以利其控制可靠。

（5）需根据现场实际，确定报警控制器的安装方式，从而确定选择壁挂式、台式还是柜式报警控制器。

以上原则地叙述了火灾报警控制器的选择方法。工程实际中，会遇到许多意想不到的情况，因此报警控制器的选择与使用还应根据工程实际情况，进行折衷处理，才能选到合适的、经济实用的火灾报警控制器（有关内容还将在第九章介绍）。

## 第二节　火灾报警控制器结构及工作原理

火灾报警控制器，在结构上已经完成了由模拟化向数字化的转变。

所谓模拟化结构，是指报警控制器的组成单元是由分立元件及集成元件构成。模拟结构的火灾报警控制器构造的常规自动消防系统，目前还有较多使用。

随着微机技术的应用，现代消防系统的火灾报警控制器的结构已经微机化。微处理器已经成为火灾报警控制器的核心部件。目前，世界各国及我国都在致力于微机报警控制器的研究与开发。

二总线火灾报警控制器已经在高层建筑消防系统中获得广泛应用。

**一、火灾报警控制器结构**

我们以二总线火灾报警控制器的结构为例作介绍。

二总线火灾报警控制器集先进的微电子技术、微处理器技术于一体，使其硬件结构进一步简化，性能更趋完善，控制更趋方便、灵活。二总线火灾报警控制器，其硬件结构主要包括微处理机（CPU）、电源、只读存贮器（ROM）、随机存贮器（RAM）及各种接口电路。其中接口电路主要包括显示接口电路，音响接口电路，打印机接口电路，总线接口电路及扩展槽接口电路等。

报警控制器与探测器之间的传输线只需两条总线，每个报警部位的探测器都有确定编号相对应，即每个报警部位的探测器都是一个编址单元。

CPU 可处理各种采集来的真伪信息并加以贮存，判断处理。

一个以 8031 为控制核心的区域报警控制器的硬件结构如图 4-2 所示。

由图 4-2 可见，火灾报警控制器是二总线结构，以单片机为核心，将地址编码信号和火警、故障信号迭加到探测器电源中，从而实现火灾报警控制器与所有探测器之间的二线并联。

系统中单片微型机以 8155 作为 I/O 接口和存贮器，能自动完成火灾报警，故障报警，火灾记忆及火灾优先等功能。

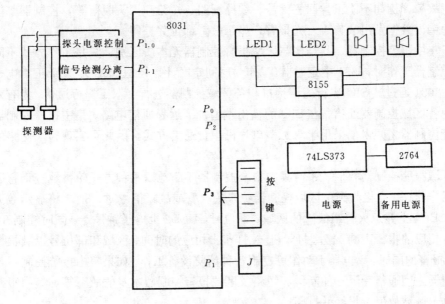

图 4-2 二总线火灾报警控制器结构示意图

使用 LED 数码显示火警和故障的区域、部位及时间。采用 $8K\times 8b$ 的 EPROM2764 作为 8031 的程序存贮器。由于 8031 的数据/地址总线是分时使用的,因此将 74LS373 作为地址锁存器。为采用 LED 数码显示各区域、部位及时间并以轮流扫描点亮各 LED 显示器的方式工作,以 8155 扩展 8031 的 I/O 接口。8155 有三个 I/O 口共 24 位,$256\times 8$ 位的 RAM 和一个 14 位的定时/计数器。其中 I/O 口的 A 口用于 LED 数码显示的字形输出,B 口用于区域、部位 LED 各位的选通,C 口用于时间显示 LED 的各位选通。RAM 用于记忆火警和故障的部位。定时器用作报警声振荡器。$\mu_p$ 打印机可打印出火警、故障的时间、区域、部位及报警种类。继电器 J 动作可实现控制消防设备动作。

**二、火灾报警控制器工作原理**

区域报警控制器处于工作状态时,8031 运行相应的区域控制程序,可连接火灾探测器工作。

平时无火灾时,LED2 仍旧显示 8031 内部软件电子时钟的时间,报警控制器同时为火灾探测器提供 24V 直流电源。对于探测器的二线并联,则是通过 $P_{1.0}$ 和 $P_{1.1}$ 输出接口控制探测器的电源电路发出探测器编码信号和接收探测器回答信号而实现的。8031 内部 $T_0$ 定时器在提供时间计数的同时,也产生探测器控制编码计数,这个信号按着二进制序列从 $P_{1.0}$ 输出,控制探测器电源电路,使 24V 直流电源送加有探测器编码信号。探测器上也装有编码电路,它利用微分电路将信号由电源中分离出来,经译码后使编码相符的探测器被选通。探测器的回答信号也用上述这种方法传给报警控制器,由控制器上信号检测分离电路将回答信号从探测器电源中分离出来,顺序送入 8031 的 $P_{1.1}$ 口。区域控制器巡回检测程序根据 $P_{1.1}$ 的输入信号判断是否有火警或故障发生。如此往复巡迴检测各个探测器。

若控制器接收到探测器发来的火警信号,则在 LED1 上数码显示火警部位,LED2 上的电子钟停在首次火警发生的时刻(内部软件计时器工作照常,复位后可显示正常走时),同时控制器发出声、光报警信号，$\mu_P$ 打印机打印出火警发生的时间和部位。如果探测器编码电路发生故障，例如不能正常回答信号、线路断路、短路和探头脱落等，控制器都能根据接收到的错误数据发出故障声、光报警，显示故障部位并打印。

对于集中报警控制器，其结构与区域报警控制器无本质区别，只是工作方式不同。集中报警控制器工作时，8031 中定时器 $T_0$ 作为时间定时计数，通过 LED2 显示正常电子钟时间，同时 8031 通过其 SIO 串行通信接口与各区域控制器进行半双工串行通信。为有效地与远距离的各区域控制器通信，在 SIO 的输出端增加了远程通信电路。集中报警控制器与各区域报警控制器之间由于采用半双工多单片机串行通信方式，因此可实现整个网络的二线并联。

与区域报警控制器相似，平时集中报警控制器不断地以某种方式轮番地查询各区域控制器的工作状态。当接收到由区域控制器传来的火警或故障信号时，8031 将显示数据通过 8155 在 LED1 上显示火警或故障的区域、部位号，LED2 上电子钟停走，同时控制 8155 定时器发出相应的报警声响，微型打印机 $\mu_P$ 打印出相应的时间、区域和部位号以及报警的类别。火警报警的同时，继电器 J 动作可控制各种消防设备工作。如果集中报警控制器与区域报警控制器之间通信受阻，如断线、短路及区域报警控制器本身的故障等，集中报警控制器就会显示区域故障、报警并打印。

# 第三节 区域与集中火灾报警控制器

区域报警控制器与集中报警控制器在结构上没有本质区别，只是在功能上分别适应区域报警工作状态与集中报警工作状态。

本节将从"单元"角度分别叙述两种报警控制器的结构及其各自的主要技术指标。

所谓"基本单元"是指在自动消防系统中，由电子线路组成的能实现报警控制器基本功能的单元称为消防系统基本单元。

## 一、区域报警控制器

（一）区域报警控制器基本单元

区域报警控制器往往是第一级的监控报警装置，构成控制器的基本单元有以下几种：

（1）声光报警单元：它将本区域各个火灾探测器送来的火灾信号转换为报警信号，即发出声响报警并在显示器上以光的形式显示着火部位。（地址及火灾等级）

（2）记忆单元：其作用是记下第一次报警时间。一般最简单的记忆单元是电子钟，当火灾信号由探测器输入报警控制器时，电子钟停走，记下报警时刻。火警消除后，电子钟恢复正常走时。

（3）输出单元：一方面将本区域内火灾信号送到集中报警控制器显示火灾报警，另一方面向有关联动灭火子系统和联锁减灾子系统输出操作指令信号。

输出单元输出信息指令的形式可以是电位信号也可以是继电器接点信号。

（4）检查单元：其作用是检查区域报警控制器与探测器之间的连线出现断路、探测器接触不良或探测器被取走等故障。

检查单元设有故障自动监测电路。当线路出现故障，故障显示黄灯亮，故障声报警同时动作。通常检查单元还设有手动检查电路，模拟火灾信号逐个检查每个探测器工作是否正常。

（5）电源单元：将 220V 交流电通过该单元转换为本装置所需要的高稳定度的直流电，其工作电压为 24V、18V、10V、1.5V 等，以满足区域报警控制器正常工作需要，同时向本区域各探测器供电。

（二）区域报警控制器主要技术指标及功能

1. 供电方式

交流主电：AC220V$\pm^{10}_{15}$%，频率 50$\pm$1Hz；

直流备电：DC24V，3～20Ah，全封闭蓄电池。

2. 监控功率与额定功率

监控功率与额定功率分别指报警控制器在正常监控状态和发生火灾报警时的最大功率。例如某火灾报警控制器监控功率$\leq$10W，报警功率$\leq$50W。

3. 使用环境

指报警控制器使用场所的温度及相对湿度值。例如某报警控制器环境温度为$-$10℃～50℃，相对湿度$\leq$95%（40℃$\pm$2℃）。

4. 容量

指火灾报警控制器能监控的最大部位数。

5. 系统布线数

指区域报警控制器与探测器、集中报警控制器之间的连接线数。

6. 报警功能

指报警控制器确定有火灾或故障信号时，能将火灾或故障信号转换成声、光报警信号，且火灾优先于故障。火灾为红灯亮、警铃响，故障为黄灯亮、蜂鸣器响。

7. 外控功能

区域报警控制器一般都设有若干对常开（或常闭）外控触点。外控触点动作，可驱动相应的灭火设备。

8. 故障自动监测功能

当任何回路的探测器与报警控制器之间的连线断路或短路，探测器与底座接线接触不良以及探测器被取走等，报警控制器都能自动地发出声、光报警，也即报警控制器具有自动监测故障的功能。

9. 火灾报警优先功能

当火灾与故障同时发生，或故障在先火灾在后（只要不是发生在同一回路上），故障报警让位于火灾报警。当区域报警控制器与集中报警控制器配合使用时，区域报警控制器能优先向集中报警控制器发出火警信号。

10. 系统自检功能

当检查人员按下自检按钮，报警控制器自检单元电路便分组依次对探测器发出模拟火灾信号，对探测器及其相应报警回路进行自动巡回故障检查。

11. 电源及监控功能

报警控制器电源有主电和备电两套。主电为市电 220V，50Hz。

直流备用电源（也称浮充电源）采用10GNY5镉镍电池组成。平时浮充电池由市电充电，充电电压到达额定值时，能自动停止充电，电池处于备用状态。

作为例子，这里举出型号为JB-QB-2700/076二总线火灾报警控制器主要技术指标：

交流主电为$AC220V_{-15}^{+10}\%$，直流备用电源为DC30V、10Ah，环境温度为$-10℃\sim$ $+50℃$，环境相对湿度为$90\%\sim95\%$（$40\pm2℃$）。

区域报警控制器与探测器连线为二总线，与集中报警控制器连线为三总线。

当报警控制器分别用于控制1、2、3层时，每层二总线上最多可接编址单元分别为50、35和25个。

其主要功能为：

可对探测器和线路的故障报警。在接到火警信号后可自动多次单点巡检，确认后声、光报警，并由数码显示地址，且火警优先。有自检、外控、巡检等功能。还可配接打印机。

**二、集中报警控制器**

（一）集中报警控制器基本单元

集中报警控制器一般是区域报警控制器的上位控制器，它是建筑消防系统的总监控设备。从使用角度，集中报警控制器的功能要比区域报警控制器更加齐全。因此在单元结构上，除具有区域报警控制器的基本单元外，还有其他一些单元。

（1）声光报警单元：与区域报警控制器类似。但不同的是火灾信号主要来自各个监控区域的区域报警控制器，发出的声光报警显示火灾地址是区域（或楼层）、房间号。集中报警控制器也可直接接收火灾探测器的火灾信号而给出火灾报警显示。

（2）记忆单元：与区域报警控制器相同。

（3）输出单元：当火灾确认后，输出启动联动灭火装置及联锁减灾装置的主令控制信号。

（4）总检查单元：其作用是检查集中报警控制器与区域报警控制器之间的连接线是否完好，有无断路、短路现象，以确保系统工作安全可靠。

（5）巡检单元：为有效利用集中报警控制器，使其依次周而复始地逐个接收由各区域报警控制器发来的信号，即进行巡回检测，实现集中报警控制器的实时控制。

通常正常巡检速度为每秒检测数十个探测区域，如60区/s、30区/s、20区/s等。但当火灾时，火灾区域为非正常巡检速度，一般设定为30区/min。

工程上集中报警控制器的巡检是针对划定的若干区域，而不对整个建筑物的每一个探测点进行巡检。实现这种方式巡检时，由于线路的保证，当集中报警控制器找到火灾区域时，就可十分容易地找到火灾发生的具体部位、地址。图4-3表示了这种巡检方式的线路图。

（6）电话单元：通常在集中报警控制器内设置一部直接与119通话的电话。无火灾时，此电话不能接通；只有当发生火灾时，才能与当地消防部门（119）接通。

（7）电源单元：与区域报警控制器基本相同，但在功率上要比区域报警控制器大。

（二）集中报警控制器主要技术指标及功能

1. 供电方式

交流主电：$AC220V_{-15}^{+10}\%$，频率$50\pm1Hz$；

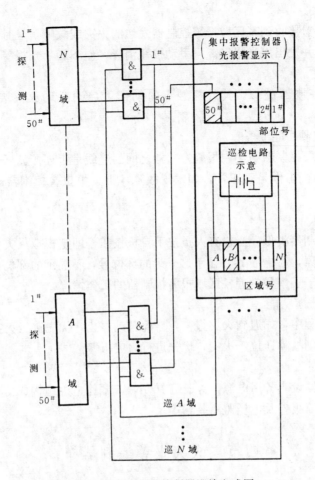

图 4-3  集中报警控制器巡检方式图

直流备电：DC24V，3～20Ah，全封闭蓄电池。

2. 监控功率与额定功率

指集中报警控制器在正常监控状态下和有火灾或故障情况下的最大功率。

3. 使用环境

指集中报警控制器在正常监控状态下的环境温度及相对湿度。

4. 容量

指集中报警控制器监控的最大部位数及所监控的区域报警控制器的最大台数。如某集中报警控制器控制的区域报警控制器为 60 个，而每个区域报警控制器监控的部位为 60 个，则集中报警控制器的容量为 60×60＝3600 个部位，基本容量为 60。

5. 系统布线数

指集中报警控制器与区域报警控制器之间的连线数。

6. 巡检速度

指集中报警控制器在单位时间内巡回检测区域报警控制器的个数。正常情况下，集中报警控制器以 60 区/s、30 区/s、20 区/s 等速度巡检，而火灾区域内巡检速度减慢为 30 区/min。

### 7. 报警功能

集中报警控制器接收到某区域报警控制器发送的火灾或故障信号时，便自动进行火警或故障部位的巡检并发出声光报警。可手动按钮消音，但不影响光报警信号。

### 8. 外控功能

与区域报警控制器类似。其外控触点的动作可启动联动灭火装置及联锁减灾装置。

### 9. 故障自动监测功能

能检查区域报警控制器与集中报警控制器之间的连线是否连接良好，区域报警控制器接口电子电路与本机工作是否正常。如发现故障，则集中报警控制器能立即发出声光报警。

### 10. 自检功能

与区域报警控制器类似，当检查人员按下自检按钮，即把模拟火灾信号送至各区域报警控制器。如有故障，巡检停 2s，显示这一组的部位号，不显示的部位号为故障点。对各区域的巡检，有助于了解和掌握各区域报警控制器的工作情况。

### 11. 火灾优先报警功能

在故障巡检过程中，如遇到火灾报警，自检自动停止，优先进行火灾巡检。当故障和火灾同时发生时，则故障让位于火灾，优先进行火灾报警。

### 12. 电源及监控功能

集中报警控制器设有备用电源，由三组 10GNY5 镉镍电池组构成。同时还设有电源过流、过压保护，故障报警及电压监测装置等。

## 第四节　火灾报警控制器布线

建筑消防系统安全可靠的工作不仅取决于组成消防系统装置本身，而且也取决于装置与装置之间的导线连接。理想的消防系统，无论从连接导线的种类、数量、线径大小还是从导线的布置上都应当完全符合消防法规的要求。

本节将着重介绍区域报警控制器与探测器之间及区域报警控制器与集中报警控制器之间连接导线的种类、数量的选择与布置。

现今使用的火灾报警控制器型号繁多，产品系列各异，因此要找到一个确切公式用以计算确定火灾报警控制器的配线数量实属困难，况且也没有必要。

如果我们只从火灾报警控制器的布线概念及一般性地确定报警控制器布线数量的方法出发，问题将简化，而且更突出实用性。所以本节将一般地讨论报警控制器的布线数量的计算方法，并借以例题做针对性解释。

图 4-4 表示了一个由集中报警控制器、区域报警控制器、火灾探测器及灭火设备组成的利用端子箱 $D$ 完成布线的建筑消防系统。

### 一、区域报警控制器布线

所谓区域报警控制器的布线是指在消防系统中如何确定进入区域报警控制器导线（输入线）的数量及布置形式，如何确定从区域报警控制器配出导线（输出线）的数量及布置形式。

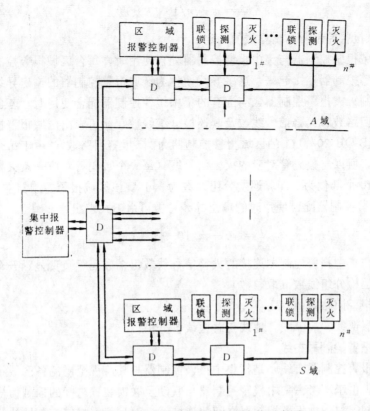

图 4-4 消防系统中报警控制器布线示意图

（一）区域报警控制器输入导线的确定

确定区域报警控制器输入导线就是确定区域报警控制器与火灾探测器之间连接导线的数量与布置形式。

由此可以看出，区域报警控制器输入导线的确定不仅与本区的所有探测器（包括手动报警按钮）的数目及接线形式有关，而且还与报警控制器本身结构特征有关。

所以对不同型号的报警控制器，其输入导线的确定往往不可能利用完全相同的公式。但对于已知系列的报警控制器（加之与其配套的火灾探测器），其输入导线的数目是可以由具体公式确定的。

以二线制区域报警控制器为例，其输入导线总数可由下式确定：

$$N = n + 1 \quad （根） \tag{4-1}$$

式中　$N$——区域报警控制器输入导线总数；

　　　$n$——本区域探测部位数；

"1"——公共电源线，+24V。

工程实际中，为充分利用火灾报警控制器，常认为探测部位数 $n$ 与报警控制器容量数相等。如果用 $n$ 个数码管显示 $n$ 个探测部位号，则 $n$ 也表示 $n$ 根火警信号线。另外为考虑维护方便，减少故障影响范围，提高工作可靠性，常常将若干探测部位（例如 10 个部位）分为一组，并在各组电源线上加装熔断器，则电源线数变为 $n/10$ 根（取整数）。式（4-1）还可写成如下形式：

$$N = n + n/10 \quad \text{(根)} \tag{4-2}$$

（二）区域报警控制器输出导线的确定

当数个区域报警控制器与集中报警控制器配合使用时，每台区域报警控制器都要通过导线与集中报警控制器连接起来，这些导线便称为区域报警控制器的输出导线。

例如二线制火灾报警控制器，与配套的集中报警控制器配合使用时，若已知区域报警控制器的报警回路数、火警信号线数及其巡检分组线数，便可求出区域报警控制器输出导线数。以型号 JB-QB-20/1111 的区域报警控制器为例。报警回路数 $n$。由于每个数码管负责显示几个部位，所以与数码管对应的火警信号线（每一个数码管对应一条火警信号线）不等于 $n$。按每 10 个部位为一组，巡检分组线数为 $n/10$。该区域报警控制器在与 JB-JT-50/1111 型集中报警控制器配合使用时的输出导线总数可由下式求出：

$$N = 10 + n/10 + 4 \quad \text{(根)} \tag{4-3}$$

式中　10——与集中报警控制器连接的火警信号线数每个数码管负责显示五个部位；

　　　$n/10$——巡检分组线数（取整数）；

　　　　$n$——报警回路数；

　　　　4——层巡线，故障线，地线与总检线各一根。

## 二、集中报警控制器布线

所谓集中报警控制器布线，是指集中报警控制器与其监视范围的各区域报警控制器之间的连接导线。由于不考虑集中报警控制器与联动及联锁装置之间的控制信号连接线，所以区域报警控制器与集中报警控制器之间的连接线，就是集中报警控制器的输入线。

集中报警控制器输入线的确定，一方面要注意集中报警控制器与区域报警控制器之间的配合，同时还要注意不同型号报警控制器的特征参数。

若已知集中报警控制器，型号为 JB-JT-50/1151。与其配合使用的区域报警控制器共 40 台，其型号为 JB-QB-50/1111，报警回路数为 $n$。集中报警控制器的输入线总数可由下式决定：

$$N = 10 + n/10 + m + 3$$

式中　10——区域报警控制器与集中报警控制器之间的火警信号线数每个数码管负责显示五个部位；

　　　$n/10$——巡检分组线；

　　　　$m$——层巡（层号）线，通常每层楼设置一台区域报警控制器，控制器台数即为层巡线数；

　　　　3——故障信号线，总检线及地线各一根。

## 三、报警控制器布线举例

某消防系统，选用 JTY-LZ-1101 型离子感烟探测器。该探测器为二线制，单独使用，即每个探测器单独构成一个探测部位。设系统共有 50 个探测部位。

选用 JB-QB-50/1111 型区域报警控制器，可监控 50 个探测部位，且该报警控制器无保险丝分组结构。

选用与区域报警控制器相配套的集中报警控制器，其型号为 JB-JT-50/1151。该控制器基本容量为 50，即可带 50 个区域报警控制器。控制器还设有巡检分组结构；即每一巡检组有 10 个探测部位。

**（一）区域报警控制器输入导线数**

画出区域报警控制器与探测器的连接图。如图 4-5 所示。

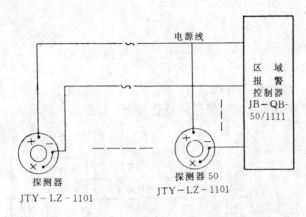

图 4-5　确定区域报警控制器输入线数示意图

由于无保险丝电源分组结构，所以由图 4-5 可求出区域报警控制器输入线总数：

$$N = n + 1$$

$$= 50 + 1 = 51（根）$$

**（二）区域报警控制器输出导线数**

画出区域报警控制器与集中报警控制器连接图。如图 4-6 所示。

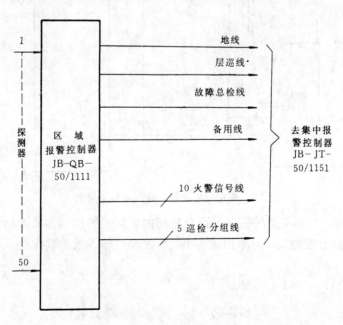

图 4-6　区域报警控制器输出线数示意图

由于集中报警控制器有数码管分组结构,所以实际进入控制器的火警信号线数为10根(即区域报警回路为 $n$,进入集中报警控制器的火警信号线为 $n/5$,也即按 $n/5$ 分组)。考虑到巡检的分组,将每10个探测部位分为一巡检组,根据图4-6及上述要求,区域报警控制器输出线总数为:

$$N = n/5 + n/10 + 4$$

$$= 50/5 + 50/10 + 4 = 19(根)$$

（三）集中报警控制器输入导线数

画出集中报警控制器与区域报警控制器连接图。如图4-7所示。

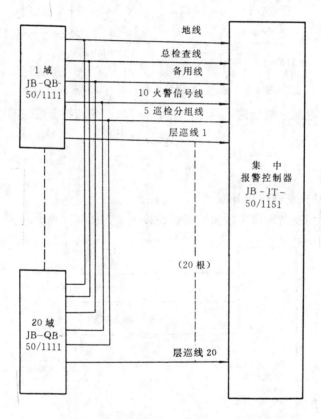

图 4-7　集中报警控制器输入线数示意图

由图4-7可见,与集中报警控制器配合使用的区域报警控制器共20台,即层巡（层号）数为20,根据上述方法,可求出该集中报警控制器输入线总数为:

$$N = n/5 + n/10 + m + 3$$

$$= 10 + 50/10 + 20 + 3 = 38(根)$$

## 第五节　火灾报警控制器选择及应用

火灾报警控制器的选择与使用，应严格遵守国家有关消防法规的规定，使所选用的火灾报警控制器不仅在条件上适合建筑尤其是高层建筑的防火需要，而且还要保证自动消防系统能够准确、及时发现与通报火情，以防止和减少火灾的危害。

设计适合建筑尤其是高层建筑防火需要的自动消防系统的关键是选择与应用合适的火灾报警控制器。

### 一、火灾报警控制器的设置

我国颁布并实施了有关各种建筑物的防火设计规范，对火灾报警控制器的选择及应用做了明确的规定。例如：

《建筑设计防火规范》（GBJ16—87）中第 10.3.1 条；

《高层民用建筑设计防火规范》（GB50045—95）中第 9.4.1 条，9.4.2 条及 9.4.3 条；

《高层民用建筑设计防火规范》（GBJ45—82）中第 8.4.1 条；

《图书馆建筑设计规范（GBJ38—87）中的第 5.4.1 条及 5.4.2 条；

《档案馆建筑设计规范》（GBJ25—86）中的第 5.2.1 条；

《剧场建筑设计规范》（JGJ57—88）中的第 7.4.1 条；

《电影院建筑设计规范》（JGJ58—88）中的第 7.1.7 条；

《停车库设计防火规范》（GBJ67—84）中第 6.2.1 条；

《人民防空工程设计防火规范》（GBJ98—87）中的第 7.4.1 条。

在以上这些规范中，都详细地说明了设置火灾报警控制器必须遵守的规则。

随着现代高层建筑及其群体的结构越来越复杂，而功能却越来越齐全，因此对自动消防系统的要求也就越来越严格。在单靠规范难以确定是否设置火灾报警控制器的地方，应根据具体情况，参照有关规范的规定，做出初步设想，然后报请公安消防部门批准。

总之，确定是否应用火灾报警控制器是一个十分慎重的问题，它不但具有理论性、实践性，更具有法规性。

### 二、火灾报警控制器的选择

消防系统中，火灾报警控制器的质量直接关系到消防系统的性能，所以在选择报警控制器时，质量是第一位的。

下面我们分别就区域报警控制器及集中报警控制器的选择作概述：

（一）区域报警控制器选择

本着质量第一的原则，在选择区域报警控制器时，应对其质量进行严格审查。产品必须由国家公安部指定的定点消防产品生产厂家制造，产品质量必须经中国消防产品质量认证委员会验收通过，并达到 GB4715—93，GB4717—93 等国家标准。

另外，所选用的火灾报警控制器的功能也必须满足消防系统的需要。例如，区域报警控制器负责接收火灾探测器发送的火灾信息,因此报警控制器的选择必须与探测器相配套，同时还应使其容量大于或等于探测器回路（部位）数，以保证探测器的充分利用。

区域报警控制器也应与集中报警控制器配套使用。

部分区域报警控制器与火灾探测器的配套关系，如表 4-1 所示。

| 型　号 | 含　义 | 备　注 |
|---|---|---|
| JB-QB-(20～50)<br>-2700/022 | 壁挂式，20、30、40、50 路 | 配 FJ-2701 系列探测器，带端子箱，备电另订 |
| JB-QG-(100～150)<br>-2700/022 | 柜式，100、150 路 | 配 FJ-2701 系列探测器，带端子箱和备电 |
| JB-QB-(24～80)<br>-2700/088 | 壁挂式，24、32、40、48、56、64、72、80 路 | 配 F732 系列探测器，带端子箱，备电另订 |
| JB-QG-(96～240)<br>-2700/088 | 柜式，96、104、112、120、128、136、144、152、160、184、192、200、208、216、224、232、240 路 | 配 F732 系列探测器，带端子箱和备电 |
| JB-TB-8<br>-2700/063 | 壁挂式通用报警器，8 路 | 配 F732 系列探测器，微机控制 |
| JB-QB-50<br>-2700/076 | 壁挂式微机火灾报警控制器，50 路 | 配地址码火灾探测器，二总线制系统布线 |
| JB-QB-(10～60)/1111 | 壁挂式，10、20、30、40、50、60 路 | 配 JTY-LZ-1101（离子感烟）；JTW-SD-1301（定温）；JTW-MC-1302（差温） |
| JB-QT-50/1111 | 台式 50 路 | |

　　区域报警控制器选择还应考虑到实际使用情况，尽量做到用最少的资金购到最经济、最合适的区域报警控制器。

　　（二）集中报警控制器的选择

　　与区域报警控制器类同，集中报警控制器的选择，质量仍然是第一位的。它同样要由公安部指定的专门生产消防产品的厂家生产，而且也必须要经国家消防产品认证委员会验收通过，国家标准 GB4715—93、GB4717—93 等检测合格。

　　在功能上，所选集中报警控制器必须满足集中——区域型自动消防系统要求。一方面应使其主参数（即容量）——火灾报警回路数应大于或等于区域报警控制器的报警回路数；另一方面也应使其基本容量（层巡线）大于或等于所控制的区域报警控制器的数量（集中报警控制器的基本容量在产品型号中不反映，但可从产品说明书中查到）。例如，集中报警控制器 JB-JB(G)-60-2700/065 可与区域报警控制器 JB-QB-50-2700/022 配套使用。因为区域报警控制器的报警回路数为 50，而集中报警控制器的主参数（即容量）为 60，同时查得集中报警控制器基本容量为 30，若区域报警控制器数小于或等于 30 台时，该集中报警控制器就完全可与区域报警控制器配套使用了。

表 4-2 说明了部分集中报警控制器与区域报警控制器的配套关系，可供参考。

部分集中与区域报警控制器使用配合表　　　　　　　　表 4-2

| 型　　号 | 类　　别 | 备　　注 |
|---|---|---|
| JB-JG(JT)-DF1501 | 柜式（台式） | 配 1501 系列区域报警控制器，如 JB-QB-DF1501 |
| JB-JG(JB)-60-2700/065 | 柜式（壁挂式） | 配 011，022 系列区域报警控制器，如 JB-QB-50-2700/022 |
| JB-JG(JB)-60-2700/065B | 柜式（壁挂式） | 配 088 系列区域报警控制器，如 JB-QB-50-2700/088 |
| JB-JB-W256/128 | 壁挂式 | 配该系列区域报警控制器，如 JB-QB-W256/128 |
| JB-JB-60-2700/092 | 壁挂式（三总线） | 配二总线制区域报警控制器，如 JB-QB-50-2700/076 |
| JB-JT-50/1151 | 台式 | 配 1111、1121 系列区域报警控制器如 JB-QB-50/1111 |

### 三、火灾报警控制器应用

近年来，随着我国消防事业的飞速发展，火灾报警控制器的设计、制造及使用已经达到较高水平，采用微机技术的二总线的通用火灾报警控制器在市场中已占有较大比例。我国现阶段生产的火灾报警控制器已经和正在通过中国消防产品质量认证委员会的认可及国家标准 GB4715—93，GB4717—93 的检测。具体表现在：

（1）控制器的报警区域显示，全部采用二总线制；

（2）控制器发出联动控制信号，采用全总线制；

（3）控制器监控电流小，且稳定性好；

（4）区域报警控制器与集中报警控制器之间采用串行码数字通讯，因此传输距离长，且抗干扰性好；

（5）控制器可实现现场编程，可反复写入，断电不消失，使用方便；

（6）控制器可配彩色 CRT 显示。

以上从几个方面阐述了我国现阶段火灾报警控制器的产品现状，可以相信，随着火灾报警控制器产品的不断更新换代必将促进我国建筑消防系统的高速发展。

表 4-3 介绍了我国部分厂家生产的部分火灾报警控制器的主要技术指标及功能，供使用参考。

表 4-3

## 部分国产报警控制器主要技术指标与性能

| 型号 | 主要技术指标 | | | | | | | 主要功能 | 备注 |
|---|---|---|---|---|---|---|---|---|---|
| | 温度（℃） | 相对湿度（%） | 工作电压（N） | 备用电源 | 系统布线 | 外接触点 | 容量 | | |
| JB-QB-DF1501 | -10℃~+50℃ | ≤95%（40±2℃） | AC220V +10% -15% | DC24V 6.5Ah | 与探测器连线2根与集中报警控制连线2根 | 一对常开、常闭点的继电器一只 | 1~4对输入总线，每对探总线可带探测点127个 | 直接接收探测器火警信号,发出探测点的断路信号,且有自检功能及键盘操作功能 | 通用型 二总线制 上海松江电子仪器厂 |
| JB-QB-W256/128 | 同上 | ≤90%（40±2℃） | 同上 | DC30V 10Ah | 同上 | 二对常开、常闭,容量 AC220V,0.5A 或 DC24V,3A | 有256个探测点 | 监测、检查、报警、电源自动切换显示,打印、自检 | 通用型 二总线制 锦州消防安全仪器总厂 |
| JB-QT-(10~50)-10A | 同上 | ≤95% | 同上 | DC24V 3~5Ah | 与探测器连线为 $n+n/10$ 与集中报警控制器为 $n+n/10+3$ | 三对容量为 AC220V,2A | 最多50个部位,每个部位并10只探测器,总数≤250只 | 故障报警、火警报警,火警优先故障功能 自检、巡检功能 | 区域型 二总线制 天津航空机电公司 |
| JB-QB-500 | 0~40℃ | 90%~95%（40±2℃） | AC220V +10 -15% | 两组 20Ah 全密封可充式蓄电池 | 与探测器接线2,与集中报警控制器接线3 | 有联动输出口一个 | 八个回路 每回路最多可并63个探测点 | 火灾报警、故障报警、火警优先,且有显示打印、自检功能 | 区域型 二线制 上海原子核研究所 |
| JB-QB-8100B | 同上 | 同上 | 同上 | 两组 10Ah 全封闭可充式蓄电池 | 同上 | 同上 | 两个回路,每个回路可并63个探测点 | 同上 | 同上 |

| 型号 | 主要技术指标 | | | | | | | 主要功能 | 备注 |
|---|---|---|---|---|---|---|---|---|---|
| | 温度(℃) | 相对湿度(%) | 工作电压(N) | 备用电源 | 系统布线 | 外控触点 | 容量 | | |
| JB-JB-64-2700/092 | -10~+50℃ | 90%~95%(30±2℃) | 同上 | DC30V 10Ah | 与区域报警控制器连线为3 | 四对外控触点容量为24V,2A | 可与50台区域报警控制器连用,每个区域报警控制器容量为75个探测点,共3750点 | 可现场编程火灾、故障报警火警优先,且有自检、巡检、显示、打印功能 | 集中型 三总线制 西安262厂 |
| JB-JB(G)-60-2700/065BA | 0~50℃ | 同上 | 同上 | DC30V 5Ah | 与2700/088A区域控制器连线为二总线 | 四对常开容量为DC24V,1A | 基本容量为32台区域控制器,每个区域控制器容量为60个部位 | 火警、故障报警,火警优先、巡检,打印CRT显示功能 | 集中型 二总线 西安262厂 |
| JB-JT-50/1151 | 0~40℃ | 87~93%(≤30℃) | 同上 | DC33~42V 3组镉镍电池 | $N=10+n/10+m+3$ | 四对容量为24V,0.5A | 基本容量,每台容量又为50×50,总共50×50=2500探测点 | 火警、故障报警,火警优先,记忆,巡检等 | 集中型 二线制 天津航空机电公司 |
| JB-JT-50-10/A | -10~50℃ | 95%(40±2℃) | 同上 | DC24V 3Ah | $N=n+n/10+m+2$ | 四对容量为AC220V,2A | 基本容量,每台容量为50台,总计30×50=1500点 | 同上 | 同上 |

续表

| 型号 | 温度(℃) | 相对湿度(%) | 工作电压(N) | 备用电源 | 系统布线 | 外控触点 | 容量 | 主要功能 | 备注 |
|---|---|---|---|---|---|---|---|---|---|
| JB-QB-50-2700/076 | −10~+50℃ | 90%~95% (40±2℃) | AC220V +10% −15% | DC30V 10Ah | 与探测器连线2，与集中控制器连线3 | 三对容量为 DC24V,1A | 分别控制1、2、3层时，每层二总线最多可接编址单元50、35、25个 | 火灾故障报警，火警优先，且有巡检、自检打印功能 | 区域型 二总线制 西安262厂 |
| JB-QB-(10-60)/1111 | −10~+45℃ | 87%~93% (≤40℃) | 同上 | DC33~42V, 3组10GNY5镉镍电池 | 与探测器连线 $n+n/10$ 与集中报警控制器为 $10+n/10+4$ | 四对容量 DC24V,0.5A | 最多报警回路分别为10、20、30、40、50、60 | 火警故障报警，火警优先且有火灾记忆显示，自检及巡检功能 | 区域型 二总线制 北京核仪器厂 |
| JB-JG-4-4700 | −10~+50℃ | 90%~95% (40±2℃) | 同上 | DC32V 20Ah | 与各层转换器连线3，加2条电源线，接收编址单元各输出编程二总线 | 两级控制输出，其中一级控制输出，即整机总控制输出，另有8个可编程总控制点输出容量为 AC220V·2A | 基本容量4回路每回路可连接64个独立编址单元 | 接收各编址单元的火警、故障信号，火警优先，且有软件编程、容量扩展打印、CRT显示等功能 | 集中型 二总线制 西安262厂 |

92

## 思 考 题 与 习 题

1. 举例说明火灾报警控制器的主要技术指标及功能。

2. 画图说明微机自动报警控制器的结构及工作原理。

3. 举例说明区域报警控制器与集中报警控制器的区别，并画出区域消防系统及集中——区域消防系统结构图。

4. 举例说明火灾报警控制器的布线计算及具体要求。

5. 举例说明如何进行区域报警控制器的选型及使用。

6. 举例说明如何进行集中报警控制器的选型及使用。

7. 根据消防设计规范说明建筑消防系统使用火灾报警控制器的原则是什么？

8. 举例说明"二线制"火灾报警控制器与"二总线制"火灾报警控制器的区别及应用上的注意事项。

# 第五章　自动水灭火系统

前已叙及，建筑物尤其是高层建筑一旦发生火灾，扑救是十分困难的。实践已经证明，依靠室内完善的消防设施，先进的消防技术，实行早期灭火及正规灭火，将是现代楼厦的主要灭火形式。

在第二章曾叙述了目前我国使用的灭火介质，如水，二氧化碳、卤代烷等，相应的灭火系统有自动水灭火系统，二氧化碳灭火系统及卤代烷灭火系统等。随着新技术的不断应用，这些灭火系统无论在结构上还是在性能上都有了明显改善与提高，在消防工程中占有极其重要地位。尤其是自动水灭火系统，由于其结构简单、造价低、使用维护方便、工作可靠、性能稳定，且系统易与其他辅助灭火设施配合工作，形成灭火救灾于一体的减灾灭火系统，再加上系统本身大量采用先进的微机控制技术，使灭火系统更加操纵灵活、控制可靠、性能先进、功能齐全等，使其成为建筑物内尤其是高层民用建筑、公共建筑、普通工厂等最基本、最常用的消防设施。

自动水灭火系统，根据系统构成及灭火过程，基本分为二类，即室内消火栓灭火系统及室内喷洒水灭火系统。本章就以上两种基本类型的水灭火系统，在构造、原理及设计等方面作介绍。

## 第一节　室内消火栓灭火系统

### 一、系统构成

室内消火栓灭火系统由高位水箱（蓄水池）、消防水泵（加压泵）、管网、室内消火栓设备、室外露天消火栓以及水泵接合器等组成。

高位水箱（蓄水池）与管网构成水灭火的供水系统。无火灾时，高位水箱应充满足够的消防用水，一般规定贮水量应能提供火灾初期消防水泵投入前10min的消防用水。10min后的灭火用水要由消防水泵从低位蓄水池或市区供水管网将水注入室内消防管网。图5-1与图5-2分别表示高度≤50m和高度＞50m的高层建筑室内消火栓灭火系统供水示意图。

高层建筑的消防水箱应设置在屋顶，宜与其它用水的水箱合用，让水箱中的水经常处于流动状态，以防止消防用水长期静止贮存而使水质变坏发臭。如图5-2所示，高度超过50m的高层建筑应设置两个消防水箱，用联络管在水箱底部将它们连接起来，并在联络管上安设阀门，此阀门应处在常开状态，如图5-3所示。

这里须指出，图5-3中的单向阀门是为防止消防水泵启动后消防管网的水不能进入消防水箱而设。

另外消防水箱的水量应尽量保证楼内最不利点消火栓设备所需压力，以满足灭火需要的喷水枪充实水柱长度。

为确保由高位水箱与管网构成的灭火供水系统可靠供水，还须对供水系统施加必要的

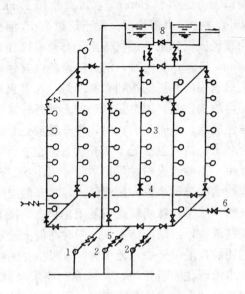

图 5-1 供水示意图(高度≤50m
高层建筑消火栓灭火系统)

1—生活泵;2—消防泵;3—消火栓和远
距离启动消防水泵按钮;4—阀门;5—
单向阀;6—水泵接合器;7—屋顶消火
栓;8—高位水箱

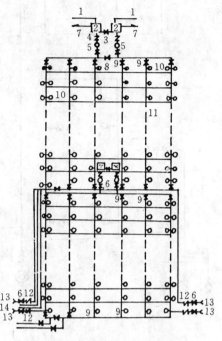

图 5-2 供水示意图(高度>50m 的
高层建筑消火栓灭火系统)

1—生产、生活进水管;2—水箱;3—水箱
连接管;4—单向阀;5—水力射流继电器;
6—阀门;7—接生产、生活管网;8—管网
分隔阀门;9—消防竖管阀门;10—消火
栓;11—消防竖管;12—单向阀;13—水泵
接合器;14—消防进水管

安全保护措施。例如在室内消防给水管网上设
置一定数量的阀门,如图5-1,5-2所示。阀门
应经常处于开启状态,并有明显的启闭标志。同
时阀门位置的设置还应有利于阀门的检修与更换。屋顶消火栓的设置,对扑灭楼内和邻近
大楼火灾都有良好的效果,同时它又是定期检查室内消火栓供水系统的供水能力的有效措
施。水泵接合器是消防车往室内管网供水的接口,为确保消防车从室外消火栓、消防水池
或天然水源取水后安全可靠地送入室内供水管
网,在水泵接合器与室内管网的连接管上,应设
置阀门、单向阀门及安全阀门,尤其是安全阀门
可防止消防车送水压力过高而损坏室内供水管
网。

顺便指出,在一些近代高层建筑尤其是超高
层建筑中,为弥补消防水泵供水时扬程不足,或
降低单台消防水泵的容量以达到降低自备应急发
电机组的额定容量,往往在消火栓灭火系统中增
设中途接力泵,如图5-4所示。

室内消火栓设备由水枪、水带和消火栓(消

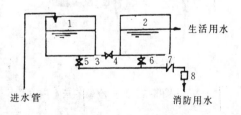

图 5-3 联络管连接水箱示意图

1、2—生活、生产、消防合用水箱;
3—联络管;4—联络管上常开阀门;
5、6—阀门;7—单向阀门;
8—水流报警启动器

95

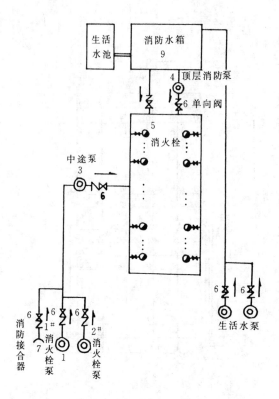

图 5-4　消火栓灭火系统中的中途接力泵

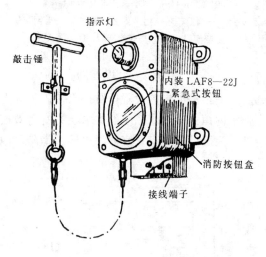

图 5-5　消火栓设备示意图

防用水出水阀）组成。火场实践证明，水枪喷嘴口径不应小于 19mm，水带直径有 50mm、65mm 两种，水带长度一般不超过 25m，消火栓直径应根据水的流量确定，一般有口径为 50mm 与 65mm 两种。消火栓设备设有远距离启动消防水泵的按钮和指示灯，在消火栓箱内的按钮盒，通常是联动的一常开一常闭按钮触点。平时无火灾时，常开触点处于闭合状态，常闭触点处于断开状态。当有火灾发生，需要灭火时，可用消防专用小锤击碎按钮盒的玻璃小窗，按钮弹出，常开触点恢复断开状态，常闭触点恢复闭合状态，接通控制线路，启动消防水泵。同时在消火栓箱内还装设限位开关，无火灾时该限位开关被喷水枪压住而断开。火灾时，拿起喷水枪，限位开关动作，水枪开始喷水，同时向消防中心控制室发出该消火栓已工作的信号。图 5-5 为消火栓设备示意图。

目前对消火栓设备构成，从实用、美观角度出发，做了不少改进设计，例如将按钮盒单设于消火栓箱附近，由手按操作，以减少由于小锤击碎玻璃而造成的浪费。根据高层建筑消防设计有关规定，一般要求各楼层均应设置消火栓设备，并安装在楼内出口、过道等容易操作的明显位置，涂以红色。各消火栓最大间距不得超过 50m，消火栓栓口距地高度为 1.2m，栓口出水方向应与设置消火栓的墙面成 90°角。

## 二、室内消防水泵自动控制

室内消火栓灭火系统是自动监测、报警，自动灭火的自动化消防系统，该系统一般由消防控制电路、消防水泵、消火栓、管网及压力传感器等构成，系统结构框图如图 5-6 所示。火灾时，消防控制电路接收消防水泵起动指令并发出消防水泵起动的主令控制信号，消防水泵起动，向室内管网供消防用水，压力传感器用以监视管网水压，并将监测水压信号送至消防控制电路，形成反馈控制。所以从控制的角度来看，室内消火栓灭火系统的消防水泵控制实际上是闭环控制。

下面就消防水泵的起、停控制进行详细介绍。

1. 消防水泵的远距离控制

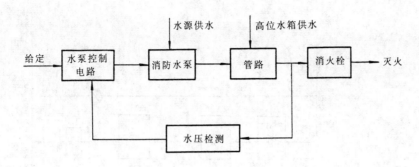

图 5-6　消火栓灭火系统框图

消防水泵的远距离控制是指远离消防水泵所在位置而进行的消防水泵起停的控制。室内消火栓灭火系统通常采用如下方法：

（1）由消防控制中心发出主令控制信号控制消防水泵的起停。设置在火灾现场的探测器将测得的火灾信号送至设置在消防控制中心的火灾报警控制器，然后再由报警控制器发出联动控制信号，起停消防水泵。

（2）由报警按钮控制消防水泵的起停。消火栓箱内设有按钮盒，如前所述，火灾时用消防专用小锤击碎消火栓箱上的玻璃罩，按钮盒中按钮自动弹出，接通消防水泵起动线路。或用手按下设置在消火栓箱旁边的消防按钮，同样可以接通消防水泵起动线路。

（3）由水流报警启动器控制消防水泵的起停。现代消防系统中，常在高位水箱消防出水管上安装水流报警启动器。火灾时，当高位水箱向管网供水时，水流冲击水流报警启动器，一方面发出火灾报警，同时又快速发出控制信号，启动消防水泵。图 5-3 中的 8 就是水流报警启动器。

以上三种方法实现了消防水泵的远距离自动控制，同时也能实现将消防水泵的起停状态信号返送至消防控制中心，以便消防人员及时掌握消防水泵的运转情况。

2. 消防水泵的就地控制

为确保消防水泵的可靠起动，在消火栓灭火系统中，消防水泵的就地控制作为远距离控制的辅助手段是十分必要的。这种控制方法简单易行、安全可靠、直观，尤其是作为现代消防系统远距离高度自动化控制方式的最后保护措施，将更加显得重要。

3. 消防水泵控制电路

消防水泵控制电路设计是否合理、安全可靠，操作控制是否灵活方便，关系到室内消火栓灭火系统的灭火能力及灭火效果。现代消防系统中消防水泵的控制电路形式不一，但对其基本要求是一样的。下面就以常用控制电路为例，介绍消防水泵控制电路的构成及控制过程。

图 5-7 表示了一种常用消防水泵控制电路。

由图 5-7 可见，nAN 为安装在各保护区域（一般为各楼层）的消火栓箱中的按钮，串联连接构成逻辑"或"关系启动消防水泵。火灾时，如前所述，用消防小锤击碎消火栓箱的玻璃罩，使按钮动作。

nXK 是设置在消火栓箱内的限位开关，平时被喷水枪压住。火灾时，拿起喷水枪，nXK 限位开关闭合，接通信号灯 nXD。信号灯安装在消防控制中心的控制屏上，信号灯显示消

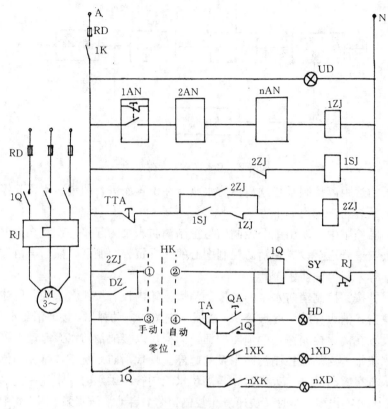

图 5-7　消防水泵控制电路图

火栓正在工作。

　　消防水泵的控制过程可简述如下：

　　系统转换开关（主令开关）HK 置自动位置。无火灾时（正常状态），消防按钮 nAN 常开接点均闭合，1ZJ 得电，时间继电器 1SJ 得电，经时间延时其常开接点 1SJ 闭合，但由于 1ZJ 的常闭接点断开，所以 2ZJ 不会得电，1Q 不动作，三相交流电动机不启动，即消防水泵不启动。

　　有火灾时，例如某区域消火栓箱玻璃罩被击碎，消防按钮自动弹出，使 1ZJ 失电，1ZJ 常闭接点闭合，使 2ZJ 得电，并由其本身常开接点 2ZJ 自锁，同时常开接点 2ZJ 接通继电器 1Q，使消防水泵接通启动。当消防人员拿起喷水枪，则相应的 XK 限位开关接通，于是安装在消防中心控制屏上的信号灯 XD 亮，表示某区域消火栓正在工作。

　　当火灾扑灭后，按下消防中心控制屏上总停按钮 TTA，即可停止消防水泵工作。

　　系统中设置的 DZ 常开接点是由消防控制中心控制的遥控按钮，当火灾报警控制器送出控制指令后，DZ 接通，启动消防水泵。

　　系统转换开关（主令开关）HK 置手动位置。有火灾时，用手按下启动按钮 QA，接通继电器 1Q，启动消防水泵。当火灾扑灭后，按下停止按钮 TA，即可停止消防水泵工作。实际上这种控制就是前述的消防水泵就地控制。

　　以上叙述了消防水泵常用控制电路，即消火栓箱设备内按钮盒中的常开触点串联方式。

消防工程中也有采用常闭触点并联方式，即由常闭触点的并联形成"或"的逻辑关系，用以启动消防水泵。控制电路图如图 5-8 所示。

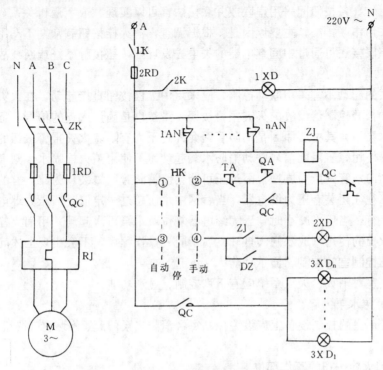

图 5-8　常闭触点并联的消防水泵控制电路图

由图可知，当楼内某层发生火灾时，该层按钮 AN 弹起，触点闭合，中间继电器 ZJ 得电，从而可使消防水泵在自动状态或手动状态下起动，向灭火管网供水。与此同时，消火栓箱内消防按钮指示灯 $3XD_1 \sim 3XD_n$ 全部接通点亮。

## 第二节　室内消火栓灭火系统设计

根据《民用建筑电气设计规范》（JGJ/T—16—92）有关规定，对室内消火栓灭火系统设计应满足以下几方面要求：

### 一、消火栓按钮控制回路应采用 50V 以下的安全电压

此规定主要是考虑操作者的人身安全。消火栓按钮通常都设置在消火栓箱旁边，有的消火栓箱将消火栓按钮和警铃设计成内藏式。当发生火灾使用消火栓时，可能会有较多的水溢出箱体打湿按钮而使它们带电，电压过高会伤及操作人员。这里规定的电压虽然超过了火灾自动监控系统设计中对消防联动控制手用的 24V 电压，但实践证明，在消火栓灭火系统中用不大于 50V 的安全电压也是允许的。

### 二、消火栓灭火系统中应优先采用消火栓按钮直接起动消防水泵方式

消火栓按钮在发生火灾时可用于起动消火栓水泵，保证消防用水，通常为红色塑料小方盒。火灾时，要击碎按钮面板的玻璃，通过其触点（一对常开，一对常闭）动作，起动消防水泵，故又称"破玻按钮"。消火栓按钮动作发出的信号是确认火灾发生的信号，在一

般的工程中，这个信号是直接送入置于泵房的消防水泵控制柜中，起动消防水泵。工程中应保证每一个按钮都能起泵，即各按钮以"或"逻辑条件去起动消防水泵；当按钮复位后，水泵应停止工作。各按钮间采用串联或并联接法都可以实现"或"逻辑关系，但建议各按钮间应优先采用串联接法，主要原因是：根据调查，消火栓按钮有常期不动用也不检查的现象，采用串联接法可通过中间继电器的失电去发现因按钮接触不好或断线故障的情况而及时处理。

消防水泵的起动不宜采用联动控制，应采用消火栓按钮直接起动。在火灾自动监控系统中火灾自动报警控制器设置的火灾报警按钮，虽然也是确认火灾的信号，但不宜优先作为起动消防水泵用，其主要原因是消防管网允许的压力有限。火灾报警按钮的动作并不意味着消火栓的使用，若用此信号联动消防水泵起动而不使用消火栓喷水，则会造成水压突然增加，使消防水管网压力剧增，因过压可能会使消防管网爆裂。为此，有的管网上除装设安全阀外，往往还装有压力继电器，当管网中水压超过一定值时，压力继电器动作，中断消防水泵运行，当压力减小时，压力继电器复位，水泵再次起动。用消火栓按钮起动消防水泵与消火栓的使用（放水闸阀打开）属于同一操作程序，不会出现上述问题。

**三、消防控制室的控制、显示功能**

消防控制室对消火栓灭火系统应有下列控制、显示功能：

1. 控制消防水泵的起、停

在消防控制室的控制设备上应设置控制每台消防水泵的起、停装置（按钮），以便集中遥控使用。

2. 显示消火栓按钮的工作部位

消火栓按钮设置的位置、数量是由室内消火栓来决定的，一个消火栓箱内（旁边）设置一个消火栓按钮，而消火栓的布置一般是每隔 25m 左右设置一个。有条件的工程应将每个消火栓按钮的工作部位送到消防控制室显示，以便控制室通过其显示的工作部位明确火灾发生的具体位置，从而采取相应的补救措施，另外也便于灾后对动作的按钮复位。这个要求在总线制系统中可以通过将消火栓按钮接入总线控制接口很容易实现。但在多线制中，特别是在消火栓按钮较多的工程中，实现起来难度较大，也可按防火分区或楼层显示。消火栓按钮显示部位号的排列位置应统一和有明显的显示标志，以免造成人为的误解或误判。

3. 显示消防水泵的工作、故障状态

工作状态的显示主要是指消防水泵工作电源显示、各台消防水泵的起动显示。消防水泵的故障，一般是指水泵电机断电、过载及短路。由于消火栓系统通常由"一主一备"两台水泵组成，互为备用，只有当两台泵都不能起动时，才显示故障。在接收到起泵信号后，若主泵起动失败，会自动转至备用泵，当主泵和备用泵均不能起动时应有故障显示。工作状态显示，通常由起动接触器的辅助触点回馈到消防控制室，对于消火栓内设置有指示灯的还要回馈给指示灯，表示消防水泵已经起动。故障显示通常由空气开关或热继电器的触点回馈到消防控制室。

上述要求能使控制室的值班人员在火灾发生时，对什么地方已使用消火栓，消防水泵是否起动，工作是否正常等都一目了然，有利于火灾扑救和平时的维修、调试工作。在消火栓箱内（旁边）设置的消防警铃也是一种警报装置，由消火栓按钮的动作控制。对于一般居民住宅楼或层数不多的建筑，警铃可以齐鸣方式控制；对于高层建筑，为免于引起混乱影响疏散，警铃的报警范围、控制程序与火灾自动监控系统中的警报装置原则上一致，即采用 $n-1$、$n$、$n+1$ 分层警报方式。另外，通常要求在接到按钮信号 5min 内应起动消防水泵（包括采用内燃机作动力装置），以保证火场用水需要。

### 四、室内消火栓用水的水压及流量应满足室内灭火需要

为保证喷水枪有足够长的充实水柱，消火栓用水的水量及水压必须同时满足防火规范的设计要求。根据规定，一般低标准的高层建筑，最小的水枪充实水柱长度不应小于 7m，这就是说，水枪充实水柱的长度对扑救初期火灾的成败有决定性作用。

消火栓所需水压是由水枪喷嘴压力与水带压力损失决定的。其中水枪喷嘴压力可由下式计算：

$$P = 9806.65 \cdot \alpha \cdot L \qquad \text{(Pa)} \qquad (5\text{-}1)$$

式中 $P$——直水流水枪喷嘴压力 Pa（帕）；

$\alpha$——水枪喷嘴压力系数（$\alpha$ 值可参阅表 5-1）；

$L$——充实水柱长度（m）。

水枪喷嘴压力系数 $\alpha$ 值　　　　　　　　表 5-1

| 充实水柱长度 (m) | 水枪喷嘴口径 (mm) | | | | |
|---|---|---|---|---|---|
| | 13 | 16 | 19 | 22 | 25 |
| 7 | 1.33 | 1.32 | 1.28 | 1.15 | 1.15 |
| 10 | 1.50 | 1.40 | 1.35 | 1.22 | 1.21 |
| 13 | 1.85 | 1.69 | 1.58 | 1.38 | 1.46 |
| 15 | 2.20 | 1.93 | 1.80 | 1.70 | 1.63 |
| 20 | 4.91 | 3.50 | 2.95 | 2.60 | 1.95 |

室内消火栓配备的麻质水带压力损失可由下式计算：

$$\Delta p = 9806.65 \cdot n\eta \cdot q \qquad \text{(Pa)} \qquad (5\text{-}2)$$

式中 $\Delta p$——水带压力损失（Pa）；

$n$——水带系数；

$\eta$——水带阻力系数，$\eta$ 值可参见表 5-2；

$q$——水带水流量（dm³/s）。

麻质水带水压阻力系数 $\eta$　　　　　　　　表 5-2

| 名　　称 | 水带直径 (mm) | | |
|---|---|---|---|
| | 50 | 65 | 75 |
| 麻质水带 | 0.300 | 0.086 | 0.030 |

由式（5-1）及（5-2）便可求出消火栓出水口所需要的水压：

$$P_\Sigma = P + \Delta p \qquad \text{(Pa)} \qquad (5\text{-}3)$$

对于低层建筑或火灾危险性不大的高层建筑，水枪喷嘴水压应不小于 $68.6 \times 10^3$Pa（充实水柱长度为 7m），对于火灾危险性较大的高层建筑，水枪喷嘴水压应不小于 $98.07 \times 10^3$Pa（充实水柱长度为 10m），而对于重要的高层建筑，水枪喷嘴压力应不小于 $127.5 \times 10^3$Pa（充实水柱长度为 13m）。因此式（5-3）中水枪喷嘴压力 $P$ 也可根据建筑物具体特点，

分别取上述几种情况下水枪喷嘴压力值，再估算麻质水带压力损失，便可近似地求出消火栓所需水压。这种工程近似方法，在实际设计中也可采用。

消火栓灭火系统所需消防用水量是由同时使用水枪数量（水柱股数）和每个水枪用水量（每股水柱流量 dm³/s）共同决定的。实际设计时，可先求出水枪喷嘴水压，再由下式经验地估算出水枪的水流量：

$$q = 0.01 \sqrt{\beta \cdot p} \qquad (\mathrm{dm^3/s}) \qquad (5\text{-}4)$$

式中  $q$——直水流水枪的水流量（dm³/s）；

  $\beta$——水枪喷嘴流量系数（$\beta$ 取值可参考表 5-3）；

  $p$——直水流水枪喷嘴压力（Pa）。

水枪喷嘴流量系数 $\beta$             表 5-3

| 喷嘴口径 $d$（mm） | 13 | 16 | 19 | 22 | 25 |
|---|---|---|---|---|---|
| $\beta$ 值 | 0.346 | 0.793 | 1.577 | 2.836 | 4.728 |

根据每个水枪的水流量，再乘以同时使用的水枪个数，便可求出消火栓灭火系统所需水量。

工程设计中，室内消火栓灭火系统用水量也可参考表 5-4 及表 5-5 进行。

一般建筑物室内消火栓给水系统消防用水量         表 5-4

| 建筑物类型 | | 体积、层数或座位数 | 水柱股数 | 每股水量（dm³/s） |
|---|---|---|---|---|
| 厂 房 | | 不 限 | 2 | 2.5 |
| 库 房 | | ≤4 层 | 1 | 5.0 |
| | | >4 层 | 2 | 5.0 |
| 民用建筑 | 火车站、展览馆 | 5 001～25 000m³ | 1 | 2.5 |
| | | 25 001～50 000m³ | 2 | 2.5 |
| | | >50 000m³ | 2 | 5.0 |
| | 医院、商店等 | 5 001～25 000m³ | 1 | 2.5 |
| | | >25 000m³ | 2 | 2.5 |
| | 剧院、电影院、体育馆、礼堂等 | 801～1 000 个座位 | 2 | 2.5 |
| | | >1 000 个座位 | 2 | 5.0 |
| | 单元式住宅 | >6 层 | 2 | 2.5 |
| | 其它民用住宅 | ≤6 层 | 2 | 5.0 |

**高层建筑室内外消火栓灭火系统用水量**　　　　　　　　　　　表 5-5

| 建筑物类型 | 建筑高度（m） | 消防用水量（dm³/s） | | 每根竖管最小流量（dm³/s） | 每支水枪最小流量（dm³/s） |
|---|---|---|---|---|---|
| | | 室　内 | 室　外 | | |
| 单元式住宅和一般塔式住宅 | ≤50 | 10 | 15 | 10 | 5 |
| | >50 | 20 | 15 | 10 | 5 |
| 通廊式住宅、重要塔式住宅、一般的旅馆、办公楼、医院等 | ≤50 | 20 | 20 | 10 | 5 |
| | >50 | 30 | 20 | 15 | 5 |
| 重要旅馆、办公楼、教学楼、医院等；以及百货楼、展览馆、科研楼、图书馆、邮电大楼等 | ≤50 | 30 | 30 | 15 | 5 |
| | >50 | 40 | 30 | 15 | 5 |

### 五、正确布置与安装室内消火栓设备

如前所述，消火栓设备包括喷水枪、水带及消火栓（出水阀）组成。喷水枪的水流量及水压应满足设计要求，这是保证灭火系统快速可靠灭火的基本条件。但消火栓设备的选择与布置又直接影响灭火能力及灭火效果。因为火灾时，消防人员手持喷水枪在火灾现场灭火，由于消火栓箱位置、水带长度及水枪充实水柱长度都是确定的，所以一支喷水枪的灭火范围是有限的。为了保证在被保护区域那怕是最不利地点都能得到消火栓灭火系统的保护，因此室内消火栓的布置与设计就显得十分重要。通常在消防工程设计中，对于消火栓的布置常常要注意以下几个方面的问题：

（1）消火栓的布置应能保证从喷水枪射出的水流，不仅要射入火焰，而且还要具有足够的流量及水压；

（2）如果在同一楼层内设置多个消火栓，应确保同层相邻两支水枪的充实水柱能同时到达室内任何一点。

基于以上考虑，并充分注意到消火栓保护半径、最大保护宽度等影响，为有效扑灭室内火灾，消火栓的布置间距最好在 25m 左右，消火栓配备的水带长度为 25m，手提式水枪的喷嘴口径多为 19mm。大量实践表明，消火栓的如此布置方式是正确的，也是非常合理的。

消火栓的安装，要注意以下几方面的问题：

（1）应选择公安部指定的消防产品生产厂家生产的消火栓设备；

（2）安装前须进行仔细检查，并熟悉安装方法；

（3）消火栓箱的安放位置要有明显的指示标志，且便于识别、便于操作、便于维修管理；

（4）消火栓栓口距楼面高度应在 1.20m 左右，同时栓口出水方向应与安置消火栓的墙面成 90°角。

## 第三节　室内喷洒水灭火系统

我国《高层民用建筑设计防火规范》中规定，在高层建筑及建筑群体中，除了设置重要的消火栓灭火系统以外，还要求设置自动喷洒水灭火系统。随着科学技术的不断进步，目前我国高层建筑中都普遍采用了80年代的新型自动喷洒产品，因此这种高效率的室内灭火系统如同消火栓灭火系统，在高层建筑的消防中获得广泛应用。根据该系统使用环境及技术要求，系统可分为干式、湿式、雨淋式、预作用式、喷雾式及水幕式等多种类型。

本节将重点介绍湿式、雨淋式及预作用式喷水灭火系统。

**一、系统特点**

消防实践证明，室内喷洒水灭火系统具有如下特点：

（1）系统安全可靠，灭火效率高。有资料表明，该系统灭火成功率可高达99.6%。

（2）系统结构简单，使用、维护方便，成本低且使用期长。

（3）可实现电子计算机的监控与处理，自动化程度高，便于集中管理、分散控制。

（4）适用范围广，尤其适用于高层民用建筑、公共建筑、工厂、仓库以及地下工程等场所。

《自动喷水灭火系统设计规范》(GBJ84—85)、《自动喷水灭火系统洒水喷头的性能要求和试验方法》（GB5135—85）及《自动喷水灭火系统产品系列型谱和型号编制方法》(GB5136—85)等标准的制定，为室内喷洒水灭火系统的广泛应用，进一步体现系统特点提供了技术规范和质量检测手段。

**二、系统产品型号编制说明**

系统产品型号由"系统代号"、"类别代号"、"特征代号"以及规格代号四个部分组成，并依次排列。

（1）系统代号：用两个大写汉语拼音字母表示，其中"Z"代表自动，"S"代表水。

（2）类别代号：用一个大写汉语拼音字母表示主要组件的四个类别：

T（头）——表示喷头；

F（阀）——表示阀门；

J（警）——表示报警控制装置；

P（配）——表示配件及附件。

（3）特征代号：用一个大写汉语拼音字母表示产品结构、用途或安装形式等主要特征。用尾注区别同一型号的不同产品。

（4）规格代号：由阿拉伯数字组成，表示产品主要技术参数，并用"—"与特征代号隔开。有些配件或附件不用规格代号。

（5）产品改进代号：用大写汉语拼音字母A、B、C……，在产品型号后另加尾注。

**【例1】**　ZSTD-10/68

表示玻璃吊顶型洒水喷头，公称口径为10mm，公称动作温度为68℃。

**【例2】**　ZSTD-10/72Y

表示易熔元件吊顶型洒水喷头，公称口径为10mm，公称动作温度为72℃。

### 三、湿式喷洒水灭火系统

湿式喷洒水灭火系统是室内喷洒水灭火系统中应用最为广泛的一种。在高层建筑中，当室内温度在不低于 4℃ 的场合下，应用此系统灭火是非常合适的，再加上系统本身结构简单，设计容易，使用安全可靠，灭火效果好，成为水灭火方式的首选形式，凡在有条件的地方，都应考虑采用湿式喷洒水灭火系统。

1. 系统构成

湿式喷洒水灭火系统由水源（高位水箱、喷洒水泵）、供水设备、报警阀（也称检查信号阀）、管网（输入管、干管、支管、配水管）、自动喷洒头（喷淋头）、报警器（水力警铃）及控制箱（柜）等组成。图 5-9 为该系统结构示意图。

系统中湿式报警阀（图 5-9 中 4）（或称为充水式检查信号阀）是一种直立式单向阀，用于平时检查火警信号效能是否良好及火灾时产生火警信号。图 5-10 表示了湿式报警阀的结构。

由图 5-10 可见，立式单向阀片中央的导杆 3 可使阀片能上下正确移动，即保证阀片在上下移动时不偏离中心位置。单向阀片所以能上下移动，与其上下两侧水压有关。平时无火灾时，管网中的水处于静止状态，阀片上下两侧水压相等，阀片由于其自身重量作用沿阀片导杆 3 移动而降落在阀座上，关闭通向水力警铃的管孔，此时接在总干管及配水干管中的两块压力表指示的压力值相等。火灾时，由于喷水灭火使配水干管中的水压降低，单向阀片上下两侧压力失去平衡，阀片开始上升，总干管中的水通过湿式报警阀流入配水干管，为管网提供消防用水，同时水通过细管 5 流入水力警铃，发出火警信号。闸阀 8 用于检查水力警铃是否工作正常，在关闭总闸阀 9 进行检修时，闸阀 8 可放出湿式报警阀上部喷洒管网中的水。总闸阀始终处于开启状态。

系统中使用的喷头为玻璃球式闭式喷头，无火灾时，喷头始终处于封闭状态。当发生火灾并达到喷头的爆裂温度时，置于玻璃球内的感温元件（乙醚或酒精）膨胀，致使玻璃球炸裂，从而打开被玻璃球支撑而密封的喷水口，水喷出射到喷头的溅水盘上并均匀洒下灭火。因此喷头既起到了火灾探测作用，又起到了自动喷洒水灭火作用。工程中使用的封闭式喷头还有易熔合金式及双金属片式等。

水流指示器和压力开关是系统中典型控制装置。配水干管上有水流动时，水流指示器将水流转换成电信号或开关信号，此信号可作为被保护区域喷水灭火的回馈信号，同时也可与压力开关配合，实现对喷淋泵的自动控制。水流指示器结构如图 5-11 所示。管路中有水流动时，推动其浆片带动连杆而使水流指示继电器触点动作输出开关信号。压力开关与水力警铃统称为水（压）力警报器，由灭火系统图 5-9 可见，当系统进行喷水灭火时，管网中水压下降到一定值时，安装在湿式报警阀的延迟器上部的压力开关动作，将水压转换成开关信号或电信号，实现对喷淋泵自动控制并同时产生喷水灭火的回馈信号。与此同时，装在延迟器后面的水力警铃发出火灾报警信号。图 5-12 及图 5-13 分别为压力开关及水力警铃结构示意图。

2. 系统控制

这里所指的系统控制，主要是指对系统中所设喷淋泵的启、停控制。平时无火灾时，管网压力水由高位水箱（系统图中未画出）提供，使管网内充满压力水。火灾时，由于着火现场温度急剧升高，使闭式喷头中玻璃球体内不同颜色的液体受热膨胀而导致玻璃球炸裂，

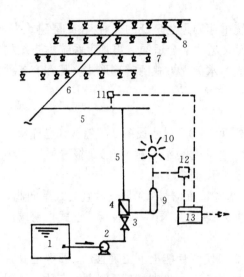

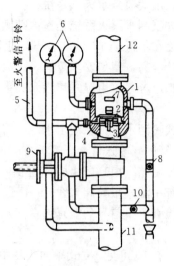

图 5-9　湿式喷洒水
灭火系统示意图

1—水池；2—喷淋泵；3—总控制
阀；4—湿式报警阀；5—配水干管；
6—配水管；7—配水支管；8—闭式
喷头；9—延迟器；10—水力警铃；
11—水流指示器；12—压力开关；
13—控制器

图 5-10　湿式报警阀
结构示意图

1—阀体外壳；2—立式单向阀；
3—单向阀片导杆；4—环形沟
槽；5—连接水力警铃的细水管；
6—压力表；7—挡板；8、10—
放水阀；9—总闸阀；11—总
干管；12—配水干管

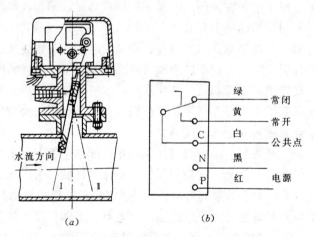

图 5-11　水流指示器结构（ZSJZ 型）

(a) 结构图；(b) 外部接线图

喷头打开，喷出压力水灭火。此时湿式报警阀自动打开，准备输送喷淋泵（消防水泵）的
消防供水。压力开关检测到降低了的水压，并将其水压信号送入湿式报警控制箱，启动喷
淋泵。当水压超过某一规定值时，停止喷淋泵。所以从喷淋泵控制过程看，它是一个闭环
控制过程，可由图 5-14 表示。

　　在喷淋泵闭环控制的过程中，压力开关起了决定性作用。如前所述，设置在系统中的
水流指示器虽然也能反映水流信号，但一般不宜用作起停消防水泵。工程中，水流指示器

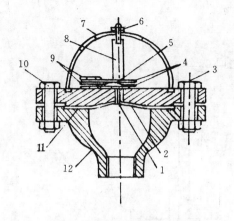

图 5-12　压力开关结构示意图

1—顶柱；2—膜片；3、6—毡垫；4—触点；
5—弹簧；7—玻璃罩；8—立柱；9—绝缘
垫板；10—上盖；11—螺钉；12—壳体

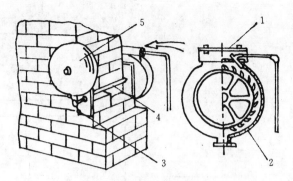

图 5-13　水力警铃结构示意图

1—喷水嘴；2—水轮机；3—击铃锤；
4—转轴；5—警铃

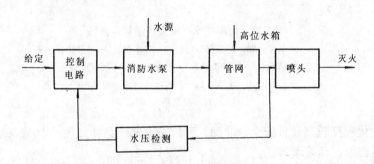

图 5-14　喷淋泵闭环控制示意图

有可能由于管路水流压力突变，或受水锤影响等而误发信号，也可能由于其选型不当，灵敏度不高、安装质量不好等而使其动作不可靠。因此消防水泵（喷淋泵）的起停应采用能准确反映管网水压变化的压力开关，让其直接作用于喷淋泵起停回路，而无需与火灾报警控制器作联动控制。尽管如此，在消防控制室内仍要设置喷淋泵的起停控制按钮。

系统中的水流指示器、压力开关将水流转换成火灾报警信号，控制报警控制柜（箱）发出声、光报警并显示灭火地址。

**四、雨淋喷水灭火系统**

该系统采用开式喷头，当雨淋阀动作后，开式喷头便自动喷水，大面积均匀灭火，效果十分显著。但这种系统对电气控制要求较高，不允许有误动作或不动作现象。此系统适用于需要大面积喷水灭火并需快速制止火灾蔓延的危险场所，如剧院舞台、大型演播厅等。

1. 系统构成

雨淋喷水灭火系统由高位水箱、喷洒水泵、供水设备、雨淋阀、管网、开式喷头及报警器、控制箱等组成，图 5-15 为该系统简单结构示意图。

由图 5-15 可见，在结构上该系统与湿式喷水灭火系统类似，只是该系统采用了雨淋阀而不是湿式报警阀。如前所述，在湿式喷水灭火系统中，湿式报警阀在喷头喷水后便自动打开，而雨淋阀则是由火灾探测器启动、打开，使喷淋泵向灭火管网供水。因此雨淋阀的

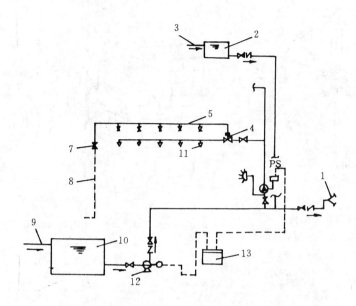

图 5-15  雨淋喷水灭火系统结构示意图

1—水泵接合器；2—高位水箱；3—进水管；4—雨淋阀；

5—传动管；6—闭式喷头；7—手动阀；8—排水管；9—

进水管；10—水池；11—开式喷头；12—雨淋泵；

13—控制箱

控制要求自动化程度较高，且安全、准确、可靠，雨淋阀结构如图 5-16 所示。常用雨淋阀有杠杆型、隔膜型、活塞型等。

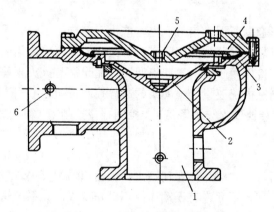

图 5-16  隔膜型雨淋阀

1—进口；2—阀瓣；3—隔膜；4—顶室；

5—顶室进口；6—出口

## 2. 系统控制

发生火灾时，被保护现场的火灾探测器动作，启动电磁阀（结构及动作原理可参阅其他有关书籍），从而打开雨淋阀，由高位水箱供水，经开式喷头喷水灭火。当供水管网水压不足，经压力开关检测并起动消防喷淋泵，补充消防用水，以保证管网水流的流量及压力。为充分保证灭火系统用水，通常在开通雨淋阀的同时，就应当尽快起动消防水泵。

雨淋喷水灭火系统中设置的火灾探测器，除能启动雨淋阀外，还能将火灾信号及时输送至报警控制柜（箱），发出声、光报警，并显示灭火地址。因此雨淋喷水灭火系统还能及早地实现火灾报警。灭火时，压力开关、水力警铃（系统中未画出）也能实现火灾报警。

### 五、预作用喷水灭火系统

该系统更多地采用了报警技术与自动控制技术，使其更加完善，更加安全可靠。尤其是系统中采用了一套火灾自动报警装置，即系统中使用感烟探测器，火灾报警更为及时。当发生火灾时，火灾自动报警系统首先报警，并通过外联触点打开排气阀，迅速排出管网内预先充好的压缩空气，使消防水进入管网。当火灾现场温度升高至闭式喷头动作温度时，喷头打开，系统开始喷水灭火。因此在系统喷水灭火之前的预作用，不但使系统有更及时的火灾报警，同时也克服了干式喷水灭火系统在喷头打开后，必须先放走管网内压缩空气才能喷水灭火而耽误的灭火时间，也避免了湿式喷水灭火系统存在消防水渗漏而污染室内装修的弊病。

1. 系统构成

预作用喷水灭火系统由火灾探测系统、闭式喷头、预作用阀及充以有压或无压气体的管道组成。喷头打开之前，管道内气体排出，并充以消防水，系统结构如图 5-17 所示。

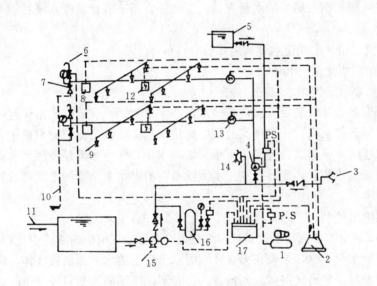

图 5-17　预作用喷水灭火系统结构示意图

1—空压机；2—报警器；3—水泵接合器；4—雨淋阀；
5—高位水箱；6—自动排气阀；7—末端试水装置；8—
感温探测器；9—闭式喷头；10—排水管；11—进水管；
12—感烟探测器；13—水流指示器；14—水力警铃；
15—消防泵；16—压力罐；17—控制箱

由图 5-17 可见，在结构上该系统与雨淋喷喷水系统类似，但增加了预作用装置及火灾报警系统。其余部分这里不再重述。

2. 工作原理

火灾初起时，感烟探测器 12 首先动作，并将火灾信号送至报警器 2，发出声光报警并显示灭火地址。同时通过电磁阀自动打开预作用阀（图中未画出），由自动排气阀 6 排出管网中的低压气体，消防水充以管网，使该系统此时成为雨淋喷水灭火系统。待火场温度继续升高，闭式喷头自动打开开始喷水灭火，并同时也送出火灾报警信号至报警器。喷水灭火过程中，水流指示器及水力警铃也同时产生火灾报警信号，一并送入报警器。

预作用喷水灭火系统集中了湿式与干式灭火系统优点，同时可做到及时报警，因此在现代建筑中得到越来越广泛的应用。

# 第四节　室内喷洒水灭火系统设计

根据《民用建筑电气设计规范》(JGJ/T16—92)中有关规定，自动喷洒水灭火系统设计应满足以下几个方面的要求：

## 一、给水系统

室内自动喷洒水灭火系统供水由高位水箱、恒压泵（喷淋泵）及气压水罐等实现。凡采用独立的临时高压供水的喷洒水灭火系统，应设置高位水箱。根据我国《高层民用建筑设计防火规范》中规定，火灾后10min内灭火系统用水应由高位水箱（或气压水罐）提供。为保证高位水箱（或气压水罐）贮水量充足，工程上常用下式计算贮水量：

$$V \geqslant Q \cdot t \tag{5-5}$$

式中　$V$——高位水箱（或气压水罐）贮水容积（m³）；

　　　$Q$——消防用水流量（dm³/s）；

　　　$t$——消防要求最短供水时间（s）。

当消防水源充足，能够满足灭火需要的水压及水量时，可在建筑物内设置喷淋泵或气压水罐，而不必设高位水箱。一类建筑的消防高位水箱不能满足建筑物内最不利点的喷洒水灭火设备的水压时，应考虑设置气压水罐来增加水压。气压水罐是喷洒水灭火系统中全自动式的局部增压供水装置，实际上气压水罐就是在喷淋水泵与管网之间增设的压力空气贮能罐。

## 二、喷淋泵电气控制

消防工程中，喷淋泵电气控制就是喷淋泵的起停控制。在前面的叙述中我们已经看到，当喷水灭火系统喷水灭火时，装设在灭火区域配水干管上的水流指示器动作，将水流转换成电信号送入报警器，发出火灾声、光报警。当管网水压下降到规定极限值时，装设在管网上的压力开关动作，将水压转换成电信号送入报警器，并起动喷淋泵。喷淋泵控制电路如图5-18所示。

实际上，为保证起动安全，灭火系统应采用两台喷淋泵，即一台工作，另一台备用（一主一备）。在图5-18中，无火灾时，自动空气开关1ZK、2ZK闭合，主令开关1K闭合，转换开关HK处于自动或手动位置上。电源指示灯UD亮，消防泵电机1#、2#不运行。

设转换开关HK在"1#自动，2#备用"位置，火灾时，系统喷水灭火，管网水压降低，压力开关动作，使继电器DZ得电，其常开触点闭合，时间继电器3SJ得电，经延时，其时间继电器的常开触点闭合，中间继电器ZJ得电，其常闭触点使3SJ失电，同时常开触点闭合自锁，使交流接触器1C得电，1#泵起动。其动作过程可表示如下：

A→RD→1K→ZJ→①→②→2C→1C→1RJ→N。

由于1C与2C互相联锁，所以1#泵工作，2#泵处于备用状态。若1#泵发生故障，1RJ动作，1C失电，时间继电器1SJ得电，经延时，其常开触点闭合，使交流接触器2C得电，2#泵起动。其动作过程可表示如下：

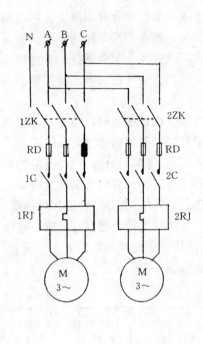

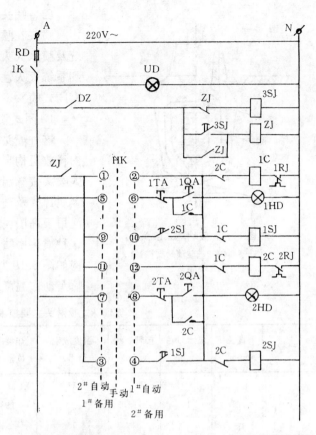

图 5-18 喷淋泵控制电路图

A→RD→1K→ZJ→③→④→1SJ→1C→2C→2RJ—N。

当 HK 处于手动状态时，同样可以完成喷淋泵的互投使用。

由上述可见，喷淋泵的控制实现了自动与手动相结合的方式，这一点在消防系统中是十分重要的。

室内喷洒水灭火系统中，对于一类高层建筑的喷淋泵应做到不间断供电，一般可采用两路独立电源或以两路独立母线构成的环形供电网。设置备用柴油发电机组或其它内燃机组也是十分必要的。对于一般高层建筑来说，喷淋泵可采用一路独立电源供电，但应与一般动力、照明等供电线路分开。

**三、消防控制室对喷洒水灭火系统应具有下列控制、监测功能：**

（1）控制灭火系统的起、停。

（2）监视喷淋泵电源供应和工作情况。

（3）监视灭火系统控制阀的工作状态。

（4）监测水池、水箱的水位。对于重力式水箱，在严寒地区宜采用水温探测器，当水温降低到 5℃ 以下时，应立即发出报警信号。

（5）监测干式喷洒水灭火系统的最高和最低气压。

（6）监测预作用喷洒水灭火系统的最低气压。

（7）监视报警阀和水流指示器的动作状态。

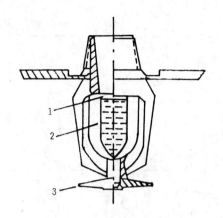

图 5-19 玻璃球式喷头
1—喷口；2—玻璃球支撑；
3—溅水盘

### 四、喷头选型与设置

喷头在喷洒水灭火系统中起探测火灾、启动系统及喷水灭火的作用，喷头选型与使用，直接关系到系统灭火性能及灭火效果。灭火系统中常用喷头有闭式喷头、开式喷头及特殊喷头等三种类型。

1. 闭式喷头

这种喷头在常温下喷口被密封，而在一定范围内释放机构自动脱开，被密封的喷口自动打开。闭式喷头按感温元件不同，通常可分为易熔元件式、双金属片式及玻璃球式等三种。其中玻璃球式喷头广泛用于高层民用建筑、宾馆、饭店、影剧院等场所。这种喷头由喷口、玻璃球支撑及溅水盘组成。其结构如图 5-19 所示。其主要技术参数如表 5-6 所示。喷头动作温度级别如表 5-7 所示。

玻璃球式喷淋头主要技术参数                                    表 5-6

| 型号 | 直径 (mm) | 通水口径 (mm) | 接管螺纹 (mm) | 温度级别 (℃) | 炸裂温度范围 | 玻璃球色标 | 最高环境温度 (℃) | 流量系数 $K$ （%） |
|---|---|---|---|---|---|---|---|---|
| ZST-15 系列 | 15 | 11 | ZG12.7 | 57<br>68<br>79<br>93 | +15% | 橙<br>红<br>黄<br>绿 | 27<br>38<br>49<br>63 | 80 |

玻璃球式喷淋头动作温度级别     表 5-7

| 动作温度（℃） | 安装环境最高允许温度（℃） | 颜色 |
|---|---|---|
| 57 | 38 | 橙 |
| 68 | 49 | 红 |
| 79 | 60 | 黄 |
| 93 | 74 | 绿 |
| 141 | 121 | 蓝 |
| 182 | 160 | 紫 |
| 227 | 204 | 黑 |
| 260 | 238 | 黑 |

另外，按安装形式和喷洒水特点，闭式喷头又可分为：

（1）直立型洒水喷头。这种喷头直立安装在供水支管上，水呈抛物体形喷出，其结构如图 5-20（a）所示。

（2）下垂型洒水喷头。这种喷头下垂安装在供水支管上，水呈抛物体形洒出，其结构如图 5-20（b）所示。

（3）普通型洒水喷头。这种喷头可直立安装，也可下垂安装，水呈球型洒出。

（4）边墙型洒水喷头。这种喷头靠墙安装，有水平型和直立型两种，水呈半抛物体形洒出，其结构如图 5-20（c）所示。

（5）吊顶型洒水喷头。这种喷头安装在隐蔽吊顶内的供水支管上，有平齐型、半隐蔽型及隐蔽型三种，水呈抛物体形洒出，其结构如图 5-20（d）所示。

2. 开式喷头

这种喷头无感温元件也无密封组件的敞口喷头，喷水动作由阀门控制。工程上常用开式喷头有开式、水幕式及喷雾式三种。

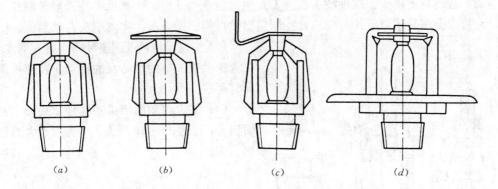

图 5-20 玻璃球喷头安装与洒水形式示意图
(a) 直立型；(b) 下垂型；(c) 边墙型；(d) 吊顶型；

(1)开式洒水喷头。这种喷头就是无释放机构的洒水喷头，与闭式喷头的区别就在于没有感温元件及密封组件。它常用于雨淋灭火系统。按安装形式可分为直立型与下垂型，按结构形式可分为单臂和双臂两种，如图 5-21 所示。

(2) 水幕喷头。这种喷头喷出的水呈均匀的水帘状，起阻火、隔火作用。水幕头有各种不同的结构形式和安装方法，图 5-22 是几种典型的水幕喷头结构示意图。

(3)喷雾喷头。这种喷头喷出水滴细小，其喷洒水的总面积比一般的洒水喷头大几倍，因吸热面积大、冷却作用强，同时由于水雾受热汽化形成的大量水蒸汽对火焰也有窒息作用。喷雾喷头主要用于水雾系统，其结构如图 5-23 所示。中速型多用于对设备整体冷却灭火，而高速型多用于带油设备的冷却灭火。

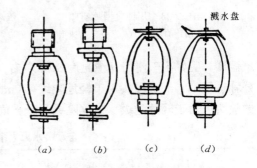

图 5-21 开式洒水喷头
(a) 双臂下垂型；(b) 单臂下垂型；
(c) 双臂直立型；(d) 双臂边墙型

3. 特殊用途喷头

这种形式喷头主要有大水滴喷头、自动启闭喷头、快速反应喷头及扩大覆盖面喷头等。

(1) 大水滴喷头。这种喷头喷出的水滴直径大，具有较强的灭火能力。

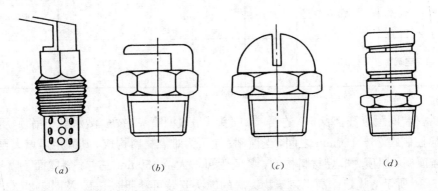

图 5-22 几种典型水幕喷头

（2）自动启闭喷头。这种喷头在火灾发生时能自动开启，而在火灾扑灭后又能自动关闭，利用双金属片感温元件的变形，控制启闭喷口阀的先导阀，实现喷头自动启闭。

（3）快速反应喷头。这种喷头具有洒水早，灭火速度快及节约消防水的特点，其应用前景非常可观。

（4）扩大覆盖面喷头。这种喷头喷水保护面积大，可达 31～36 平方米，适用于大面积扑灭火灾。

4. 喷头设置

喷头设置即喷头的选择与安装。根据《自动喷水灭火系统设计规范》（GBJ84—85）中规定，喷洒水灭火系统的基本设计数据，应根据建筑物的三种不同火灾危险等级，以喷水强度为基础。喷头类型选择可参照表 5-8 进行。喷头的公称动作温度要尽量接近预计的最高使用环境温度，最好高于使用环境温度 30℃左右。喷头的公称口径应与建筑物火灾等级相符，如公称口径 10mm 的喷头用于轻危险级，20mm 的喷头用于严重危险级，而公称直径为 15mm 的喷头可用于轻危险级、中危险级及严重危险级三种场合。

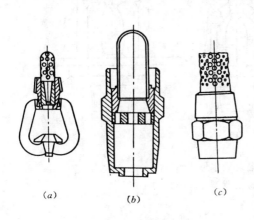

图 5-23　几种典型喷雾喷头
（a）中速型；（b）、（c）高速型

自动喷水灭火系统设计的基本数据　　　　　　表 5-8

| 建、构筑物的危险等级 | | 设计喷水强度 [L/(min·m²)] | 作用面积 (m²) | 每只喷头最大保护面积 (m²) | | 最不利点处工作压力（帕） |
|---|---|---|---|---|---|---|
| | | | | 边墙型喷头 | 其他类型的喷头 | |
| 轻危险级 | | 3.0 | 180 | 14.0 | 21.0 | ≤4.9×10⁴ |
| 中危险级 | | 6.0 | 200 | 8.0 | 12.5 | ≤4.9×10⁴ |
| 严重危险级 | 生产建筑物 | 10.0 | 300 | 未采用 | 8.0 | ≤4.9×10⁴ |
| | 储存建筑物 | 15.0 | 300 | 未采用 | 5.4 | ≤4.9×10⁴ |

喷头安装间距应符合表 5-9 的要求。喷头（吊顶型喷头除外）溅水盘与吊顶、屋顶之间的距离应控制在 75～150mm 之间，当顶棚、屋顶为难燃材料构成，其间距可增大至 300mm 左右，当顶棚、屋顶为非燃材料构成，其间距可增大至 450mm 左右。斜屋面下喷头安装可参照图 5-24 所示之规定。高于建筑物梁底的喷头安装可参照表 5-10 及图 5-25。

| 建筑物危险等级 | 标准喷头（口径 15mm） | | 边墙型喷头最大水平间距（m） |
|---|---|---|---|
| | 最大水平间距（m） | 与墙、柱最大间距（m） | |
| 轻危险级 | 4.6 | 2.3 | 4.6 |
| 中危险级 | 3.6 | 1.8 | 3.6 |
| 严重危险级 | 2.3～2.8 | 1.1～1.4 | — |

喷头安装间距　　表 5-9

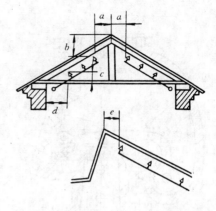

图 5-24　斜屋面下喷头安装示意图

高于梁底的喷头安装距离　　表 5-10

| L（mm） | H（mm） | | L（mm） | H（mm） | |
|---|---|---|---|---|---|
| | 喷头直立安装 | 喷头下垂安装 | | 喷头直立安装 | 喷头下垂安装 |
| 100 | — | 17 | 1000 | 90 | 415 |
| 200 | 17 | 40 | 1200 | 135 | 460 |
| 400 | 34 | 100 | 1400 | 200 | 460 |
| 600 | 51 | 200 | 1600 | 265 | 460 |
| 800 | 68 | 300 | 1800 | 340 | 460 |

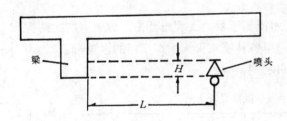

图 5-25　高于梁底的喷头安装示意图

在门、窗及洞口处安装喷头时，喷头距洞口上表面的距离不应大于 150mm，距墙面距离最好在 75～150mm 之间。

对于输送易燃或可燃物质的室内管道，喷头应沿管道全长安装，其间距在 3m 以下，而对于输送易燃物质且极易爆炸的管道，喷头应安装在管道外部上方。对于各类生产设备，喷头应安装在设备上方，根据具体情况，若设备较多，容易形成空隙部位，则应考虑在空隙部位增设喷头。

**五、报警阀的选择**

报警阀也称作报警控制阀，是喷洒水灭火系统中接通或中断水源并启动报警器的重要装置，不同类型的喷水灭火系统应配备相应的专用报警阀。工程中根据所设计的喷洒水灭火系统，一般报警阀可分为湿式报警阀、干式报警阀和雨淋阀。

1．湿式报警阀

这种报警阀用于湿式喷水灭火系统中，起着连续供水，启动水力报警器，防止水从系统中倒流作用。它是典型的水流控制阀，其结构可分为导阀型和隔板座圈型两种。具体结构及选用可参照图 5-10 及有关产品说明书。

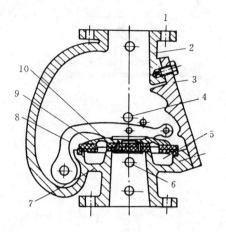

图 5-26 差动型干式
报警阀结构示意图
1—进气孔；2—阀体；3—阀盖；4—
水封限制孔；5—中室；6—警铃接口；
7—阀座；8—弯臂；9—阀瓣；10—
橡皮垫片

#### 2. 干式报警阀

这种报警阀用于干式喷水灭火系统中（系统构成及工作原理可参阅其它有关书籍），它的阀瓣将阀门分成出口侧与进口侧，进口侧与水源相接，出口侧与系统管网、喷头相接。其结构可分为差动型和封闭型两种。差动型结构如图 5-26 所示。差动型报警阀动作可靠、机械失灵甚少，但动作后复位较困难，使其应用受到一定限制。而封闭型报警阀的复位就比较容易，应用较多。

#### 3. 雨淋阀

雨淋阀主要用于雨淋喷水灭火系统、预作用喷水灭火系统、喷雾灭火系统及水幕系统中，阀门开启由各种火灾探测器控制。其结构主要有杠杆型、隔膜型、活塞型及感温型等。其中隔膜型雨淋阀结构已由图 5-16 表示。它由阀体、阀瓣及橡胶膜片等组成，阀内有进口、出口及顶室三个空腔，平时顶室和进口均有压力水，靠差压比（2∶1）使阀瓣处于关闭位置。发生火灾时，传动装置开启电磁泄压阀，使顶室的压力迅速下降。阀瓣开启，消防水从进口流向出口，并充满整个雨淋管网。由于该雨淋阀只有一个活动部件，因此动作灵敏迅速、自动复位、经久耐用，所以是一种较为理想的雨淋阀，工程上往往优先考虑采用。

杠杆型、隔膜型、活塞型及感温型等雨淋阀的性能及使用条件，可参阅其产品说明书。

### 六、水流指示器及压力开关选择

水流指示器是喷水灭火系统中十分重要的水流传感器。工程设计中，应根据产品结构性能和允许承受水力冲击的能力，选择合适的适用各种喷水灭火系统使用的水流指示器。表 5-11 列出部分国产水流指示器的性能参数，以供选择参考。

部分国产水流指示器性能参数表　　　　表 5-11

| 型号 | 结构特点 | 额定工作压力（Pa） | 最低动作流率 / 不动作流率（m³/s） | 延时时间（s） | 电源电压（V）/ 电源电流（mA） | 输出触点 | 生产厂家 |
|---|---|---|---|---|---|---|---|
| ZSJZ | 带电子延时装置 | $1.2 \times 10^6$ | $\dfrac{0.667 \times 10^{-3}}{0.250 \times 10^{-3}}$ | 0.4～60 | 24/<85 | 一对－24V 3A | 四川消防机械总厂 |
| ZSJZ | 带机械延时装置 | $1.2 \times 10^6$ | $0.917 \times 10^{-3}$ | 0.4～60 | — | 一对～220V 5A | 广州消防器材厂 |
| JSJZ | 无延时装置 | $1.2 \times 10^6$ | $\dfrac{0.750 \times 10^{-3}}{0.250 \times 10^{-3}}$ | — | — | 一对～220V 2A | 无锡报警设备厂 |

压力开关是喷水灭火系统中十分重要的水压传感式继电器，与水力警铃一起统称为水

（压）力警报器。根据灭火系统要求，并结合产品结构与性能，选择合适的压力开关，是实现及时报警及起停喷淋水泵的重要手段。表5-12列出部分国产压力开关的性能参数，以供选择参考。

部分国产压力开关性能参数表　　　　　表 5-12

| 型号 | 额定工作压力（Pa） | 压力可调范围（Pa） | 输 出 接 点 | | | | 生产厂家 |
|------|------|------|------|------|------|------|------|
| | | | 形　式 | ～380V | ～220V | −24V | |
| ZSJY-10 | $10^6$ | $10^5 \sim 10^6$ | 一对常开 | | 3A | 3A | 四川消防机械总厂 |
| ZSJY | $1.2 \times 10^6$ | $3.5 \times 10^3$ $\sim 1.2 \times 10^6$ | 常开、常闭各一对 | | 5A | 3A | 广州消防器材厂 |
| ZSJY | $1.2 \times 10^6$ | $50 \times 10^3$ $\sim 2 \times 10^5$ | 同　上 | 5A | | | 无锡报警设备厂 |

## 思 考 题 与 习 题

1. 试述水灭火系统特点及应用。

2. 简述室内消火栓灭火系统的灭火过程，并说明该系统中有哪些自动控制措施？

3. 通过对几种类型的喷洒水灭火系统的分析比较，说明它们的特点及应用场合？

4. 分析湿式报警阀、干式报警阀及雨淋阀工作原理，说明它们在喷水灭火系统中的应用。

5. 举例说明开式喷头与闭式喷头的结构及工作原理，并说明在设计喷洒水灭火系统时应如何选择喷头？

6. 根据《民用建筑电气设计规范》说明喷洒水灭火系统自动控制要点是什么？并简要说明在消防工程中如何实现这些要点？

7. 简述室内喷洒水灭火系统的灭火过程，并画出系统结构示意图。

# 第六章 二氧化碳灭火系统

气体自动灭火系统适用于不能采用水或泡沫灭火的场所。根据使用的不同气体灭火剂，固定式气体自动灭火系统可分为二氧化碳灭火系统、卤代烷灭火系统及氮气灭火系统等。

由于二氧化碳（$CO_2$）是一种常用的灭火剂，灭火性能良好，因此在消防工程中二氧化碳灭火系统的应用较为广泛。

本章针对固定式二氧化碳灭火系统的构成、自动控制原理及系统设计等内容作简要介绍。

## 第一节 概　　述

**一、二氧化碳（$CO_2$）气体灭火特性**

二氧化碳气体是人们早已熟悉的一种灭火剂，常温、常压下它是一种无色、无味、不导电的气体，不具腐蚀性。当温度下降到$-56.3℃$，压力为 0.52MPa 情况下（或温度为 $31℃$，压力为 7.37MPa），二氧化碳气体将变成液态。当温度降到$-56.3℃$以下及压力在 0.52MPa 以上时，二氧化碳将变成固体。而在常压下，当温度下降到$-78.5℃$以下时，二氧化碳将变成固体（俗称干冰）。在临界温度（$31.3℃$）以上时，无论其承受多大压力，二氧化碳始终是气体状态。

二氧化碳比空气重，密度比空气大，从容器放出的二氧化碳将沉积在地面。

二氧化碳对人体有危害，具有一定毒性，当空气中二氧化碳含量在 15% 以上时，会使人窒息死亡。

从以上分析可以看出，二氧化碳灭火原理主要是对可燃物质的燃烧窒息作用，并有少量的冷却降温。当二氧化碳释放到起火空间，由于起火空间中的含氧量降低，使燃烧区因缺氧而使火焰熄灭。

消防工程中，利用二氧化碳作为灭火剂，应当注意以下几个方面的问题：

二氧化碳作为灭火剂应保证纯度在 99.5% 以上，且不应有臭味。

二氧化碳的含水量按重量计不应大于 0.01%，以免使含水二氧化碳对容器及管道有腐蚀作用。

二氧化碳内的油脂含量，按重量计不应大于 10ppm。

二氧化碳的抑爆峰值，按体积计，不应大于 28.5%，合格的二氧化碳灭火剂是构成二氧化碳灭火系统的重要因素。

**二、二氧化碳灭火系统的特点及应用范围**

由于二氧化碳是一种良好的灭火剂，其灭火效果虽然稍差于卤代烷灭火剂，但其价格却是卤代烷灭火剂的几十分之一，再加上它不沾污物品，无水渍损失及不导电，因此利用二氧化碳灭火的固定式二氧化碳灭火系统一直被广泛应用于国内外消防工程中。

二氧化碳灭火剂对人体有一定的危害，所以固定式二氧化碳灭火系统应安装在无人场所或不经常有人活动的场所，特别注意要经常维护管理，防止二氧化碳的泄漏。

根据《高层民用建筑设计防火规范》规定，在下列场所应设置二氧化碳灭火系统：

高层建筑物内设置的可燃油油浸电力变压器室及装有可燃油的高压电容器室。

电信、广播建筑的重要设备机房，大中型电子计算机房，以及图书馆的珍藏库等。

医院、百货大楼、展览馆、财贸金融大厦、电信广播大厦、省级邮政大楼、高级宾馆、高级住宅、重要的办公楼、科研楼、图书馆、档案楼等的自备发电机房、以及其它贵重设备室、仓库等。

在我国随着卤代烷灭火剂（1211和1301）的开发与应用，人们也在逐渐重视对二氧化碳灭火剂的开发和应用。一个适合我国国情的同时又满足灭火要求的二氧化碳灭火系统的设计与安装规范正在形成，它的发展对消防事业必将起到重要的推进作用。

## 第二节　二氧化碳灭火系统的构成与分类

### 一、二氧化碳灭火系统分类

按系统应用场合，二氧化碳灭火系统通常可分为全充满二氧化碳灭火系统、局部二氧化碳灭火系统及移动式二氧化碳灭火系统。

所谓全充满系统也称全淹没系统，是由固定在某一特定地点的二氧化碳钢瓶、容器阀、管道、喷嘴、控制系统及辅助装置等组成。此系统在火灾发生后的规定时间内，使被保护封闭空间的二氧化碳浓度达到灭火浓度，并使其均匀充满整个被保护区的空间，将燃烧物体完全淹没在二氧化碳中。

全充满系统在设计、安装与使用上都比较成熟，因此是一种应用较为广泛的二氧化碳灭火系统。

局部二氧化碳灭火系统也是由设置固定的二氧化碳喷嘴、管路及固定的二氧化碳源组成，可直接、集中地向被保护对象或局部危险区域喷射二氧化碳灭火，其使用方式与手提式灭火器类似。

移动式二氧化碳灭火系统是由二氧化碳钢瓶、集合管、软管卷轴、软管以及喷筒等组成，系统构成如图6-1所示。

此系统的应用不多，因为只有在被保护场所对外界的开口部分为整个被保护区域面积的20%以上时，才考虑应用这种系统。

### 二、二氧化碳灭火系统构成

（一）全充满系统

管网式结构或称固定式结构是全充满二氧化碳灭火系统的主要结构形式。这种管网式灭火系统按其作用的不同，可分为单元独立型及组合分配型。

1. 单元独立型灭火系统

该系统是由一组二氧化碳钢瓶构成的二氧化碳源、管路及喷嘴（喷头）等组成，主要负责保护一个特定的区域，且二氧化碳贮存装置及管网都是固定的。系统构成如图6-2所示。

发生火灾时，火灾探测器将火灾信号送至控制盘6，控制盘驱动报警器4发出火灾声、

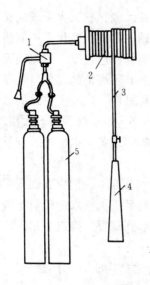

图 6-1　移动式二氧化碳灭火系统

1—手动阀；2—软管卷轴；3—软管；

4—喷筒；5—二氧化碳钢瓶

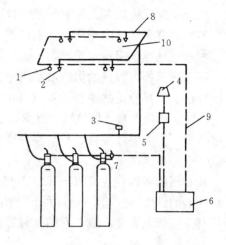

图 6-2　单元独立型灭火系统

1—火灾探测器；2—喷嘴；3—压力继电器；4—报警器；5—手动按钮起动装置；6—控制器；7—电动起动器；8—二氧化碳输气管道；9—控制电缆线；10—被保护区域

光报警，并同时驱动电动控制器 7，打开二氧化碳钢瓶，放出二氧化碳，并经喷嘴将二氧化碳喷向特定保护区域。系统中设置的手动按钮起动装置，供人工操作报警并启动二氧化碳钢瓶，实现灭火。压力继电器用以监视二氧化碳管网气体压力，起保护管网作用。

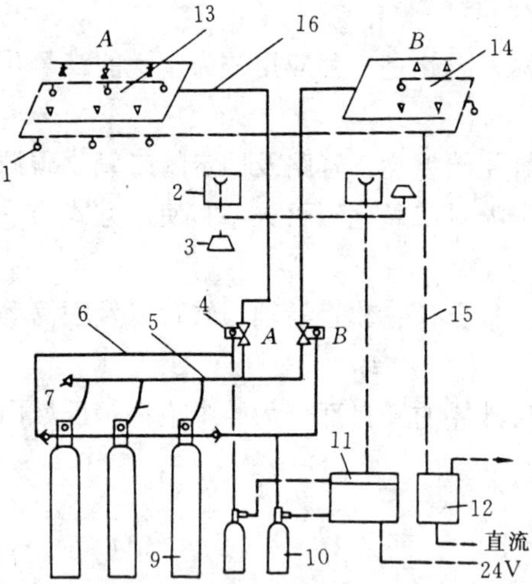

图 6-3　组合分配型二氧化碳灭火系统

1—火灾探测器；2—手动按钮起动装置；3—报警器；4—选择阀；5—总管；6—操作管；7—安全阀；8—连接管；9—贮存容器；10—起动用气体容器；11—报警控制装置；12—控制盘；13—被保护区 1；14—被保护区 2；15—控制电缆线；16—二氧化碳支管

## 2. 组合分配型灭火系统

该系统同样是由一组二氧化碳钢瓶构成的二氧化碳源、管路及喷头等构成，但其负责保护的区域不是一个，而是两个以上多区域。因此该系统在结构上与单元独立型有所不同，其主要特征是在二氧化碳供给总路干管上需分出若干路支管，再配以选择阀，完成各自被保护的封闭区域，系统结构如图 6-3 所示。

组合分配型二氧化碳灭火系统工作原理与单元独立型相同，火灾区域内由火灾探测器负责报警并启动二氧化碳钢瓶，喷出二氧化碳扑灭火灾。系统同样也配有手动操作方式。

对于全淹没系统，由于被保护区域是封闭型区域，所以在起火后，利用二氧化碳灭火必须将被保护区域的房门、窗以及排风道上设置的防火阀全部关闭，然后再迅速启动二氧化碳灭火系统，以避免二氧化碳灭火剂的流失。

在封闭的被保护区内充以二氧化碳灭火剂时，为确保灭火需要的二氧化碳浓度，还必须设置一定的保持时间，即为二氧化碳灭火提供足够的时间（通常认为最少 1h），切忌释放二氧化碳不久，便大开门窗通风换气，这样很可能会造成死灰复燃。

在被保护区内，为实现快速报警与操作，必须设置一定数量的火灾探测器及人工报警装置（手动按钮）及其相应的报警显示装置。二氧化碳钢瓶应根据被保护区域需要设置，且应将其设置在安全可靠的地方（如钢瓶间）。管道及多种控制阀门的安装也应满足《高层民用建筑设计消防规范》中的有关规定。

（二）局部二氧化碳灭火系统

局部灭火系统的构成与全淹没式灭火系统基本相同，只是灭火对象不同。局部灭火系统主要针对某一局部位置或某一具体设备、装置等。其喷嘴位置要根据不同设备来进行不同的排列，每种设备各自有不同的具体排列方式，无统一规定。原则上，应该使喷射方向与距离设置得当，以确保灭火的快速性。例如，当发生平面火灾时，二氧化碳喷头的设置应为平面式，而当发生立体火灾时，喷头应按立体方式排列设置，即灭火方式按喷头的不同设置可分平面式灭火和容积式灭火。

### 三、二氧化碳灭火系统的主要设备

1. 二氧化碳钢瓶（高压）

它是由无缝钢管制成的高压容器，其上装有容器阀。目前我国采用的二氧化碳钢瓶大都是工作压力为 15MPa（兆帕）、容量为 40L（升）、水试验压力为 22.5MPa 的设备。

使用钢瓶时，应使其固定牢固、确保系统施放二氧化碳时，钢瓶不会移动。要定期作水压测试，一般每隔 8～10 年测试一次，其永久膨胀率不得大于 10%，否则应视为作废而不能使用。容器的充装率（每升容积充装的二氧化碳公斤数）不能过大。对于工作压力为 15MPa、水压试验压力为 22.5MPa 的容器，其充装率不应大于 0.68kg/L，以保证在环境温度不超过 45℃时容量内压力不超过其工作压力。

2. 容器阀（瓶头阀）

容器阀尽管种类较多，但从结构上看，基本上由三部分构成，即充装阀部分（截止阀或止回阀）、释放阀部分（截止阀或闸刀阀）和安全膜片。下面就气动容器阀为例，说明容器阀在灭火系统中的作用：

气动容器阀的释放部分由先导阀、电磁阀及气动阀组成，先导阀与电磁阀装于起动用气瓶上，气动阀装于二氧化碳钢瓶上。平时无火灾时，电磁阀关闭气动气瓶中的高压气体，二氧化碳钢瓶被封住；但当火灾时，火灾探测器启动电磁阀，高压气体便先后开启先导阀和气动阀，使二氧化碳喷出灭火。电磁阀、先导阀及气动阀外形分别由图 6-4、6-5 及 6-6 表示。

3. 管路

管路是二氧化碳的运送路径，是连接钢瓶和喷头的通道。管路中的总管（多为无缝钢管）、连接管（挠性管）及操纵管（挠性管）等构成二氧化碳输送管网。总管集中了各连接管放出的二氧化碳灭火剂，向选择阀处输送。一般在管道的中间（或在端部）设有安全阀。操纵管输送由起动瓶放出的驱动气体，一般多为挠性管。连接管把从容器阀放出的灭火剂输送到总管，也多为挠性管。

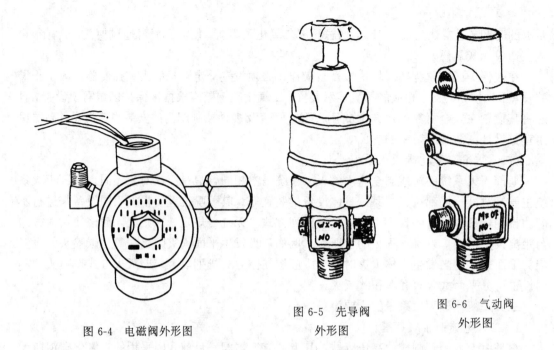

图 6-5　先导阀
外形图

图 6-6　气动阀
外形图

图 6-4　电磁阀外形图

管路中设置的止回阀，是当保护区有两个以上时，保护区域大小不同，释放的二氧化碳剂量也不同时，起合理组合分配各保护区所需二氧化碳灭火剂量的作用。

典型二氧化碳灭火系统管网结构如图 6-7 所示。

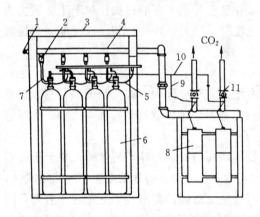

图 6-7　二氧化碳灭火系统管网结构示意图
1—安全阀；2—止回阀；3—支架；4—集合管；
5—容器阀；6—钢瓶；7—连接软管；8—起动
气瓶；9—止回阀；10—操作管；11—选择阀

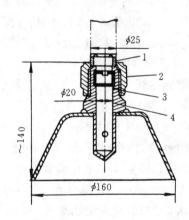

图 6-8　二氧化碳 B 型喷嘴
1—平肩接头；2—螺塞；3—膜片；
4—本体

4. 选择阀

选择阀主要用于一个二氧化碳源供给两个以上保护区域的装置上，其作用是选择释放二氧化碳方向，以实现选定方向的快速灭火。选择阀应在容器阀开启之前开启或与容器阀同时开启。其结构（按释放方式）可分为电动式和气动式两种、（按主阀活门）可分为提动式和球阀式两种。

5. 喷嘴

喷嘴的作用是使二氧化碳形成雾状，向火灾方向喷射。喷嘴形状各异，但就其基本构造而言，可分为平肩接头、螺塞、膜片及本体等。消防工程中常用的喷嘴（如二氧化碳B型），其结构如图6-8所示。

6. 气动起动器

气动起动器由起动容器、起动容器的容器阀及操纵管等组成，其作用是借助起动容器中的高压二氧化碳，开放灭火剂容器的容器阀。

## 第三节　二氧化碳灭火系统自动控制

### 一、自动控制内容

二氧化碳灭火系统的自动控制包括火灾报警显示、灭火介质的自动释放灭火以及切断被保护区的送、排风机，关闭门窗等的联动控制等。

火灾报警由安置在保护区域的火灾报警控制器实现。灭火介质的释放同样由火灾探测器控制电磁阀，实现灭火介质的自动释放。系统中设置两路火灾探测器（感烟、感温），由两路信号的"与"关系，再经大约30s的延时，自动释放灭火介质。联动控制关系到灭火效果及保护人身、财产安全的重要措施。

### 二、自动控制过程

以图6-9所示二氧化碳灭火系统为例，说明灭火系统中的自动控制过程。

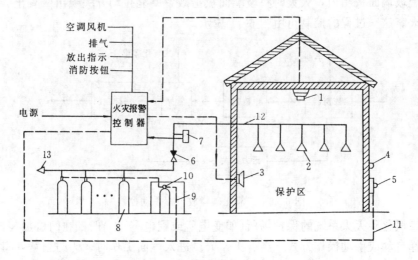

图 6-9　二氧化碳灭火系统例图

1—火灾探测器；2—喷头；3—警报器；4—放气指示灯；
5—手动起动按钮；6—选择阀；7—压力开关；8—二氧化
碳钢瓶；9—起动气瓶；10—电磁阀；11—控制电缆；
12—二氧化碳管线；13—安全阀

由图6-9可以看出，当发生火灾时，被保护区域的火灾探测器探测到火灾信号后（或由消防按钮发出火灾信号），驱动火灾报警控制器，一方面发出火灾声、光报警，同时又发出主令控制信号，启动二氧化碳钢瓶起动容器上的电磁阀，开启二氧化碳钢瓶，灭火介质自动释放，并快速灭火。与此同时，火灾报警控制器还发出联动控制信号，停止空调风机、关闭防火门等，并延时一定时间，待人员撤离后，再发送信号关闭房间，还应发出火灾声响报警，待二氧化碳喷出后，报警控制器发出指令，使置于门框上方的放气指示灯点亮。火灾扑灭后，报警控制器发出排气指示，说明灭火过程结束。

二氧化碳管网上的压力由压力开关（传感器）监测，一旦压力不足或过大，报警控制器将发出指令开大或关小钢瓶阀门，加大或减小管网中的二氧化碳压力。二氧化碳灭火介质的释放过程可由图 6-10 表示。

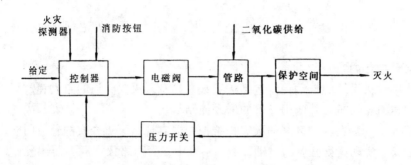

图 6-10　二氧化碳释放过程自动控制

二氧化碳灭火系统的手动控制也是十分必要的。当发生火灾时，用手直接开启二氧化碳容器阀，或将放气开关拉动，即可喷出二氧化碳灭火。这个开关一般装在房间门口附近墙上的一个玻璃面板箱内，火灾时将玻璃面板击破，就能拉动开关喷出二氧化碳气体，实现快速灭火。这一过程的控制可由图 6-11 表示。

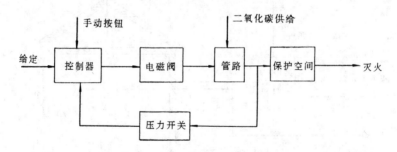

图 6-11　二氧化碳释放过程手动控制

装有二氧化碳灭火系统的保护场所（如变电所或配电室），一般都在门口加装选择开关，可就地选择自动或手动操作方式。当有工作人员进入里面工作时，为防止意外事故，即避免有人在里面工作时喷出二氧化碳影响健康，必须在入室之前把开关转到手动位置，离开时关门之后复归自动位置。同时也为避免无关人员乱动选择开关，宜用钥匙型转换开关。

## 第四节　二氧化碳灭火系统设计

根据《民用建筑电气设计规范》（JGJ/T16—92）中规定，对二氧化碳灭火系统的电气控制设计应满足以下几个方面的要求：

（1）设有二氧化碳灭火系统的场所，应设置感烟、定温探测器，形成两个独立火灾信号。并形成"与"关系，从而确认火灾的发生。这样可提高灭火系统灭火的准确性、可靠性，以避免不必要的灭火介质的浪费。火灾探测器的数量及布置应按有关规定执行。

（2）对于固定式二氧化碳灭火系统，应同时设有自动控制、手动控制及机械应急控制等多种控制方式。

所谓自动控制就是如上所指的用两路火灾探测器信号，形成确认的火灾信号，并经适当延时启动二氧化碳释放装置。手动控制主要用于紧急情况或自动控制出现故障时。在消防控制室及每个防护区的主要出入口门外都应设置手动控制装置（按钮），以分别实现远距离控制和现场就地控制。手动装置的安装应注意防止误操作的保护并应有明显标志，通常按钮采用暗装方式，安装高度须距地 1.2～1.5m。机械应急操作控制直接动作于瓶头阀和分配阀，主要用于紧急情况或电气控制失灵，机械应急操纵装置通常设置在贮瓶间。

由于二氧化碳灭火系统在灭火过程中要喷出大量的二氧化碳。如系统产生误动作，则误喷的后果是造成经济损失，更有甚者可能造成人体伤害。为此，在系统控制方面，自动控制与手动控制应视具体情况决定。就自动与手动控制而言，在有人值班的场合，应以手动控制为主；就现场和远程控制而言，应以现场控制为主。

（3）在被保护对象的主要出入口外门框上应设置放气指示灯，并要有明显标志。

（4）在被保护区内应设声响报警，以便在释放二氧化碳气体前 30s 内确保人员安全疏散。

（5）对于灭火系统控制室应具有控制、显示等功能。

二氧化碳灭火系统，由于其本身具有一定毒性，况且被保护对象都十分重要，因此对系统的控制与管理就显得十分重要。系统是否需要设置控制室，要根据系统规模和功能要求而定，同时也要考虑工程实际情况等因素。对于无管网灭火系统，控制室的设置不作具体要求，而对有管网系统，尤其是组合分配型管网系统，应设置消防控制室，控制室应具有下列控制、显示功能：

1）控制系统的紧急起动和切断；

2）由火灾探测器联动的控制设备，应有 30s 可调的延时功能；

3）显示系统的手动、自动状态；

4）在报警与喷射各阶段，控制室应有相应的声、光报警信号，并能手动切除声响信号；

5）在延时阶段，应能自动关闭现场的门窗、停止通风空气调节系统。

另外，在设有消防控制室的灭火系统中，可采取现场分散控制（横向控制）方式，但应将各保护区的报警信号与释放气体信号送至消防控制室集中显示。对于现场经常无人值班的场所，应考虑在消防控制室装设手动紧急起动按钮，以便在确认火灾后远程起动灭火系统。

（6）系统应设置必要的安全保护。二氧化碳灭火系统的电气设计，应具有如下保证人员安全的措施：

1）在每个防护区应设置声报警器。声报警器应在报警控制器接到火灾确认信号后立即鸣响，以便使人员快速撤离现场。声报警器的安装一般为 1.8～2.0m 的距地高度，且宜暗装。

2）在每个防护区的每个出入口门外的门框上，应设置光报警器（放气灯箱），灯箱正面玻璃板上应标注"放气灯"字样。

3）在消防控制室内及每个防护区的门外，应设置紧急停止（止喷）按钮，它的动作可以中断系统的灭火程序，切断释放喷射指令。

4）防火区内常开的门、窗宜采用电动控制，以便接收联动信号在喷气前自动关闭。

二氧化碳灭火系统的设计中，容器及设备的选择与布置应满足下述要求：

（1）盛有二氧化碳灭火介质的容器及其附属设备应设在被保护区之外，但应尽量靠近被保护区的容器站内，容器站平时应关闭，严禁无关人员出入。容器站内应有足够的照明，容器站周围严禁堆放易燃易爆物品。容器数量、规格的选择应根据被保护区实际灭火需要及钢瓶性能，实际使用时，应在满足灭火需要的前提下，确保钢瓶内压力不超过允许值。

（2）二氧化碳灭火系统中，喷嘴的选择与使用关系到灭火剂在规定的喷射压力下（不低于 1.4MPa）雾化是否良好。常用喷嘴结构有二氧化碳 A 型、B 型、C 型及 PZ-1，PZ-2 型等。对于全淹没系统，喷嘴的安装位置应能保证让二氧化碳气体均匀洒向被保护空间。当房间高度较高，例如超过 5m 时，除在顶棚安装喷嘴外，还应在大约 2m 处设置附加喷嘴，以确保喷洒均匀。对于局部应用系统，应使喷嘴的布置，无论在喷射方向还是在距离上都应满足被保护对象的要求，即喷嘴数量及位置的布置应能保证被保护对象的所有表面均在喷嘴喷射范围之内。

使用喷嘴时，为防止喷嘴堵塞，在喷嘴外应设有防尘罩。

（3）探测器布置，应参阅第三章有关内容。

（4）报警器布置距离应在保护区域内或距保护对象不大于 25m 处，当需要监控的地点较多，就应该设置区域报警与总报警联合布置方式。

（5）起动、操纵装置布置应首先考虑安全要求，起动容器应安装在二氧化碳钢瓶附近，而报警接收显示盘及控制盘均应设在值班室内，且安装高度一般在距地 1～1.5m 处。

（6）消防工程中，二氧化碳灭火系统的容器组、阀门、管路及喷嘴等各种典型设备，安装使用前必须经过认真仔细检查、试验，无误后方可进入安装现场。管路在安装之前应进行内部清理，保证二氧化碳灭火剂畅通无阻，同时还应考虑由于环境温度变化而引起的管路长度变化。在二氧化碳钢瓶到喷嘴之间设有选择阀或截止阀的管道，应在容器阀和选择阀之间安装安全阀。各种灭火管路应有醒目标志，各种电气接线点应连接牢固、可靠。

## 思 考 题 与 习 题

1. 简述二氧化碳 $CO_2$ 灭火系统的特点及应用场合。

2. 画图说明二氧化碳灭火系统构成及灭火原理。

'3. 根据《民用建筑电气设计规范》，说明二氧化碳灭火系统自动控制包括哪些内容。

4. 二氧化碳灭火系统的设计、安装应注意哪些问题？

5. 简述二氧化碳灭火系统的灭火过程。

# 第七章　卤代烷灭火系统

本章以 1211 灭火系统为对象，介绍 1211 的物化特性和灭火效能；并通过组合分配系统，重点介绍管网式灭火系统的组成及工作方式。对影响全淹没系统设计的几个重要参数及设计要求作了定性介绍，对影响灭火剂用量的因素及设计用量分别作了定性和定量讨论。

## 第一节　系　统　类　型

### 一、系统特点及分类

（一）系统特点及应用范围

1. 系统特点

卤代烷 1301 和 1211 灭火系统具有一些显著的特点。这些特点主要是由卤代烷灭火剂本身的物理和化学性能造成的。就灭火剂本身而言，它具有灭火效率高、灭火速度快、灭火后不留痕迹（水渍）、电绝缘性好、腐蚀性极小、便于贮存且久贮不变质等优点，是一种性能十分优良的灭火剂，成为目前对一些特定的重要场所进行保护的首选灭火剂之一。但卤代烷灭火剂也有显著的缺点，主要有两点：一是有毒性，在使用中要引起足够重视，要按符合系统的安全要求设计；二是灭火剂本身价格高，使其应用受到限制。

卤代烷灭火剂的临界压力较小（1211 为 $4.18 \times 10^5 Pa$，1301 为 $40 \times 10^5 Pa$），在系统中可以用贮存容器作液相贮存，使用方便；沸点低（1211 为 $-4℃$，1301 为 $-5.7℃$）。常温下，只要灭火剂被释放出来，就会成为气体状态，属于气体灭火方式；饱和蒸汽压低，不能快速地从系统中释放出来，需要增加气体加压工作。既可以作全淹没方式灭火，扑灭保护区内任意部位的火灾，也可以针对某一具体部位作局部应用方式灭火，既可以用管网形式作远距离灭火，也可以将装置以悬挂方式就地灭火。还可以对面积不等的多个保护区用一套装置同时保护选择灭火。

2. 应用范围

卤代烷灭火剂对有些物质和场所的灭火效果是十分理想的，而对有些物质和场所又不能使用。

（1）卤代烷 1211、1301 灭火系统可用于扑救下列火灾：

1）可燃气体火灾，如煤气、甲烷、乙烯等的火灾；

2）液体火灾，如甲醇、乙醇、丙酮、苯、煤油、汽油、柴油等的火灾；

3）固体的表面火灾，如木材、纸张等的表面火灾。对固体深位火灾具有一定控火能力；

4）电气火灾，如电子设备、变配电设备、发电机组、电缆等带电设备及电气线路的火灾；

5）热塑性塑料火灾。

（2）卤代烷 1211、1301 灭火系统不得用于扑救含有下列物质的火灾：

1）无空气仍能迅速氧化的化学物质，如硝酸纤维、火药等；

2）活泼金属，如钾、钠、镁、钛、锆、铀、钚等；

3）金属的氢化物，如氢化钾、氢化钠等；

4）能自行分解的化学物质，如某些过氧化物等；

5）易自燃的物质，如磷等；

6）强氧化剂，如氧化氮、氟等；

7）易燃、可燃固体物质的阴燃火灾。

3．系统的设置

根据《建筑设计防火规范》（GBJ16—87）规定，下列部位应设置卤代烷灭火设备：

（1）省级或超过 100 万人口城市电视发射塔微波室；

（2）超过 50 万人口城市通讯机房；

（3）大中型电子计算机房或贵重设备室；

（4）省级或藏书量超过 100 万册的图书馆，以及中央、省、市级的文物资料的珍藏室；

（5）中央和省、市级的档案库的重要部位。

根据《人民防空工程设计防火规范》（GBJ98—87）规定，下列部位应设置卤代烷灭火装备：油浸变压器室、电子计算机房、通讯机房、图书、资料、档案库、柴油发电机室。

根据《高层民用建筑设计防火规范》（GB50045—95）规定，高层建筑的下列房间，应设置卤代烷灭火装置：

（1）大、中型计算机房；

（2）珍藏室；

（3）自备发电机房；

（4）贵重设备室。

除此外，金库、软件室、精密仪器室、印刷机、空调机、浸渍油坛、喷涂设备、冷冻装置、中小型油库、化工油漆仓库、车库、船仓和隧道等场所都可用卤代烷灭火装置进行有效的灭火。

（二）系统分类

卤代烷可以根据其灭火方式、系统结构、加压方式及所使用的灭火剂种类进行分类，供不同的场所选用。

1．按灭火方式分类

（1）全淹没系统  又叫全充满系统，是一种用固定喷嘴，通过一套贮存装置，在规定的时间内向保护区喷射一定浓度的灭火剂，并使其均匀地充满整个保护区的空间，让燃烧物淹没在灭火剂中进行灭火。全淹没是卤代烷灭火的主要方式，是讨论的主要对象。1211和 1301 全淹没系统的研究、设计、生产和工程应用都较成熟，目前的设计、安装和验收规范都是对全淹没系统而言的。

（2）局部应用系统  是用固定的喷嘴或移动的喷枪，采用直接、集中地向被保护对象或局部危险区域喷射灭火剂的方式进行灭火的系统。这种灭火方式和用一个手提式灭火器灭火的方式类似。我国对卤代烷局部应用系统尚未开展全面研究、试验和工程设计，国外也还没有取得实用性的研究成果。

2．按结构形式分类

卤代烷灭火系统按其结构形式可以分为管网式灭火系统和无管网灭火装置两种。

(1) 管网式灭火系统　它又称为固定式灭火系统。这是一种由固定的灭火剂贮存装置，通过与其相连的固定管道（网）和喷嘴，向指定的对象释放卤代烷灭火剂进行灭火的系统。它是全淹没系统的主要结构形式。这种管网式的灭火系统按其作用又可分为两种，即单元独立型和组合分配型。只能保护一个保护区的称单元独立型；能同时保护多个保护区的称组合分配型，是管网式的主要形式。固定式灭火系统的主要特征是系统的贮存装置和管网是固定的。系统安装好后就不能移动。

(2) 无管网灭火装置　是一种将灭火剂贮存装置、阀门和喷嘴组合在一起的灭火装置。使用时，根据保护对象和灭火方式，可以不用管道，也可以用一根很短的管子接上喷嘴使用。目前工程中，无管网灭火装置有两种结构形式：一种是立式，又称柜式或单体式，柜内设贮瓶及容器阀，有的柜内还设置自动报警控制盘，当柜子放在防护区外时，喷嘴可以通过一根短管引到保护区内使用；另一种是悬挂式，贮存容器外型为环形或椭圆形，并置于保护区内，可以悬挂在顶棚下，也可以安装在墙上（壁挂式），也可以落地安装（坐地式）。无管网灭火装置的结构轻便、安装方便、移动灵活，特别是悬挂式灭火装置在工程中使用很广泛。无管网灭火装置由于移动方便，故又称迁移式系统；由于它要固定在一个位置上使用，也称为半固定式系统。

3. 按加压方式分类

卤代烷灭火剂在常温下的饱和蒸汽压较低，且随温度下降而急剧下降，如1211灭火剂，其饱和蒸汽压在20℃时为 $2.7\times10^5$Pa，0℃时为 $1.2\times10^5$Pa。系统不能用这样的压力来工作，需要加压使用。目前国内外的卤代烷灭火系统（装置）的加压设计都采用气体形式加压，就是将贮存容器内的灭火剂用气体增压到远远超过灭火剂的饱和蒸汽压之上，这样就可以保证灭火剂在很短时间内（不超过10s）从贮存容器排出，经管道、喷嘴快速排出，迅速灭火；也可以保护系统在各个环境温度下都有相对稳定的驱动压力；也能满足喷嘴所需的最低设计工作压力（绝对压力）$3.1\times10^5$Pa。

系统按加压方式又分为临时加压和预先加压二种系统：

(1) 临时加压系统，又称为分设贮罐系统或高压气体贮罐启动系统。这种系统具有独立的增压动力气体贮罐，动力气体和灭火剂是分开贮存的。系统工作时，高压气体贮罐内的动力气体经操作气路进入卤代烷贮存容器。这种系统的优点是：在整个喷射时间内，喷射压力保持恒定；灭火剂的充装比可达90%，在经济上较有利；对增压气体的限制较少，但系统的结构较复杂。常用于大型灭火系统。

(2) 预先加压系统　又称合用贮罐贮压系统，简称贮压系统。这种系统是在卤代烷灭火剂贮存容器中，预先加入一定容积和压力的增压气体，即增压动力气体与灭火剂同在一个贮存容器内。这种系统具有结构简单、充装比较小，不太经济，对增压气体要求高、喷射过程中压力不恒定等特点。常用中小型灭火系统。

贮压系统由于增压气体与灭火剂同在一个贮存容器内，所以要求增压气体化学性能稳定、不易溶于卤代烷灭火剂、易干燥、价廉。氮气是一种惰性气体，容易干燥，在卤代烷内溶解度很低；二氧化碳在卤代烷中溶解度较高；空气不易干燥。因此，贮压系统的增压气体规定用氮气，而不能用空气或二氧化碳。临时加压系统只有在系统动作时，增压气体才与卤代烷短时接触，允许用二氧化碳作增压气体。

4. 按灭火剂种类分类

工程中使用的卤代烷灭火剂在我国只有 1211 和 1301 两种。1211 和 1301 这两种灭火系统的应用范围、工作原理、系统组成及要求等都相同，甚至在设备方面几乎可以通用。只是由于灭火剂性能的差异，使两种系统在某些计算方法和应用场所的首选上有所区别。

**二、全淹没灭火系统**

由于卤代烷灭火剂从喷嘴释放出来后呈气态，因此可以对保护区采用全淹没方式灭火。全淹没灭火要求灭火剂与空气均匀混合，充满（淹没）整个保护区的空间，这个混合气体不但要求达到规定的灭火浓度，还要让这个灭火浓度维持一段时间，以这种方式去扑灭保护区内任意部位发生的火灾。要实现这种方式灭火，对保护区很重要的一点是要求它是封闭的，对于不可避免出现的开口，也要采用开口流失补偿方法达到全淹没的要求。

全淹没是卤代烷灭火系统最主要和应用最成功的形式，系统的组成灵活，适用范围很广。它可以由管网式灭火系统或无管网灭火装置实现，对大小房间都应用。特别是对保护区内事先无法预料火灾的具体部位、具体设备时，则必须用全淹没方式灭火。

（一）单元独立型灭火系统

单元独立系统的主要特点是，一套灭火剂贮存装置和管网保护一个保护区。图 7-1 是单元独立系统构成示意图。系统的贮存容器由四个贮瓶组成，采用预先加压方式，其中一个是主瓶（先异瓶），另外三个是与主瓶配用的辅瓶（从动瓶），其区别在主瓶与辅瓶的容器阀不同。整个系统保护一个保护区。当保护区起火时，火灾探测器向控制器发出火警信号，控制器输出信号首先将主瓶容器阀上的电爆管引爆，启动主瓶，然后每个瓶内的压力气体从左向右很快地依次打开三个辅瓶，四个贮瓶的灭火剂在增压气体作用下，通过软管进入集流管，再通过管道和喷嘴将灭火剂喷射到保护区内，以全淹没方式灭火。

单元独立型的一套贮存装置和管网只能对一个保护区进行灭火，若要作全淹没灭火的保护区较多，每个保护区各用一套系统就显得非常不经济，这时应采用组合分配型系统。

（二）组合分配型灭火系统

图 7-2 是一个临时加压的组合分配型全淹没系统，用一套贮存装置对二个保护区进行全淹没方式灭火。每个保护区对应一个管网，一个选择阀，一个启动气瓶，一个主瓶及若干辅瓶（未画出），贮瓶通过软管与集流管相连。当计算机房起火时，该房火灾探测器向控制器发出火警信号，报警器输出对应的控制信号，电动打开左边的启动气瓶，由启动气瓶中的压力气体将左边选择阀打开，然后打开左边的主瓶及所需的辅瓶，使卤代烷灭火剂通过集流管，由打开的选择阀和对应的管网从喷嘴喷出，以全淹没方式将该室火灾扑灭。可以认为，单元独立型是组合分配型中一个特殊（最简单）的情况，但它又不是单元独立型的简单组合。组合分配型主要有以下特点：

（1）灭火剂贮存系统和管网是固定的。

（2）选择阀以前的为各保护区共用，选择阀以后到不同的保护区是各自的独立管网。

（3）可以同时保护多个保护区。出于经济上的考虑，系统灭火剂总量是按保护区中所需灭火剂用量最大的那个保护区来计算的，而不是按各个保护区所需灭火剂总量累加考虑。较小的保护区只用灭火剂总量中的一部分。

（4）系统工作时是按事先设计好的控制关系，按不同保护区所需灭火剂用量，启动不同数量的贮瓶，再通过相对应的选择阀，将灭火剂施放到有火灾的保护区。

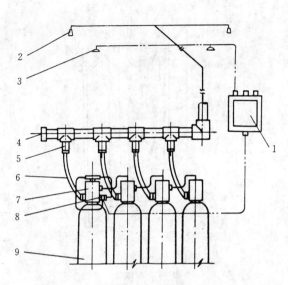

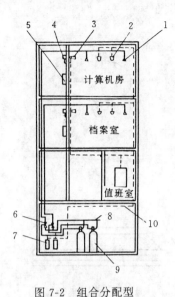

图 7-1　单元独立型系统构成图

1—控制盘；2—喷头；3—探测器；4—安全阀；
5—单向阀；6—软管；7—瓶头阀；8—电磁阀；
9—灭火剂瓶

图 7-2　组合分配型
全淹没系统示意图

1—喷头；2—探测器；3—声报
警器；4—放气指示灯；5—手动
操作盘；6—分配阀；7—启动气
瓶；8—集流管；9—灭火剂贮瓶；
10—导线

组合分配型灭火系统具有同时保护，选择灭火的功能。组合贮存，分配应用是组合分配型这一名称来源，也是系统的最大特点。对于保护区较多，面积较大，各保护区相距不是太远的工程中，都应首先考虑组合分配系统。

### 三、局部应用灭火系统

局部应用系统是由灭火装置直接、集中地向燃烧着的可燃物体喷射灭火剂的系统。图7-3是用一个无管网悬挂式灭火装置实施局部保护方式的示意图。局部应用系统对灭火装置喷射的灭火剂要求能直接穿透火焰，在到达燃烧物体的表面时，要达到一定的灭火强度（即每平米燃烧面积，在单位时间内，需要供给的灭火剂量），并且还要将灭火强度维持一定时间，才能有效的将火扑灭。如果供给强度不足，即使延长喷射时间，灭火效果也差，甚至不能灭火。选择适当的灭火强度，不但灭火效果好，还可以缩短喷射时间，节省灭火剂用量。

采用局部方式灭火必须事先明确被保护对象的具体位置、范围、性质和周围环境条件等，才能设计出合理的灭火系统。局部应用系统由于失去了全淹没的灭火条件，因此它对保护区没有封闭条件要求，适用于大空间（封闭或不封闭）的局部、个别设备、物品或火灾危险场所，如充油变压器、印刷机、淬火槽、浮顶油罐的环形坛、实验室、易燃或可燃液体容器和可燃气体设备的敞口部位等。但不宜于保护可能发生深位火灾的场合。另外，就灭火效果而言，采用局部方式灭火时，用 1211 比 1301 好。1211 的挥发性比 1301 小，故射程较远，射流更集中和清晰，比 1301 更容易对准和覆盖被保护物。安装时应将被保护对象置于喷嘴所能覆盖的范围。

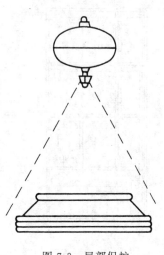

图 7-3 局部保护

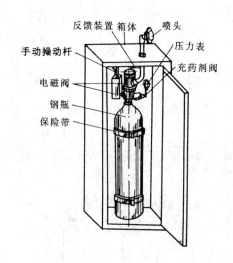

图 7-4 无管网柜式灭火
装置示意图

### 四、无管网灭火装置

无管网灭火装置是一种将灭火剂贮存容器、控制和释放部件组合在一起的灭火装置。图7-4和图7-5分别是立（柜）式和壁挂式的无管网灭火装置。立式有临时加压和预先加压方式的，悬挂式均为预先加压方式。它们可以作全淹没或局部应用方式灭火，其装置仍要固

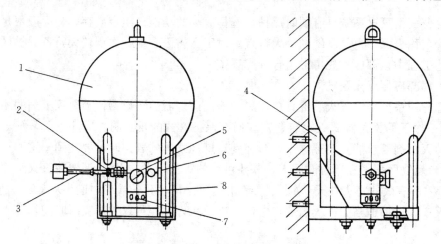

图 7-5 无管网壁挂式灭火装置示意图

1—灭火剂贮存器；2—电爆器；3—控制电源电缆组件；

4—托架；5—压力表；6—充装旋塞；7—喷嘴；8—膜片

定后才能使用。立式可以放在保护区内，也可以放在保护区外使用，悬挂式通常是放在保护区内使用。需要时（如作局部应用），可将喷嘴接在一根短管上使用或对准灭火对象，使用很灵活。特别对于已建好的建筑物或房间改为它用，在不影响房间使用的情况下，选用无管网灭火装置就很适合。当要作全淹没方式灭火而保护区域较大时，可以选用不同规格产品或将几个悬挂式并联（联合）使用。无管网灭火装置的控制，除了常用的电动、气动

132

和手动方式外，还有用定温方式控制（悬挂式用），其动作原理与自动喷淋系统中喷头动作类似，用一个感温敏感的部件封住喷嘴，只要房间温度达到预定值，便会自动喷射灭火剂。

# 第二节 1211 灭火系统

卤代烷 1211 即指三氟一氯一溴甲烷 $CF_3ClBr$。1211 和 1301 在性能和使用上各有千秋，相比之下，虽然 1211 的毒性比 1301 大，但开发较早，技术应用成熟，生产厂家多，喷射更集中且距离更远，价格低。因此，在局部应用和无人场所，应优先选用 1211。

## 一、1211 物化特性

（一）主要物理性质

（1）1211 在灭火系统中以液相贮存，这有利于使用，但从喷嘴喷出后会成气态，属于气体灭火，容易实现全淹没方式灭火。1211 在液化后成无色透明，气化后略带芳香味。

（2）1211 在灭火装置或灭火系统中，仅靠自身的蒸汽压力作喷射动力是不足以保证系统快速进行喷射，而且其蒸汽压力随温度的下降而急剧下降。因此，在实际使用中需要用其它的加压气体（动力气体）对 1211 作增压输出。目前工程中有临时加压和预先加压二种加压方式，预先加压方式要用氮气。

（3）1211 绝缘性能好，一般情况下，绝缘电阻约 $2500k\Omega$，气体击穿电压 $15.3\sim36.6kV/cm$，具备扑灭电器火灾的优良性能。

（二）主要化学性质

1. 化学稳定性

高纯度的 1211 有很好的化学稳定性，但在一定条件下，其化学稳定性会受到破坏，这主要表现在它对金属材料的腐蚀性和对非金属材料的溶胀作用。

1211 的腐蚀性取决于本身的化学成分和含水率，具有腐蚀作用的是 1211 中的酸性物和卤离子与水作用生成的氢卤酸 HX，1211 的含水量越大，产生的氢卤酸越多，腐蚀作用越大。

和其它液体有机化合物一样，1211 对某些非金属材料也具有溶胀作用。灭火器或灭火设备中的连接件（如软管）、密封件（如弹性垫圈）等，由于长期与 1211 直接接触，若采用溶胀作用较大的材料制成，会使这些零部件改变性能或变形，从而影响灭火装置的性能。实验表明，1211 对丁腈橡胶、丁钠橡胶、天然橡胶、聚苯乙烯、聚氯乙烯及耐纶等聚合物或塑料材料的溶胀作用都很小，这些材料都可以在 1211 灭火设备中使用。

2. 毒性

工程应用中，灭火剂的毒性是人们最关心的问题之一。1211 由于可用于有人工作的场所，它的毒性就更为人们关心。

指出 1211 的毒性只是要引起人们对它的足够重视，但实际上也没有必要把它对人体的影响估计过高，只要按照规范设计，严格安全措施，1211 对人体的危害是完全可以避免的。因此，1211 的毒性并不妨碍它的实际使用价值。有关问题在本章后面及第九章中还要作相应介绍。

## 二、灭火效能

1211 与大多数其它灭火剂不同，它不是依赖所谓的物理性冷却、稀释或覆盖隔离作用灭火。1211 的标准设计浓度为 5%，它的气化热还不到水的 1/10，因此在灭火中的冷却和稀释作用非常小，也不足以在可燃物表面形成一个稳定的 1211 蒸气覆盖隔离层。1211 灭火的物理性能方面作用极小。但它对 A 类、B 类和 C 类物质火灾，却有异常的优良灭火功能，其灭火效能比传统的二氧化碳高出近 6 倍。国外对卤代烷灭火剂的灭火机理作了大量而广泛的研究，一致认为，卤代烷灭火剂的灭火是一种化学性灭火。卤代烷的灭火机理在理论上尚未完全统一，目前有二种见解：一种是化学中断理论；另一种是离子隔离理论。

化学中断理论认为，燃烧是物质激烈的氧化过程，在这过程中产生中间体，构成燃烧链，才使得这一过程进行得异常迅速。1211 的灭火作用，就在于它在高温时热分解后产生另一种中间体去中断（断裂）原来的燃烧链而抑制燃烧。1211 在火焰高温中分解出游离基 Cl、Br 等参加物质燃烧反应过程，消除了燃烧过程中维持燃烧的活泼自由基（H、OH），生成稳定的分子（如生成 $H_2O$、$CO_2$ 和活泼性较低的游离基 R 等），而使燃烧过程中的化学链锁反应中断而扑灭火灾。

离子隔离理论认为，燃烧反应过程是以燃烧时氧离子的活化作用为依据的。在燃烧时，氧俘获来自碳氢化合物的分子的电离作用生成的离子，形成氧离子、氢离子参与燃烧的连锁反应。当把 1211 释放到燃烧区，1211 的溴原子捕捉电子的能力比氧原子强，除去了氧的活化所需的电子而中断了燃烧的连锁反应，从而将火迅速扑灭。

1211 灭火效能是通过实验方法测定的。实验方法较多，但归纳起来有两种类型：一种是近似于实际情况的模拟灭火试验法；另一种是抑爆峰值测定法。

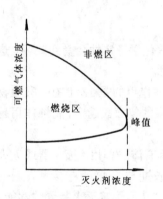

图 7-6 卤代烷 1211 抑爆峰值示意图

所谓抑爆峰值是指在可燃气体混合物中，加入 1211 灭火剂，当 1211 浓度增加到一定值时，爆炸上限和下限将重合成一个极限值，此时 1211 的浓度称为爆炸极限峰值，又称为抑爆峰值（抑爆浓度），如图 7-6 所示。抑爆峰值是使某一可燃气体（可燃液体的蒸气）与空气混合物在任何比例下都不能燃烧的灭火剂最低浓度，故又称惰化浓度，这是系统设计中的一个极重要的参数。从图 7-6 可见，随 1211 的浓度增加，可燃气体混合物的燃爆范围减小；当 1211 的浓度达到抑爆峰值时，燃爆范围消失，既使遇明火，也无燃爆现象发生。

由于 1211 是一种化学性灭火，因此它的灭火效率高，灭火迅速，其灭火能力比二氧化碳高 5～6 倍，对可燃气体火灾，甲、乙、丙类液体火灾，可燃固定的表面火灾，电气火灾，只要达到设计浓度，只需几秒钟就可以灭火。同时，它还具有对环境和设备不会造成污染的特点，使 1211 成为一种灭火性能十分优良，应用广泛的灭火剂。

### 三、1211 灭火系统构成

（一）管网式灭火系统

图 7-7 是一种典型的组合分配管网式 1211 灭火系统构成原理图。这种系统只要改变贮瓶的个数及单向阀的连接关系、设置相应数量的选择阀及管网，就可用于不同数量及体积大小不同的保护区；改变瓶头阀及喷嘴型号就可用于其它灭火剂（如卤代烷 1301、$CO_2$ 等）的固定灭火装置，从而提高了系统的通用性及经济性。

1. 系统组成

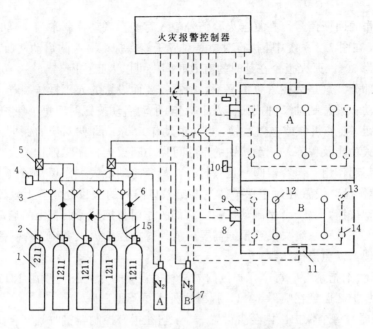

图 7-7　1211 组合分配型灭火系统构成图

1—贮存容器；2—容器阀；3—液体单向阀；4—安全阀；5—选择阀；
6—气体单向阀；7—启动气瓶；8—施放灭火剂显示灯；9—手动操作
盘；10—压力讯号器；11—声报警器；12—喷嘴；13—感温探测器；
14—感烟探测器；15—高压软管

管网式 1211 灭火系统由监控系统、灭火剂贮存和释放装置、管道及喷嘴三部分组成。

（1）监控装置　主要由火灾探测器、报警控制器、手动操作盘、施放灭火剂显示灯、声光警报器等组成。

1）火灾探测器　在 1211 及 1301 自动灭火系统中，要配置火灾自动报警控制装置，每个保护区内要设置火灾探测器。建筑工程中，常用感烟和感温两种不同类型的火灾探测器对保护区作火灾自动监控。二种不同类型的火灾探测器作为二个独立的火灾信号与系统的灭火动作成逻辑与关系。每个保护区内探测器的种类选择、数量及布置按规定确定。

2）报警控制器　它是系统的控制中心，通常由报警显示、联动控制灭火、手动操作等几部组成。根据选用的设备类型不同，有的是全部功能由一个报警控制器完成；也有的由火灾自动报警器和灭火控制盘（柜）共同完成。

报警显示部分　主要有接收探测器的信号、各种运行状态的声、光显示、时钟显示、机检及故障检测等功能。从运行状态看，有三种情况：

监视状态　有相应的光显示，时钟正常走时显示；

单一火警状态　报警控制器接收的一个独立信号（单一信号，如感烟探测器动作）时，处于预警状态，不执行灭火程序，有相应的声、光信号，时钟正常走时显示；

复合火警状态　报警控制器接收到二个独立信号（复合火警信号，如感烟和感温探测器都动作）时，处于火警状态，确认火灾发生，自动执行灭火程序，时钟显示停在复合火警信号输入时刻，记录火灾发生时间。

灭火及联动部分　报警控制器接收到复合火警信号或手动启动信号后，按预先设定的灭火程序工作，由控制部分或联动控制盘发出一系列的联动控制信号及释放 1211 灭火指令，并接收动作的回馈信号。在复合火警信号输入时刻，联动控制常为非延时执行；灭火指令延时执行，在图7-7系统中，执行对象是对应于该保护区对应的启动气瓶，延时时间可以调节，一般为30s。灭火指令在延时的有效时间内可以人工中断。

　　**手动操动部分**　这是为在紧急情况下，根据需要而设置的人工操作装置，由设置在面板上的手动启动和紧急制动二种按钮作人工操作。手动启动按钮对应每个保护区设置一个，只要按下此按钮（要作机械或电气联锁，以防误动作），系统即向对应的保护区执行与自动方式相同的灭火功能及程序。制动按钮的动作可以中断灭火程序，停止灭火功能，它对手动及自动控制都起作用。但容器阀一旦被打开，紧急制动就失去作用，1211仍被释放。

　　3）手动操作盘　设置在每个保护区主要出入口门外的醒目处，盘上设置二个应急按钮，一个是启动按钮，另一个是制动按钮，它们的作用与控制器面板上的启动按钮和制动按钮相同，以便在自动系统失灵或根据需要，就地直接控制灭火系统工作。手动操作盘应作妥善防护处理，以免误操作。

　　4）释放灭火剂指示灯　每个保护区门外醒目的设置一个，它与喷洒1211的动作同步显示，表示该保护区已经在喷射1211，提醒室外人员不得进入。

　　5）声报警器　每个保护区内至少设置一个，它在报警控制器接收到复合火警信号时鸣响，以提醒该区内人员在喷射1211以前撤离防护区，以免1211对人体造成危害。

　　（2）灭火剂贮存及释放装置　主要由1211贮存容器、启动气瓶、瓶头阀、单向阀、分配阀、压力信号发送器及安全阀等组成。

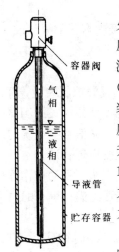

图7-8　钢瓶构造示意图

　　1）贮存容器　简称贮瓶，是盛装1211灭火剂的容器。由于1211灭火系统（装置）采用增压输送的方法，因此，不论是临时加压或预先加压系统都要求贮瓶能承受相当的压力，不允许有灭火剂和增压气体的泄漏。目前国内外卤代烷灭火装置采用1.05MPa，2.5MPa和4.2MPa（20℃）三种增压系统，1211灭火装置通常采用前两种压力，1301灭火装置常用后两种压力。卤代烷灭火系统的贮瓶应按照使用中最高允许温度时的最高工作压力条件设计和制造。考虑到温度升高会使贮瓶内压力升高、不同充装比的影响、减少制造规格和提高设备的通用性等因素，1211和1301贮瓶都应以在最高允许温度为55℃，系统最大标准充装压力为4.2MPa时，承受6.5MPa工作压力考虑，并应符合《钢制焊接压力容器技术条件》（JB741—80）的有关要求。

　　图7-8是钢瓶的结构示意图。球形容器常用于无管迁移式灭火系统。贮存容器主要由容器阀、容器和虹吸管组成。

　　2）容器阀　安装在贮瓶瓶口上，故又称瓶头阀，贮存容器通过它与管网系统相连，是灭火剂及增压气体进、出贮存容器的可控通道。容器阀平时封住瓶口，不让灭火剂及增压气体泄漏；火灾时便迅速开启，顺利的排放灭火剂。具有封存、释放、加注（充装）超压排放等功能，是系统的重要部件之一。

　　容器阀种类较多，它的选择由系统的工作特点及控制方式决定。以容器阀开启的方式而言，有电动（电磁）、气动、电爆及机械（手动）等四种基本类型。图7-9是一种用金属膜片密封，手动—气动开启方式的容器阀。平时，贮瓶内的1211被金属膜片密封而不能外泄。火灾时，由于启动气瓶被先开启，高压氮气由管道经容器阀的进气嘴进入阀体，将活塞下压的同时带动切刀,刺破膜片,1211 在高压氮气作用下从放气嘴排出,进入集流管。也可用人力操作手柄(下压),由手动轴压下活塞和切刀、刺破膜片释放 1211。电爆型容器阀是在阀体上设置电爆管,电爆管在系统安装完成后才放入阀体,电爆管的引爆电源(DC24V)取自报警控制器或灭火控制盘。当复合火警信号发出,控制器(盘)送出引爆电压加在电爆管上,利用电爆管被引爆后产生的高压气体,推动活塞和切刀下移刺破膜片。通常在一个阀体内同时设置两只电爆管,同时被引爆,以增加启动容器阀的可靠性,其中任意一只电爆管被引爆后,都能启动容器阀。

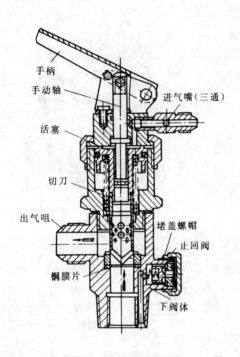

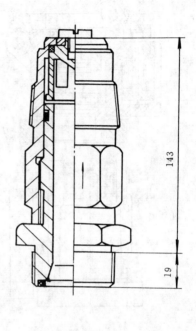

图 7-9  手动—气动膜片式容器阀          图 7-10  轴向调节式单向阀

对容器阀的基本要求是:密封性好、动作可靠、灵敏、迅速、耐压、耐腐蚀、耐冲击等。

3)单向阀  单向阀是一种只允许管路中的 1211 灭火剂(液态)和动力气体向一个方向流动的阀门,用它来控制管路中液流或气流的方向,保证系统的使用功能。单向阀是靠作用于它的液体或气体压力而动作(开启)的,当压力消失后,单向阀又自行关闭。根据单向阀在管路中的安装部位,可分为液体单向阀和气体单向阀两种。

图 7-10 是一种液体轴向调节式单向阀。它可以根据钢瓶高度尺寸进行轴向调节,调节量约为 19mm。这种补偿式结构对钢瓶现场安装带来很大方便。图 7-11 是一种气体单向阀结构示意图。

单向阀通常由铜合金材料制成。要求密封可靠、耐用。单向阀与集流管或容器阀之间应采用耐压软管连

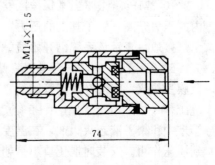

图 7-11  气体单向阀

137

接，以便于安装和更换瓶头阀，软连接还可以减缓阀开启时对管网的冲击力。单向阀应定期维护检查阀芯的灵活性与阀的密封性。

4）分配阀 又称选择阀或释放阀，在组合分配系统中才需设置，每个保护区要对应设置一个，是每个保护区管路中的释放阀门，实现分路选择。安装在集流管上。根据系统组成和控制方式，分配阀的开启可以气动、电动（电磁）、电爆及手动操作等方式。图 7-12 是气动式分配阀结构示意图。

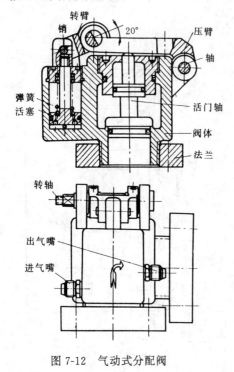

图 7-12　气动式分配阀

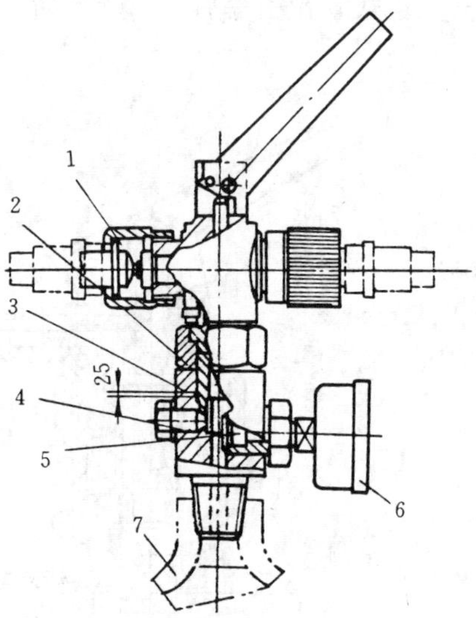

图 7-13　电爆管启动式闸刀阀
1—电爆启动头；2—密封膜片；3—阀体；
4—出口塞；5—单向阀；6—压力表；
7—钢瓶

分配阀通常都配有手动操作，以作应急使用。分配阀用铜合金或不锈钢材料制成，要求结构简单、动作可靠。使用中应在每个阀上设置标有对应保护区的耐久性固定标牌。

5）压力讯号发生器 灭火系统的专用元件，可将管道内的压力转换成电信号，实际上是一种压力开关。用铜合金材料制作，主要由阀体、活塞、微动开关等组成。视产品及控制要求不同，可安装在集流管上，作为灭火剂在流动时间内向控制中心作信号反馈用；也可安装在分配阀以后的泄放主管道上，作为控制释放灭火剂指示灯用。最小动作压力常在 $0.2\sim0.3$MPa 范围。当某保护区发生火灾，1211 灭火剂的释放会使集流管或该区泄放管道内的压力升高，装于其上的压力发生器动作，向控制中心回馈信号或将该区释放灭火剂指示灯接通，表示该系统已开始喷射 1211。

6）安全阀 一种安全泄压装置。由铜合金等材料制成，主要由泄压膜片座、压紧螺块及膜片构成，安装在集流管或其它由于安装阀门后所形成的封闭管段上。其爆破压力比系统工作（贮存）压力高出 $1\sim2$ 倍。在系统正常释放灭火剂时不起作用。若因泄漏等原因使管道中积聚了液态灭火剂，在温度升高而使压力突然升高，达到爆破压力，膜片破裂，起到泄压作用。安装时泄压口不得朝向有人员可能接近的方向。

7）启动气瓶 在灭火剂贮存容器使用气动式瓶头阀和分配阀的系统中，要用启动气瓶

（气启动器）来提供开启瓶头阀和选择阀的启动气源。启动气瓶由容器、高压氮气、瓶头阀（通常配置压力表）组成。图 7-13 是一种由电爆管开启瓶头阀的结构示意图。启动气瓶通常用 1～4L 的二氧化碳钢瓶作容器，容器内贮存高压（通常最大工作压力 8MPa）氮气。火灾时，由报警控制器或灭火控制盘送出的直流电压引爆电爆管，利用电爆管产生的高压气体推动阀体的闸刀（或闸针），刺破金属密封膜片，释放瓶内的氮气，通过操作气路打开气动分配阀和灭火剂贮瓶的气动瓶头阀。电爆管启动的瓶头阀结构简单、可靠性较高，但控制引爆电流大。瓶头阀的开启也可以用电磁阀工作的瓶头阀，靠电磁力推动闸刀扎破密封膜片释放启动气体，它只需用几百毫安小电流就可以开启瓶头阀。阀体上的压力表用来监视瓶内氮气压力。要求安装牢固，应能承受手动应急启动操作的冲击力。瓶头阀上的手柄作为当电爆或电磁阀失效或紧急情况时手动操作用。

（3）管道及喷嘴

1）管道　1211 灭火系统的管道及连接件应能承受最高环境温度下的工作压力。管道的材质应根据系统的工作压力和环境条件来选择，并应符合国家标准规定的钢管或铜管。

目前我国有公称直径 DN25、DN32、DN40、DN50、DN65、DN80 及 DN100mm 共 8 个规格管道供选择使用。

1211 灭火系统所用的管道连接件，如弯头连接件、三通连接件、变径连接件及直通连接件等，材质通常为 25 号、30 号钢，内外镀锌，并需进行 $60 \times 10^5$Pa 的水压强度试验。

2）喷嘴　装于灭火系统管网末端，灭火剂最后通过它按设计要求喷射到被保护的空间，是系统中主要部件之一。它的工作直接影响到系统灭火的应用效果，应根据不同的系统合理、正确的选用和布置喷嘴。1211 从喷嘴喷出后大部分是液态，然后气化。选用不同类型的喷嘴，可以控制 1211 离开喷嘴从液态变成气态的时间，从而用于不同的场合。

1211 灭火系统的喷嘴为开式，喷嘴的类型通常以喷射性能来分类，工程中用的常有三种类型。

液流型：是一种由喷口直接形成射流的喷嘴。喷口结构一般有管嘴型和孔口型。液流型喷嘴的喷射特点主要是：所产生的射流中心部位为液柱流，围绕液柱的表面浮腾着厚厚的一层微小液珠，离喷口越远液珠层越厚，而中心液柱却逐渐消失。液柱流喷嘴能使灭火剂在离开喷嘴后具有一段距离的液相流，使喷射较集中，射程较远（可达 5～6m），具有一定的覆盖面，常用于局部灭火系统。

雾化型：其喷射主要特点是射流呈微小液珠或汽雾，使灭火剂喷出后迅速气（雾）化。常采用离心式或涡流结构型式实现喷射性能。雾化型喷嘴的雾化性能好，有利于加快灭火剂在保护空间分布浓度的均化速度，常为 1211 全淹没灭火系统采用。1301 灭火系统因灭火剂本身挥发温度较低，即使在全淹没系统中，一般也不采用这种喷嘴。

开花型：其喷射性能介于液流型和雾化型之间，是一种复合式的喷射。灭火剂成射流喷出，但射流间相互撞击形成液滴，多用于 1301 全淹没灭火系统。

目前我国尚无喷嘴的标准，各生产厂家都有自己的喷嘴形式，设计时，可按生产厂家提供的资料进行选用。图 7-14 是工程中所用其中三种喷嘴结构示意图。图 7-15 为图 7-14 射流型喷嘴在贮存容器压力为 4.2MPa 时的流量曲线。

喷嘴的主要技术指标有喷嘴计算面积（$mm^2$）、当量标准、应用高度（m）、最大保护面积（$m^2$）或保护半径（m）及喷射方式等。设计时应根据生产厂家提供的数据选用和布置喷

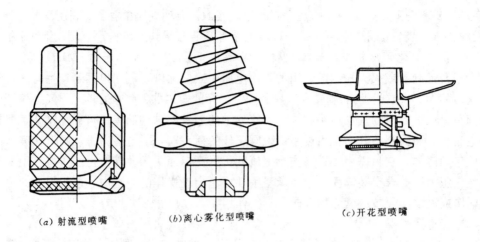

(a) 射流型喷嘴　　　(b) 离心雾化型喷嘴　　　(c) 开花型喷嘴

图 7-14　喷嘴结构示意图

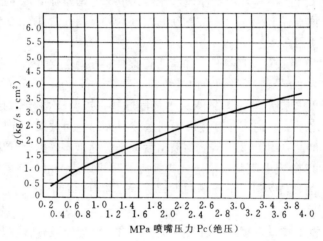

图 7-15　喷嘴流量曲线

嘴。

对喷嘴的性能要求主要有：喷嘴应能承受一定的压力，当按规定的方法试验时，不得有变形、裂纹或其它损坏，喷嘴的试验压力大约为贮存压力的 2 倍。喷嘴应能在承受喷射灭火剂的冷击和受火源的高温作用后，不得有变形、裂纹及破裂；喷嘴应有一定强度，不因安装过程中的操作或安装后因异物碰撞而变形或破裂；喷嘴应能防腐蚀。通常喷嘴用铜合金、铝合金或不锈钢材料制造。

2. 灭火程序

在图 7-7 中，当 A 区发生火灾，A 区的任一个（或几个）感烟和感温探测器均动作，报警控制器接收到这二个独立火灾信号后，处于复合火警状态，在报警控制器上有对应 A 区火警状态的光显示，并伴有火警声信号，时钟显示停止并记录下复合火警信号输入时间。报警控制器（或通过灭火控制盘）在接到复合火警信号时刻进入灭火程序：首先非延时启动相关部位的联动设备，有关联动控制的对象及要求将在第九章作专门介绍；经过延时，报警控制器或联动控制盘向启动气瓶 A 发出灭火指令，用 24V 直流电压将其瓶头阀中的电爆管引爆。从启动气瓶 A 释放出的高压氮气通过操作气路先将左边的分配阀开启，然后由左边的气体单向阀引导，将全部（5 个）贮瓶上的气动瓶头阀打开，释放 1211 灭火剂。液态的 1211 在高压氮气作用下，由高压软管和液体单向阀引导，进入集流管，通过已打开的分配阀 A，流向 A 区的管网，以一定的压力由喷嘴向 A 区喷射 1211 灭火剂扑灭 A 区火灾。A 区的释放灭火剂指示灯由 A 区管路上的压力讯号发生器触点动作而接通。10～20min 后，打开通风系统经过换气后，人员方可进入 A 区。图 7-16 为 1211 组合分配式灭火系统构成与程序方框图。

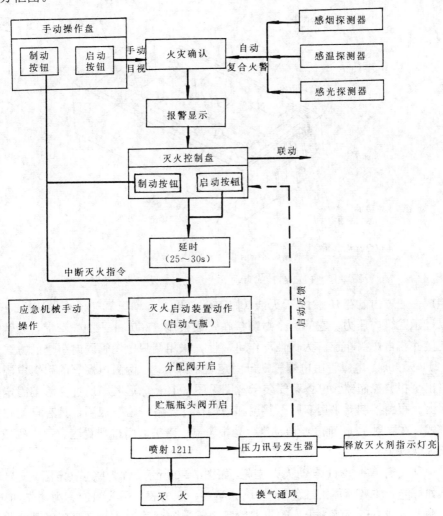

图 7-16　组合分配式灭火系统构成与程序框图

（二）无管网灭火装置

工程中，无管网 1211 灭火装置主要有立式和悬挂式两种，这两种形式的系统组成和工作方式基本相同。主要区别有两点：一是灭火装置的外形和安装方式不同；二是立式通常设置手动机械应急操作方式，而悬挂式则没有。从国内外使用情况看，立式都不如悬挂式普遍，原因主要是灭火装置的使用比立式优越：悬挂式安装方便、灵活，不像立式需要占用建筑使用面积，这往往成为选用形式的主要原因；悬挂式灭火装置部分，通常安装在墙壁或屋顶下，不易受到人为的影响，而且这种居高临下的喷射角度，无论对淹没或局部应用都比立式优越；悬挂式造价比立式要低些。

图 7-17 是悬挂式 1211 自动灭火系统构成及安装示意图，由监控装置和灭火装置两部分组成。悬挂式的灭火容器外形是球形或椭圆形、只有预先加压方式、常置于被保护区内。图 7-18 是该系统无管网灭火装置结构示意图，由贮罐、支承架、电爆头、喷管、喷嘴和压

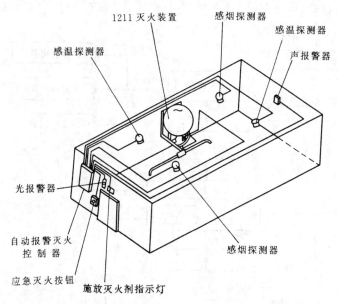

图 7-17　1211 悬挂式自动灭火系统构成及安装示意图

力表等组成。贮罐内贮存有 1211 灭火剂（如 40：60kg）和增压氮气（如 1MP、20℃）。压力表用以显示贮罐内压力。它的两个喷嘴接在一根很短（800mm）的喷管上，喷管通过一个三通连接件与电爆头相连。为保证动作可靠性，采用两只电爆管同时引爆的方式开启贮罐释放 1211 灭火剂。电爆管由电爆管螺母固定在绝缘套内，两只电爆管的引爆电源线通过接线盒引出至报警控制器。电爆管安装示意图见图 7-19。球形贮罐通过支承架固定在防护区内的墙上。报警控制器采用双路（感温和感烟探测器各一路）探测，具有自动和手动两种灭火方式，在喷射 1211 前 30s 启动声、光报警器，防护区门口配置应急灭火按钮，可就地启动灭火装置。

还有一种最简单的 1211 自动灭火装置，如图 7-20 所示，称为感温（定温）式自动灭火器。形状如灯笼，主要筒体（红色）、玻璃球喷头、压力表及吊头组成。为预先加压方式。悬挂在顶棚下方或置于顶棚之上。灭火器喷嘴由感温玻璃球封顶，只要环境温度达到玻璃球喷头的动作温度，感温玻璃泡自行破碎，便会自动喷射 1211，达到扑灭火的作用。这种灭火器具有不需管路、线路、结构简单、安装使用及再充装药剂方便，价廉、不占面积、美观大方等优点。但它的控制方式简单、也无预报警及中断释放灭火剂的手控装置，因此，它的动作可靠性和安全性差，限制了它的使用范围，工程中要慎用。

悬挂式灭火装置通常按充装灭火剂的重量分为不同规格，有 4kg、6kg、8kg、10kg、16kg、30kg、40kg 及 90kg 等多种规格供选用。感温式灭火器通常不超过 10kg（包括 10）。充装压力（20℃），一般 1211 用 1MPa 或 1.6MPa；1301 用 2.5MPa；感温式多用 0.8MPa。

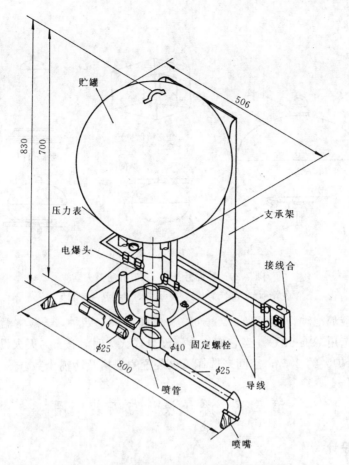

图 7-18 一种悬挂式自动灭火装置结构示意图

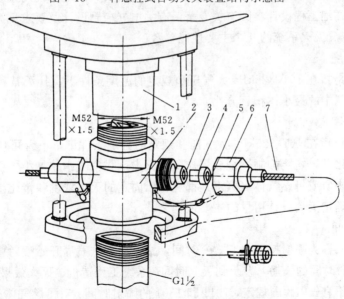

图 7-19 电爆管安装示意图

1—贮罐；2—电爆头；3—绝缘套；4—电爆管；

5—铅封；6—电爆管螺母；7—导线及接插件

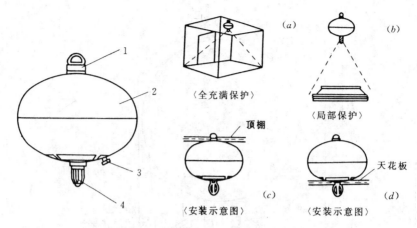

图 7-20　感温悬挂式 1211 自动灭火器

1—吊头；2—筒体；3—压力表；4—玻璃球喷头

感温式的感温玻璃泡动作温度有 57℃、68℃、79℃、93℃四种，一般常温下选用 68℃，高于常温的环境选用 79～93℃。当它们作全淹没方式灭火时，按 5% 灭火设计浓度计算，每公斤 1211 按保护大约 2.5m³ 空间来选择灭火装置的规格及所需个数。

# 第三节　系统设计与安装使用

## 一、系统设计

卤代烷灭火系统设计，主要以 1211 管网式全淹没灭火系统来说明系统设计的一些有关概念和问题。详细工程设计参阅有关专著，有关电气控制设计及要求见第九章。

（一）全淹没灭火系统的几个主要性能参数

1. 灭火浓度

灭火浓度是指在 101.325kPa 大气压和规定的温度条件下，扑灭某种可燃物质火灾所需灭火剂在空气中的最小体积百分比。

2. 惰化浓度

惰化浓度是指在 101.325kPa 大气压和规定的温度条件下，不管可燃气体或蒸汽与空气处在何种配比下，均能抑制燃烧或爆炸所需灭火剂在空气中的最小体积百分比。

不同可燃物质或可燃气体（蒸汽）都有自己固定的灭火浓度和惰化浓度，都是通过试验测定的，是确定灭火设计用量的主要依据之一。

3. 喷射时间

喷射时间又称为喷射持续（有效）时间，指灭火剂从喷嘴开始喷射释放到停止喷射所用的时间。喷射时间的长短，涉及到灭火时间、系统工程造价、灭火效果等方面。设计中，喷射时间宜短不宜长。我国规定，1211 和 1301 的喷射时间：对可燃气体火灾和甲、乙、丙类液体火灾不应大于 10s；国家级、省级文物资料库、档案库、图书馆的珍藏库等，不宜大于 10s；其它保护区不宜大于 15s。

另外，灭火剂从贮存容器的容器阀到喷出的时间，也不得超过 10s。

4. 浸渍时间

浸渍时间是指保护区内的被保护物完全浸没在保持着灭火剂设计浓度的混合气体中的时间。由于火灾时防护区温度较高，某些可燃物（特别是固体可燃物）或不同燃烧情况的火灾，在灭火后有引起复燃的危险。为了彻底灭火，规定了浸渍时间。不同可燃物的燃烧性能不同，要求灭火剂浸渍时间也不同。我国规定 1211 和 1301 的浸渍时间：可燃固体表面火灾，不应小于 10min；可燃气体火灾，甲、乙、丙类液体火灾和电气火灾，不应小于 1min。

5. 贮存压力

贮存压力是贮压系统的两个重要参数之一，它指的是贮瓶内的充装压力。为保证系统必要的工作条件和灭火效果，贮瓶需要加压使用。贮瓶压力的提高，可以提高灭火剂在系统中的流速，缩短灭火剂从喷嘴喷出的时间，缩小管径及提高充装比等，有利于系统的工作和灭火。但充装压力也不宜过高。否则会增加氮气在灭火剂中的溶解量，影响喷射效能；同时也会提高系统对所有零部件的耐压强度要求及各部件的密封性能要求。具体选用时，主要考虑三个因素：一是系统局部阻力损失的大小；二是保护面积的大小或管路的长度；三是充装比的大小。当局部阻力损失大、保护面积大或管路长、充装比大时，才要考虑选用较高的充装压力。一般情况应尽量选用低的充装压力，只要满足喷嘴处的最低设计工作压力（绝对压力）不低于 $3.1 \times 10^5 Pa$。对于 1211 系统，贮存压力宜选用 $10.5 \times 10^5 Pa$ 或 $25.0 \times 10^5 Pa$；对于 1301 系统，贮存压力宜选用 $25.0 \times 10^5 Pa$ 或 $42.0 \times 10^5 Pa$。

6. 充装比

充装比定义为 20℃时贮存容器内液态灭火剂的体积与容器容积之比，用公式表示为：

$$\alpha = \frac{V_x}{V}$$

式中　$\alpha$——充装比；

$V_x$——1211 或 1301 在容器内的充装体积（L）；

$V$——贮存容器的容积（L）。

$\alpha$ 是贮压系统的另一个重要参数。在贮压系统中，$\alpha$ 取值不宜过大或过小。$\alpha$ 过小，贮瓶内的灭火剂充装量就少，需要的贮瓶数量就多。$\alpha$ 过大，有二个缺点。$\alpha$ 越大，则氮气体积越小，在灭火剂喷射的后期，氮气容积大大增加，使贮瓶内的压力降低很多，灭火剂的平均推动压力很小，影响灭火剂喷出时间，甚至不能保证喷嘴的最低设计工作压力，影响灭火效果。特别是在低温条件下，这种影响更大。要克服这一缺点，可以增加管道直径或增大贮存压力，但这显然是不可取的。$\alpha$ 过大的另一个缺点是要求增压的氮气具有较高的充装压力，从而使贮瓶要求较高的设计强度，而且贮瓶内的压力随温度的变化也增大，严重时可能会出现贮瓶破裂的危险。一般情况 1211 的 $\alpha$ 为 0.5～0.6，不宜超过 0.75（21℃）；1301 的 $\alpha$ 为 0.55～0.65，不宜超过 0.71（21℃）。

对于临时加压系统，充装比的限制仅限于考虑贮瓶完全充满液体以及在最高温度时增加的液压。工程中的 $\alpha$ 可达 0.9，在经济上是有利的。

（二）设计要求

1. 基本要求

用全淹没方式灭火的卤代烷灭火系统设计，最基本的要求是要在整个保护区（一个封闭的空间）内，以较短的时间建立起一个均匀的、达到设计要求的灭火剂浓度；还需要在一定时间内能继续维持有效的灭火浓度，以确保扑灭保护区内任意部位由各种可燃物质所发生的火灾和防止复燃。

2. 对保护区的要求

(1) 保护区的划分。保护区是人为规定的一个区域，它可以包括一个或几个相连的封闭空间。保护区的划分直接关系到系统的选型和应用效果，并应符合如下规定：

1) 保护区应以固定的封闭空间来划分；

2) 当采用管网式灭火系统时，一个保护区的面积不宜大于 500m²，容积不宜大于 2000m³。

3) 当采用无管网灭火装置时，一个保护区的面积不宜大于 100m²，容积不宜大于 300m³，且设置的无管灭火装置个数不应超过 8 个。

(2) 保护区不宜开口。如必须开口，宜设置自动关闭装置。如设置自动关闭装置有困难，应根据实际情况决定是否进行灭火剂流失补偿。由开口造成的灭火剂流失补偿，可采用过量喷射或延续喷射的方法进行补偿。

(3) 在喷射灭火剂前，保护区的通风机和通风管道的防火阀应自动关闭。影响灭火效果的生产操作应停止进行。

(4) 卤代烷 1211 灭火系统保护区的环境温度不应低于 0℃。

(5) 保护区应有泄压口。对于一个完全封闭的保护区，考虑到高压气体输送的 1211 释放及所产生的蒸汽，会使保护区内压力增加，应考虑设置泄压口。由于 1211 比空气重，为防止泄压口造成过多的灭火剂流失，泄压口位置应设在距地面 2/3 以上的室内净高处。当保护区设有防爆泄压孔或门窗缝隙无密封条的，可以不设置泄压口。泄压口面积按规范计算。

(6) 保护区的隔墙和门的耐火极限均不应低于 0.60h，吊顶的耐火极限不应低于 0.25h，门窗及围护构件的允许压强不宜低于 1200Pa。耐火极限的规定主要是为了避免隔墙和门在火灾尚未扑灭前已被烧坏；承压要求是为了避免释放灭火剂引起保护区内压力增高而破坏门窗及围护构件。这些破坏都会使保护区的密封条件受到破坏，而导致全淹没方式灭火失败。保护区门窗宜用工业建筑钢化玻璃或铅丝玻璃，以提高其抗冲击、承压、耐热能力。

3. 灭火剂用量计算

灭火剂总用量＝设计用量＋备用量。

设计用量＝设计灭火用量＋流失补偿量＋系统剩余量。

组合分配系统作全淹没灭火时，灭火剂总量由设计用量和备用量二部分组成。设计用量不应小于最大的一个保护区所需灭火剂的设计用量。对于重点保护对象或保护区超过 8 个的系统，应设置备用量，以保证保护的连续性和可靠性。备用量不应小于设计用量，备用量的贮存容器应能与主贮容器切换使用。设计用量要考虑由开口引起的灭火剂流失补偿量和系统工作结束后在管道内、贮瓶内的剩余量。

灭火剂用量不能太小，否则达不到灭火所需的浓度而影响灭火效果；也不能太大，这除了会增加系统规模、增加投资和浪费，还会增加卤代烷灭火剂毒性危险。

(1) 设计灭火用量　1211 全淹没系统的设计灭火用量应按下式计算：

$$M = K_c \cdot \frac{\varphi}{100 - \varphi} \cdot \frac{V}{\mu} \tag{7-1}$$

式中　$M$——设计灭火用量（kg）；

　　$K_c$——海拔高度修正系数，查表或公式计算；

　　$\varphi$——灭火剂设计浓度（%）；

　　$V$——保护区的最大净容积（m³）；

　　$\mu$——保护区在 101.325kPa 大气压和最低环境温度下的容积比（m³/kg），查图或公式计算。

下面就公式 7-1 有关用法予以说明：

1）修正系数 $K_c$。设计灭火剂用量 $M$ 要考虑海拔高度的影响。海拔高度越高，大气压越低，卤代烷灭火剂蒸气会因大气压的下降而膨胀，影响灭火剂用量。海拔高度高于海平面的保护区，海拔高度修正系数 $K_c$ 等于表 7-1 中的修正系数 $K_o$，表 7-1 给出了卤代烷 1211 的修正系数；海拔高度低于海平面的保护区，海拔高度修正系数 $K_c$ 等于表 7-1 中的修正系数 $K_o$ 的倒数。修正系数 $K_c$ 也可以由下式计算：

$$K_o = 5.3788 \times 10^{-19} \cdot H^2 - 1.1975 \times 10^{-4} \cdot H + 1 \qquad (7-2)$$

式中　$K_o$——修正系数；

　　$H$——海拔高度（m）。

修 正 系 数　　　　　　　　　　　　　表 7-1

| 海拔高度（m） | 大气压力（Pa） | 修正系数（$K_o$） | 海拔高度（m） | 大气压力（Pa） | 修正系数（$K_o$） |
|---|---|---|---|---|---|
| 0 | $1.013 \times 10^5$ | 1.000 | 2400 | $0.756 \times 10^5$ | 0.744 |
| 300 | $0.978 \times 10^5$ | 0.964 | 2700 | $0.728 \times 10^5$ | 0.716 |
| 600 | $0.943 \times 10^5$ | 0.930 | 3000 | $0.702 \times 10^5$ | 0.689 |
| 900 | $0.910 \times 10^5$ | 0.896 | 3300 | $0.675 \times 10^5$ | 0.663 |
| 1200 | $0.877 \times 10^5$ | 0.864 | 3600 | $0.650 \times 10^5$ | 0.639 |
| 1500 | $0.845 \times 10^5$ | 0.830 | 3900 | $0.626 \times 10^5$ | 0.615 |
| 1800 | $0.815 \times 10^5$ | 0.802 | 4200 | $0.601 \times 10^5$ | 0.592 |
| 2100 | $0.785 \times 10^5$ | 0.772 | 4500 | $0.578 \times 10^5$ | 0.572 |

2）设计浓度　设计浓度不应小于灭火浓度的 1.2 倍或惰化浓度的 1.2 倍，且不应小于 5%。

有爆炸危险的保护区应采用惰化浓度；无爆炸危险的防护区可采用灭火浓度。

由几种不同可燃气体或甲、乙、丙类液体组成的混合物，其灭火浓度或惰化浓度如未经试验确定，应按浓度最大者确定。表 7-2 和表 7-3 给出了卤代烷 1211 对几种可燃气体和液体的灭火浓度、惰化浓度和最小设计浓度（均为 101.325kPa 大气压和 25℃时测定）。

图书、档案和文物资料库等，设计浓度宜采用 7.5%。

变配电室、通讯机房、电子计算机房等场所，设计浓度宜采用 5%。

3）灭火剂比容积。灭火剂蒸气的比容积与保护区的环境温度和大气压强有关。在标准大气压下，卤代烷 1211 蒸汽的比容积可用公式 7-3 计算或查图 7-21 确定。

（在 101.325kPa 大气压和 25℃时测定）

| 物质名称 | 灭火浓度（%） | 最小设计浓度（%） | 物质名称 | 灭火浓度（%） | 最小设计浓度（%） |
|---|---|---|---|---|---|
| 甲　　烷 | 2.8 | 5.0 | 醋酸乙酯 | 3.3 | 5.0 |
| 乙　　烷 | 5.0 | 6.0 | 丙稀腈 | 4.7 | 5.6 |
| 甲　　醇 | 8.2 | 9.8 | 石油溶剂 | 3.6 | 5.0 |
| 乙　　醇 | 4.5 | 5.4 | 航空汽油 | 3.5 | 5.0 |
| 丙　　酮 | 3.8 | 5.0 | 石油醚 | 3.7 | 5.0 |
| 二 乙 醚 | 4.4 | 5.3 | 航空重煤油 | 3.5 | 5.0 |
| 苯 | 2.9 | 5.0 | 异丙基硝酸酯 | 7.5 | 9.0 |

**卤代烷 1211 对一些物质的惰化浓度及设计浓度**　　　表 7-3

| 物质名称 | 甲烷 | 丙烷 | 正已烷 | 氢 | 乙烯 | 丙酮 |
|---|---|---|---|---|---|---|
| 惰化浓度（%） | 6.1 | 8.4 | 7.4 | 37.0 | 11.6 | 6.9 |
| 最小设计浓度（%） | 7.3 | 10.1 | 8.9 | 44.4 | 13.9 | 8.3 |

$$\mu = 0.1287 + 0.000551\theta \qquad (7-3)$$

式中　$\mu$——卤代烷 1211 在 101.325kPa（标准大气压）下的蒸汽比容积（m³/kg）；

　　　$\theta$——防护区的环境温度（℃）。

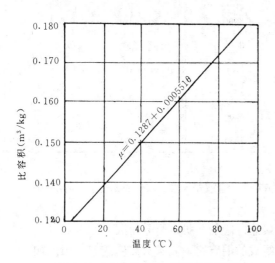

图 7-21　卤代烷 1211 蒸气的比容积

（2）流失补偿量

1）由保护区开口引起灭火剂流失，为保证设计浓度需要在设计时增加的非灭火用量。流失量是否需要补偿，取决于保持保护区设计浓度的分界面下降到设计高度的时间是否大于浸渍时间。卤代烷灭火剂由喷嘴释放出后立即汽化，与空气均匀混合后，在整个保护区空间形成一个比重大于空气的混合气体，随时间推移，通过开口进入保护区的空气和含有灭火剂的混合气体之间会形成一个水平面（分界面）：分界面以上的空间是空气，完全失去灭火功能；分界面以下的空间基本上保持原来的设计浓度。分界面以上没有可燃物或需要保护的对象，只要分界面下降到设计高度的时间大于规定的浸渍时间就不必补偿；小于规定的浸渍时间，应该补偿。分界面的设计高度应大于被保护物的高度，且不应小于保护区净高的 1/2。分界面下降到设计高度所需的时间可以通过公式计算。

2）开口流失补偿的方法，工程中主要有两种：

一是过量喷射法　是在规定的喷射时间内，用增加设计灭火用量（提高设计浓度）方法来补偿灭火剂的流失量，使防护区在规定的浸渍时间内，分界面以下空间仍能保持规定的设计浓度。用这种方法，有条件的应设置机械搅拌装置，目的是避免分界面下降过快。过量喷放的灭火剂补偿量可以通过公式计算。过量喷放法用于保护区 1/2 以上高度的空间不存在固定表面无燃烧条件的场所。

二是延续喷放法。这种方法要求对保护区单独配置一套贮存容器、管路和喷嘴，用这套系统以一定的喷射流量向保护区连续喷射灭火剂来补偿开口流失量，以保证在要求的浸渍时间内，维持规定的设计浓度。

开口流失量是否需要补偿、其设计和实现等内容都较麻烦。因此，保护区应尽可能的封闭，不留孔洞。

（3）系统剩余量　包括贮存容器和管网两部分的灭火剂剩余量。

1）贮存容器内的剩余量　容器阀导液管下端口水平面以下容器底部内的灭火剂，在喷射结束后只能作为剩余量在设计时以考虑，其数值一般由生产厂家提供，通常，贮瓶容积越大，瓶底剩余量越多。工程中常用的 40L 贮瓶其灭火剂剩余量可按每瓶 1～1.5kg 计算。

2）管网内的剩余量，在释放灭火剂过程中，当贮瓶内灭火剂的液面降到容器阀导液管下端口时，贮瓶内的增压氮气会进入管网内，使管网内出现汽液两相分界面。当汽液分界面移动到喷嘴时，氮气将从喷嘴迅速喷出，整个系统立即泄压，对于均衡布置的管网系统，可认为气液分界面是同时到达每个喷嘴，工程中可以不考虑管网内灭火剂的剩余量。对于非均衡管网系统，气液分界面到达喷嘴的时间不一致。当气液分界面先到达某一个或几个喷嘴时，系统立即泄压，此时，对于部分管道内失去推力的液态灭火剂只能靠逐步气化，而不能在规定时间内喷出，失去建立灭火浓度的功能。对这部分管道中的灭火剂，应属非灭火用量，并作为剩余量考虑。在系统设计中，为减少灭火剂设计用量，管网应尽量作均衡布置。

4．控制和操作要求

卤代烷灭火剂由于价格高而又有毒性，并且常用于重要及可燃可爆场所的灭火，因此对系统的控制和操作要求较高。对于管网式灭火系统应有自动控制、手动控制和机械应急操作三种方式；无管网灭火装置应有自动控制和手动控制两种启动方式。

（1）自动控制　设有卤代烷自动灭火系统（装置）的场所，都应设置由两种不同类型的火灾探测器与灭火控制装置配套组成火灾自动报警控制系统。保护区内的火灾探测器作为两个独立火灾信号，兼有火灾报警和自动启动灭火装置的双重功能。系统控制可靠与否，主要取决于火灾探测器的可靠性。两种探测器应组成与门控制方式，对保护区作复合探测，以提高自动灭火控制的可靠性，防止因探测器误报而喷射灭火剂，造成不必要的经济损失和对人体的危害。当报警控制器只接收到一个独立火警信号时，系统处于报警状态，提醒值班人员查明原因；当两个独立火灾信号同时发出，报警控制器处于灭火状态，执行灭火程序。

（2）手动控制　这是通过设置在消防控制室的报警控制器（或灭火控制盘）和保护区门外手动操作盘上的手动按钮来执行的。它们应具有手动启动和紧急制动两种功能：当按下任意一处手动启动按钮，都可使报警控制器处于灭火状态，执行灭火程序；按下任意一处制动按钮，都可以在延时的有效时间内，中断灭火指令，但瓶头阀一旦开启，紧急制动失去作用。

（3）机械应急操作　在管网式灭火系统中，要求能在贮瓶间用人力直接启动灭火装置进行灭火。对临时加压系统，手动机械打开启动气瓶的容器阀；对贮压系统，手动机械打开贮瓶的容器阀。

（三）安全要求

（1）保护区内应设有能在 30s 内使该区人员疏散完毕的通道和出口。在疏散通道出口处，应设置事故照明和疏散指示标志。

（2）保护区内应设有声报警器。在喷射灭火剂 30s 内，声报警器应可靠鸣响。

（3）保护区的每个入口处应设置放气灯并应有明显标志。

（4）保护区的门应能自行关闭，并保证在任何情况下均能从保护区内打开。对保护区常开的防火门，应设有自动释放器，在释放气体前能自动关闭。

（5）在经常有人的保护区内设置的无管网灭火装置，应有切断自动控制系统的手动装置。

（6）当扑灭一个燃烧着喷发气体的火灾时，必须首先切断该气源，以免灭火后气源继续喷发的可燃气体重新燃烧。

（7）灭火后的保护区应通风换气。无窗或固定窗扇的地上保护区，应设置机械排风装置。排风口应设在保护区的下部，距地面高度不宜超过 46cm。设在地下的贮瓶间，其排风口应直接通向室外。

（8）系统的所有部件必须与带电设备保持最小的间距，并符合表 7-4 的要求。表 7-4 适用于海拔 1000m 以下高度；在 1000m 以上高度每增加 100m，间距增加 1%。

（9）在设有卤代烷灭火系统的建筑物，应配置专用的空气呼吸器或氧气呼吸器。

**二、安装使用要求**

正确安装卤代烷灭火系统的各个组成设备对保证系统正常工作和灭火效果是极其重要的。系统的安装应由具有当地消防监督部门核发的消防工程施工许可证的单位承担，以保证安装质量和系统功能。

**最小安全间距** 表 7-4

| 线电压（kV） | 最小间距（m） |
| --- | --- |
| ≤15 | 0.18 |
| 25 | 0.28 |
| 35 | 0.34 |
| 45 | 0.44 |
| 70 | 0.64 |
| 90 | 0.80 |
| 120 | 1.0 |
| 140 | 1.2 |
| 160 | 1.4 |
| 200 | 1.7 |
| 230 | 2.0 |
| 290 | 2.5 |
| 350 | 3.2 |

（一）灭火剂贮瓶

（1）贮瓶安装必须牢固可靠地固定在专用支架上，以免系统在喷射灭火剂时，在增压气体较大的反作用力下而发生位移或转动。

（2）管网式灭火系统的贮瓶宜设在靠近保护区的专用贮瓶间内。贮瓶间平时应关闭，不允许闲杂人员进入。贮瓶间的耐火等级不应低于二级，其环境温度，1211 系统应在 0～50℃，1301 系统应在 -20～55℃。房间出口应直接通向室外或疏散走道。贮瓶应防日晒雨淋。

（3）用于同一保护区的贮存容器，其规格尺寸、充装量和贮存压力均应相同。

（4）每个贮瓶上应设置耐久的固定标牌，标明每个贮瓶的编号、皮重、充装灭火剂后的重量、贮存压力及充装日期等。至少每半年要对容器的重量和压力进行校正，以测定灭火剂的泄漏量，凡检查出贮瓶净重损失在 5% 以上或充装压力损失在 10% 以上的，必须补充或更换。

(5) 安装前要作外观检查，应无明显碰伤和变形。压力表应完好无损。手动操作装置应有铅封。

(二) 集流管

(1) 集流管与容器阀或单向阀之间宜用耐压软管连接，以避免贮瓶因制造公差而造成安装困难；可以减缓阀开启时对管网的冲击力；更换阀也方便。

(2) 安装好的集流管应进行水压强度试验和严密性试验，其外表应涂刷红色油漆。

(三) 分配阀

组合分配系统的可靠性，很大程度上取决于分配阀的内在质量和安装质量，应引起足够重视。

(1) 安装好的分配阀应按设计要求完成电动、气动和手动启动试验。每个选择阀上应有标明保护区的永久性示牌并固定在手动操作柄附近醒目位置上。

(2) 安装高度应便于手动操作。

(四) 管道

管道安装应按国标《工业管理工程施工及验收规范》(GBJ235—82)执行，严格按图施工，不得随意更改。安装时应注意如下几点：

(1) 按不同贮存压力和环境条件选择管材，不允许用铸铁管件，所用管道内外做镀锌处理。

(2) 所有经过切割的管道端部均应用绞刀绞孔，除去毛刺，以免造成局部堵塞影响喷射效果。安装前，管道内部应清洗干净，以防堵塞喷嘴。

(3) 公称直径等于或小于80mm的管道附件，宜采用螺纹连接；公称直径大于80mm的管道附件，应采用法兰连接。

(4) 必须牢固可靠地支撑和固定管道。管道固定允许少量轴向移动，但不允许径向跳动。支架、吊架的最大允许间距应按表7-5确定。凡管道变向和引出支管处都应加设吊架。吊架只用在支架之间，数量1～2个。

固定支撑的最大允许间距　　　　　　　　　　表 7-5

| 管道公称直径（mm） | 15 | 20 | 25 | 32 | 40 | 50 | 65 | 80 | 100 | 150 |
|---|---|---|---|---|---|---|---|---|---|---|
| 最大间距（m） | 1.5 | 1.8 | 2.1 | 2.4 | 2.7 | 3.4 | 3.5 | 3.7 | 4.3 | 5.2 |

(5) 管道的坡度、坡向应符合设计要求。当设计无明确规定时，横管应水平安装，不得倒坡安装。

(6) 设置在有爆炸危险的可燃气体、蒸汽或粉尘场所内的管网系统，应设静电接地装置。

(五) 喷嘴

(1) 喷嘴应在管网安装完成、油漆干燥后进行安装，并用吊架支撑。

(2) 喷嘴安装前要认真核对其规格、型号是否与设计要求一致，并应对外观检查合格后方能安装。

(3) 全淹没系统作下喷方式时，喷嘴至顶板间距不应大于0.6m。单个喷嘴水平安装位置的允许偏差为 100mm，标高允许偏差为 50mm。

（4）安装吊顶下的喷嘴；不带装饰的喷嘴，其连接螺纹不应外露；带装饰的喷嘴，其装饰罩应紧贴吊顶。

（5）喷嘴与管件连接的密封材料应用聚四氟乙烯带或密封膏作密封处理。注意不得将密封膏材料挤入管内或喷嘴内。

（6）定期检查喷孔是否堵塞。

（六）电控装置

系统的电控装置包括报警控制器（或灭火控制盘）、火灾探测器、手动操作盘、声报警器、释放灭火剂指示灯、电启动装置及压力讯号发生器等。安装前必须认真对每个设备作单体功能试验，不合要求的一律不准使用。设备安装和配接线要符合有关规定和要求。安装完成后，应对系统功能作全面检查，特别是象启动控制、联动输出、声报警器等涉及到灭火功能、效果与人身安全的重要控制信号和动作要准确无误。严格安装质量和调试才能保证系统动作准确、可靠。

## 思 考 题 与 习 题

1. 卤代烷灭火系统有哪些类型？主要特点？

2. 全淹没系统的灭火特点及应用场合？

3. 局部应用系统的灭火特点？

4. 组合分配系统主要由哪些装置组成？各有什么作用？

5. 简述图 7-7B 区灭火的工作过程？

6. 悬挂式自动灭火装置的组成及主要特点？宜于哪些场合使用？

7. 全淹没灭火系统设计的基本要求？

8. 全淹没灭火系统如何划分保护区？对保护区有什么要求？

9. 卤代烷灭火系统的控制和操作有哪些要求？

10. 卤代烷灭火系统有哪些安全要求？

11. 某图书馆有三间相邻藏书库，最大净容积分别为 180m³、230m³ 和 272m³，所处地点海拔高度 1500m，环温按 15℃考虑，用卤代烷 1211 作组合分配全淹没方式灭火，不考虑灭火剂开口流失补偿量：

（1）试求设计灭火剂用量？

（2）若管网均衡布置，系统采用预先加压方式，可用几个 40L 的钢瓶作贮存容器？此时灭火剂设计用量应为多少？（1211 液态密度在 15℃时按 1.83kg/cd³ 考虑）。

# 第八章　防火与减灾系统

本章主要阐述防火与减灾系统中的防火卷帘、防火门系统，水幕消防设备，防排烟系统，消防专用通讯系统，疏散照明系统，消防电梯系统的构成及其控制原理。了解防火卷帘、防火门，水幕消防设备、防排烟系统、消防电梯系统的构造及其布置原理（在消防设计中，防火卷帘、防火门，消防电梯由建筑专业选型及布置，水幕消防设备由给排水专业选型及布置，防排烟系统由空调专业选型及布置），掌握防火卷帘、防火门，水幕消防设备，防排烟系统，消防电梯系统的电气控制原理，掌握消防专用通讯系统，疏散照明系统的组成、布置及其电气控制原理。

## 第一节　防火门、防火卷帘系统

### 一、防火分区

在高层建筑设计时，防火和防烟分区的划分是极其重要的。有的高层建筑规模大、空间大，尤其是商业楼、展览楼、综合大楼，用途广，可燃物数量多，一旦起火，火势蔓延速度快，温度高，烟气也会迅速扩散，必然造成重大的经济损失和人身伤亡。因此，除应减少建筑物内部可燃物数量，对装修陈设尽量采用不燃和难燃材料以及设置自动灭火系统之外，最有效的办法是划分防火和防烟分区。

防火分区应包括楼板的水平防火分区和垂直防火分区两部分。所谓水平防火分区，就是用防火墙或防火门、防火卷帘等将各楼层在水平方向分隔为两个或几个防火分区。所谓垂直防火分区，就是将具有 1.5h 或 1.0h 耐火极限的楼板和窗间墙（两上、下窗之间的距离不小于 1.2m）上下层隔开。当上下层设有走廊、自动扶梯、传送带等开口部位时，应将相连通的各层作为一个防火分区考虑。

防火分区的作用在于发生火灾时，可将火势控制在一定的范围内，阻止火势蔓延，以有利于消防扑救，减少火灾损失。

关于防火分区的划分还将在第九章中详细说明。

### 二、防火门、防火卷帘

（一）防火门

防火门、窗是建筑物防火分隔的措施之一，通常用在防火墙上、楼梯间出入口或管井开口部位，要求能隔烟、火。防火门、窗对防止烟、火的扩散和蔓延、减少火灾损失起重要作用。

1. 分类及构造

防火门按其耐火极限分甲、乙、丙三级，其最低耐火极限为甲级防火门 1.20h、乙级防火门 0.90h，丙级防火门 0.60h；按其燃烧性能分，可分为非燃烧体防火门和难燃烧体防火门两类。

（1）非燃烧体防火门构造　采用薄壁型钢作骨架，在骨架两面钉 1～1.2mm 厚的薄铁板，内填 5.5～6.0cm 厚的矿棉或玻璃棉，耐火极限可达到 1.50h（如图 8-1）；采用同上规格的薄壁型钢骨架和薄铁板，内填 3～3.5cm 厚的矿棉或玻璃棉，耐火极限可达到 0.90h 以上；采用同上规格的薄壁型钢和薄铁板，空气层 5.5～6.0cm 时，其耐火极限可达到 0.60h。如图 8-2。

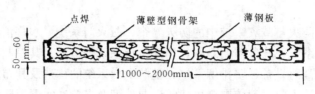

图 8-1　非燃烧体防火门构造示意图

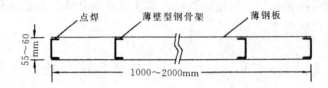

图 8-2　非燃烧体防火门构造示意图

（2）难燃烧体防火门　这种防火门的构造和做法，一般应根据不同耐火极限要求，其做法不尽相同。例如：双层木板，两面铺石棉板，并外包镀锌铁皮，总截面厚度为 51mm 时，耐火极限可达到 2.10h；双层木板，中间夹石棉板，并外包镀锌铁皮，总截面厚度为 45mm，耐火极限可达到 1.50h；双层木板，单面铺石棉板，外包镀锌铁皮，总截面厚度为 46mm 时，耐火极限可达到 1.60h；双层木板，外包镀锌铁皮，总截面厚度为 41mm 时，耐火极限可达到 1.20h；双层木板，外包镀锌铁皮，总截面厚度为 36mm 时，耐火极限可达到 0.90h 等。

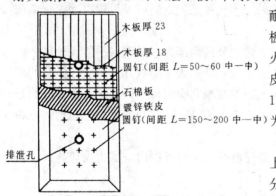

图 8-3　难燃烧体防火门构造示意图

在火烧或高温作用下，以木板为主制作的上述诸种难燃烧体的防火门，因木板受热炭化，分解出可燃蒸汽，为了防止热蒸汽体积急剧膨胀而鼓破镀锌铁皮，使防火门过早地失去隔火作用，因此要在防火门上的上部和下部正中部位开设排泄孔，以便及时将可燃蒸汽排泄出来，以避免上述情况的发生。如图 8-3。

排泄孔宜做成圆孔，其直径按简化公式计算：

$$D = 6 \sqrt{F}$$

式中　$D$——排泄孔直径；

　　　$F$——整个门扇的面积。

2. 工作原理及其控制

防火门不仅要有较高的耐火极限，而且还应能保证关得严密，使之不窜烟，不窜火。但为了便于正常通行，在一般情况下，防火门是开着的。起火时由于人们急于疏散和抢救物质、扑救火灾，常常忽略了把它关上，这就可能起不到隔断火势蔓延的作用。为了保证防火门能够在火灾时自动关闭，应设有能自动关闭的装置。

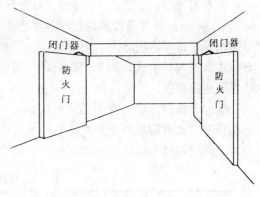

图 8-4  防火门示意

防火门如图 8-4 所示，防火门锁按门的固定方式一般有两种。一种是防火门被永久磁铁吸住处于开启状态，火灾时可通过自动控制或手动关闭防火门，自动控制时由火灾探测器或联动控制盘发来指令信号，使 DC24V、0.6A 电磁线圈的吸力克服永久磁铁的吸着力，从而靠闭门器的弹簧将门关闭。手动操作时只要把防火门和永久磁铁的吸着板拉开，门即关闭。另一种是防火门被电磁锁的固定销扣住呈开启状态，火灾时由火灾探测器或联动控制盘发出指令信号使电磁锁动作，固定门的锁销被解开，防火门靠闭门器的弹簧将门关闭，或用手拉防火门使固定销掉下，门被关闭。

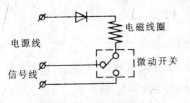

图 8-5  防火门锁电路

各电磁锁可附带微动开关，当门由开启变为关闭或由关闭变为打开时触动微动开关使之接通信号回路，以向消防控制联动盘返回动作信号，其电路如图 8-5 所示，电磁线圈的工作电压可适应较大的偏移。

《高层民用建筑设计防火规范》（GB500045—95）中规定：

防火门应为向疏散方向开启的平开门，并在关闭后应能从任何一侧手动开启；

用于疏散的走道、楼梯间和前室的防火门，应具有自行关闭的功能。双扇和多扇防火门，还应具有按顺序关闭的功能；

常开的防火门，当发生火灾时，应具有自行关闭和信号反馈的功能。

3. 设计选择

甲级防火门适用于防火墙及防火分隔墙上。乙级防火门适用于封闭式楼梯间、通向楼梯间前室和楼梯的门，以及单元住宅内，开向公共楼梯间的户门。丙级防火门可用于电缆井、管道井、排烟道等管井壁上，当作检查门。

用于高层民用建筑的防火门，必须耐火性能好，美观大方，开启方便。

（二）防火卷帘

建筑物内的敞开电梯厅以及一些公共建筑因面积过大，超过了防火分区最大允许面积规定（如百货楼的营业厅、展览楼的展览厅等），考虑到使用上的需要，可采取较为灵活的防火处理办法，规定如设置防火墙或防火门有困难时，可设防火卷帘。此种卷帘平时收拢，发生火灾时卷帘降下，将火势控制在较小的范围之内。

1. 构造及分类

防火卷帘是一种防火分隔物，一般由钢板或铝合金板等金属材料制成，用扣环或铰接的方法将金属板连成可以卷绕的链状平面，卷绕在门窗上口转轴箱中，形同卷起的竹帘。起火时把它放下来，挡住门窗口以阻止火势蔓延。

卷帘有轻型、重型之分。轻型卷帘钢板的厚度为 0.5～0.6mm。重型卷帘钢板的厚度为 1.5～1.6mm。但用得较多的钢板厚度为 1.0～1.2mm。

根据卷帘开启的方向，可分为：上下开启式、横向开启式和水平开启式等三种。上下开启式及横向开启式，用于门窗洞口和房间内的分隔。水平开启式，用于楼板孔道或电动扶梯隔间的顶盖。

卷起卷帘的方法，有手动式和电动式。手动式卷帘是用拉链或摇柄把卷帘卷起，藏入转轴箱中。如在转轴处安装电动机便是电动式卷帘门，控制电动机的正转、反转及附加限位装置即可控制卷帘门的卷起和落下，电动机提升卷帘重量按表 8-1。

电动机提升卷帘重量　　　　　　　　　　　　　　　表 8-1

| 提升卷帘重量（kg） | 电机功率（kW） | 传动比 | 提升卷帘重量（kg） | 电机功率（kW） | 传动比 |
|---|---|---|---|---|---|
| <250 | 0.55 | 95：1 | >600～1000 | 0.75 | 190：1 |
| >250～300 | 0.75 | 95：1 | <2000 | 1.25 | 225：1 |
| >300～600 | 0.75 | 120：1 | | | |

### 2. 工作原理及其控制

《高层民用建筑设计防火规范》（GB50045—95）中规定：

采用防火卷帘代替防火墙时，其防火卷帘应符合防火墙耐火极限的判定条件（复合卷帘）或在其两侧设闭式自动喷水灭火系统，其喷头间距不应小于 2.00m；

发生火灾时，人们在紧急情况下进行疏散，常常是惊慌失措；一旦疏散路线被堵，更增加了人们的惊慌程度，很不利安全疏散。因此，用于疏散通道的防火卷帘，应在帘的两侧设有启闭装置，并有自动、手动和机械控制的功能。

《民用建筑电气设计规范》（JGJ/T16—92）中规定，电动防火卷帘的控制应符合下列要求：

（1）一般在电动防火卷帘两侧设专用的感烟及感温两种探测器，声、光报警信号及手动控制按钮（应有防误操作措施）。当在两侧装设确有困难时，可在火灾可能性大的一侧装设。

（2）电动防火卷帘应采取两次控制下落方式，第一次由感烟探测器控制下落距地 1.5m 处停止，用以防止烟雾扩散至另一防火分区；第二次由感温探测器控制下落到底，以防止火势蔓延。并应分别将报警及动作信号送至消防控制室。

（3）电动防火卷帘宜由消防控制室集中管理。当选用的探测器控制电路采用相应措施提高了可靠性时，亦可就地联动控制，但在消防控制室应设有应急控制手段（即手动应急遥控措施）。

（4）当电动防火卷帘采用水幕保护时，水幕电磁阀的开启宜用定温探测器与水幕管网有关的水流指示器组成控制电路。

电动防火卷帘门的电路如图 8-6 所示，卷帘电动机为三相 380V、0.55～1.5kW，视门体大小而定，控制电路的电压为直流 24V。电路动作程序：烟感探测器动作 1ZJ$_1$ 闭合，1J 得电，1J$_5$ 闭合，CT 得电；1J$_1$ 闭合，信号灯 XD 得电；1J$_2$ 闭合电笛 QD 得电；1J$_3$ 闭合使以下电路获得直流电源。1J$_6$ 反馈给控制中心信号。1J$_4$ 闭合，5J 得电并自锁；5J$_2$ 闭合使 XC 得电，电动机旋转，门下降距地约 1.2m 处触动行程开关 2XK$_1$ 闭合为 SJ 得电作准备，同时 2XK$_2$ 使 5J 失电，电动机停转。温感探测器动作 2ZJ$_1$ 闭合，使 SJ 得电，经 0～300s 延时

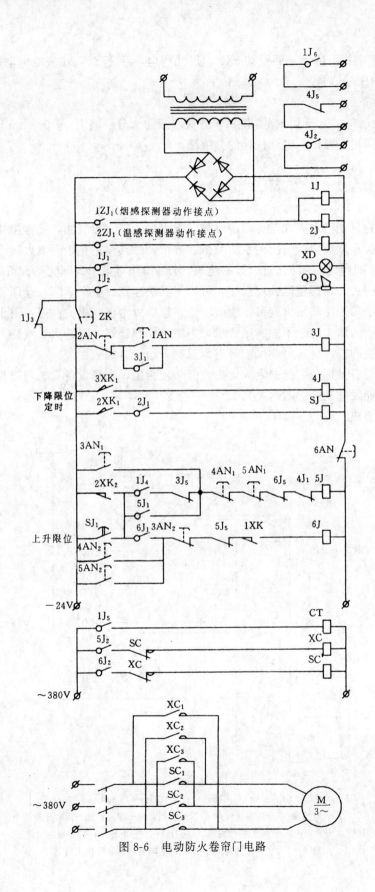

图 8-6　电动防火卷帘门电路

后 SJ$_1$ 闭合，门继续下降至地面触动 3XK$_1$ 使 4J 得电，4J$_1$ 打开，5J 失电电动机停止。4J$_2$、4J$_5$ 反馈给控制中心信号。

3. 设计选择

钢制卷帘门厚 1.5mm 以上的，适用于防火墙或防火分隔墙上。厚 0.8mm 以上，1.5mm 以下的卷帘，适用于楼梯、电动扶梯的分隔墙。

# 第二节　水幕消防设备

前面讲到的自动喷水灭火设备和雨淋喷水灭火设备喷水形成面，能直接扑灭火灾。水幕消防设备喷头布置成线，喷出的水流呈带状幕帘，故其作用在于隔离火区或冷却防火隔绝物，阻止火灾的蔓延，保防火灾邻近的建筑。水幕消防可设于大剧院舞台正面的台口，防止舞台上发生的火灾迅速蔓延到观众厅，可用于高层建筑、生产车间、仓库、汽车库防火区的分隔，用水幕来冷却防火卷帘、墙面、门、窗，以增强其耐火性能，阻止火势扩大蔓延。建筑物之间的防火间距不能满足要求，为防止相邻建筑之间的火灾威胁，也可用水幕对耐火性能较差的门、窗、可燃屋檐等进行保护，增强其耐火性能。

水幕消防设备是用途广泛的阻火设备，但必须指出，水幕设备只有与简易防火分隔物相配合时，才能发挥良好的阻火效果。

## 一、设备组成

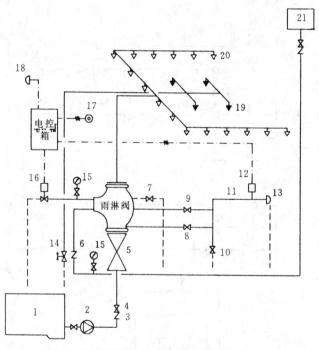

图 8-7　水幕消防设备

1—水池；2—水泵；3—单向阀；4—闸门；5—供水闸阀；6—单向阀；

7，10—放水阀；8—试警铃阀；9—警铃管阀；11—滤网；12—压力开关；

13—水力警铃；14—手动快开阀；15—压力表；16—电磁阀；17—紧急按钮；

18—电铃；19—闭式喷头；20—水幕喷头；21—高位水箱

水幕消防设备由水幕喷头、管道、雨淋阀（或手动快开阀）、供水设备和探测报警装置等组成，如图8-7所示。雨淋阀的动作通过玻璃球闭式喷头的感温炸裂来实现，也可通过手动快开阀来实现。

（一）水幕喷头

水幕喷头是开口的洒水头。常用水幕喷头的口径有 6、8、10、12.7、16、19mm 六种。口径 6、8、10mm 三种水幕喷头称为小口径水幕喷头；口径 12.7、16、19mm 三种水幕喷头称为大口径水幕喷头。

根据水幕喷头的构造和用途不同，水幕头分成窗口水幕头和檐口水幕头两大类。

1. 窗口水幕头

窗口水幕头用于保护立面或斜面（墙、窗、门、防火卷帘等）。窗口水幕头洒出的水流，集中在一个方面形成幕状。形成的水幕可以防止火势扩大或增强墙面、窗扇、门板、防火卷帘等的耐火性能。

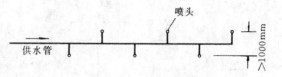

图 8-8 双排水幕喷头布置（平面图）

2. 檐口水幕头

檐口水幕头用于保护上方平面（例如屋檐和吊顶等）的洒水头。其洒流出来的水流，洒水角度较大，可以在几方面形成水幕。

（二）水幕喷头布置

水幕喷头应根据喷水强度的要求布置，不应出现空白点。水幕与防火卷帘、简易墙面或门窗配合使用时，可成单排布置，并喷向保护对象。舞台口和洞口面积超过 3m² 的开口部位，水幕喷头应在舞台口、洞口内外成双排布置，两排之间的距离不应小于 1m。如图 8-8 所示。

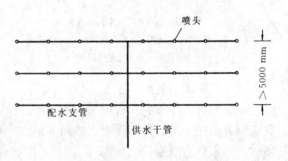

图 8-9 水幕防火带布置（平面图）

如要形成水幕防火带以代替防火分隔物，其喷头布置不应少于三排，保护宽度不应小于 5m，如图 8-9 所示。

为使水幕系统配水管道不致过长，具有较好的均匀供水条件，同时使系统不致过大，缩小检修影响范围，每组水幕系统安装的喷头数不应超过 72 个。

二、水幕系统控制

水幕的控制阀可采用自动控制和手动控制，在无人看管的场所应采用自动控制阀。当设置自动控制阀时，还应设手动控制阀，以备自动控制阀失灵时，可用手动控制阀开启水幕。手动控制阀应设在火灾时人员便于接近的地方。

（一）利用闭式喷头启动水幕的控制阀

雨淋阀可作为水幕自动控制阀，在水幕控制范围内的顶棚上均匀布置闭式喷头，一旦发生火灾，闭式喷头自动开启，打开雨淋阀，使该雨淋阀控制的管道上所有的水幕喷头同时喷水。如图8-7所示。

（二）电动控制阀

在水幕控制范围内的顶棚上布置感温或感烟火灾探测器，与水幕的电动控制阀或雨淋阀联锁而自动开启控制阀，如图 8-10 所示。感温或感烟火灾探测器 6 把火灾信号经电控箱启动水泵 1 和打开电动阀 2，同时电铃 5 报警。如果人们先发现火灾，火灾探测器尚未动作，可按电钮 4 启动水泵和电动阀，如电动阀发生故障，可打开手动快开阀 3。

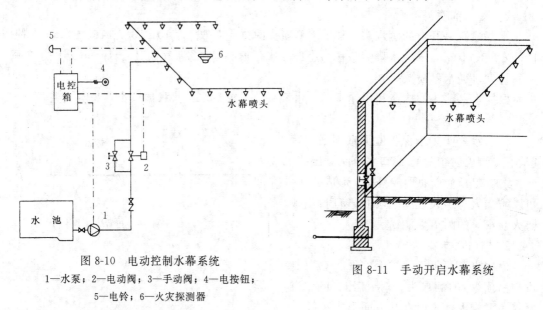

图 8-10　电动控制水幕系统
1—水泵；2—电动阀；3—手动阀；4—电按钮；
5—电铃；6—火灾探测器

图 8-11　手动开启水幕系统

**（三）手动控制阀**

在经常有人停留的场所可采用手动控制阀，手动控制阀应采用快开阀门。阀门应设在火灾时人员便于接近且不受火灾威胁的地方，图 8-11 表示当在墙内不能开启水幕时，可在墙外开启水幕的措施。

# 第三节　防烟、排烟系统

**一、防烟分区**

为了达到防烟的目的，在建筑平面上进行区域划分，对发生火灾危险的房间和用作疏散通路的走廊加以防烟隔断，以控制烟气的流动和蔓延。

高层建筑设有楼梯间、电梯井、竖向管井、电缆竖井、垃圾道、竖向风道、脏物输送道等上下连通的竖向通道像一座座烟囱。火灾时，高层建筑室内空气温度高于室外空气温度时，也即室外空气密度低于室内空气密度，建筑物内外空气产生压力差，压力差将空气从高层建筑低处压入，并在高层，建筑内向上流动，从高处流出建筑物，从而形成烟囱效应。建筑物的高度越高，其烟囱的效应越大，烟火上升的速度也越快。火灾造成的人员伤亡中，被烟熏死的占的比例很大，着火层以上死的人，绝大多数是烟熏死的，可以说火灾时对人的最大威胁是烟。特别是近几年来随着塑料工业的迅速发展，塑料制品大量应用于人民生活之中，如塑料家具、塑料的设备外壳等等。尤其是高级民用建筑用塑料作装修材料，如塑料地板、塑料地毯、塑料贴面（包括胶粘剂）、锦纶和尼龙窗帘、台布等等，这些塑料制品和化学纤维制品燃烧时，产生大量有毒气体，危害更大。

所以对高层建筑来说排出火灾产生的大量烟气是必须的，而且也是非常必要的。

《高层民用建筑设计防火规范》（GB50045—95）中规定：设置排烟设施的走道、净高不超过 6.00m 的房间，应采用挡烟熏壁、隔墙或从顶棚下突出不小于 0.50m 的梁划分防烟分区。每个防烟分区的建筑面积不宜超过 500m²，且防烟分区不应跨越防火分区。

防烟墙是利用非燃材料构成的分隔墙，挡烟垂壁是指防烟盖帘，固定或活动的挡烟板，一般从顶棚向下突出不小于 0.50m，用非燃材料制作。

在防烟区内，利用防烟设备把烟围住，同时打开区内的排烟口自然排烟或启动排烟机把烟排出去。分隔区内的排烟量，在人员疏散的短时间内，必须大于或等于该区内产生烟的数量，否则便达不到防烟的目的。

## 二、防排烟方式

所谓防排烟，就是将火灾产生的烟气，在着火房间和着火房间所在的防烟区内就加以排出，防止烟气扩散到疏散通道和其它防烟区中去，确保疏散和扑救用的防烟楼梯间、消防电梯内无烟。这不仅是火灾层人员疏散和扑救的需要，而且是保证火灾层以上各层人的生命安全所必须的。设置防排烟设施的目的，主要是保证建筑物发生火灾时人的生命安全，也就是说人在疏散完以前的时间内，防排烟设施应发挥其作用，但是由于高层建筑人员疏散时间较长，往往是和灭火和抢救工作同时进行，所以对防排烟设施提出另一项任务是为扑救工作创造条件。

一般情况下烟气在建筑物内的流动路线是着火房间——→走廊——→竖向梯、井等向上伸展。为了防止烟气扩散和蔓延，除进行防火、防烟分隔、防止烟气扩散外，要把烟气分部位阻止和排出，归纳起来防排烟方式有以下三种。

（一）密闭防烟方式

当发生火灾时将着火房间密封起来。这种方式多用于小面积房间，如墙、楼板属耐火结构，且密封性能好时，有可能因缺氧而使火势熄灭，达到防止烟气扩散的目的。

（二）自然排烟方式

自然排烟是在自然力作用下，使室内外空气对流进行排烟的，自然力包括火灾时可燃物燃烧产生的热量使室内空气温度升高，由于室内外空气容重的不同产生的热压和室外空气流动（风）产生的风压。风压是一个不稳定的因素，它将随着室外风速、风向和作用于建筑物位置不同而变化的，在建筑物的迎风面产生正压，背风面产生负压。如着火房间的开口处于背风面时，能起到很好的排烟效果，当处在迎风面会降低排烟效果，甚至把烟吹进走廊和其它房间，引起烟在建筑物内扩散。这种方式经济、操作简单，不需要排烟设备，不受电源中断的影响。自然排烟又可分为：

（1）利用开启的门窗进行排烟的方式；

（2）自然排烟竖井方式。

自然排烟效果有许多不稳定因素，只能作为机械排烟的一个辅助性措施。

（三）机械防排烟方式

机械排烟是把建筑物分为若干防烟分区，在防烟分区内设置防烟风机，通过风道排出各房间或走廊的烟气。这种方式不受室外条件的影响，排烟比较稳定，但投资较大，操作管理比较复杂，需要有防排烟设备，要有事故备用电源。根据用途不同又可分为：

（1）机械排烟、自然进风保持负压的方式；

在独立前室或合用前室设机械排烟竖井、自然进风竖井及可控制的排烟口、进风口。

（2）机械排烟、机械送风保持正压或负压的方式；

（3）机械送风保持正压的方式。

这种防烟方式是向防烟楼梯间及其前室、消防电梯井及其前室或合用前室加压送风，以造成一个压力差，防止烟气侵入这些疏散通道。

《高层民用建筑设计防火规范》（GB50045—95）中规定：

高层建筑的防烟设施应分为机械加压送风的防烟设施和可开启外窗的自然排烟设施；

高层建筑的排烟设施应分为机械排烟设施和可开启外窗的自然排烟设施。

### 三、机械防排烟设备的控制

（一）对机械防排烟设备的要求

（1）防排烟设施需要用电的部分必须有事故备用电源。

（2）排烟风机要求耐温280℃，排烟风机、送风机分别设有与排烟口、送风口连锁装置，当任何一个排烟口、送风口开启时，排烟风机、送风机都能自动启动。

（3）排烟风道设置防火阀的问题，对自然排烟风道，火势大了以后，不影响排烟，在非着火层排烟口关闭情况下，一般不会引起烟头在非着火层扩散，故自然排烟道可不装设防火阀。机械排烟风道，当火势大了以后，烟气温度超过280℃时，排烟风机停止运行，当风机停止后排烟道将成为烟火蔓延的通道，所以应在各排烟支管和排烟风机入口处装设作用温度为280℃的防火阀，此防火阀在280℃时能自动关闭，并连锁排烟风机停止运转。

（二）机械防排烟设备的控制

一般应根据暖通专业的工艺要求进行控制设计。

排烟阀的动作方式有3种，一是与火灾探测器信号联动；二是自身的温度熔断器动作；三是手动控制。三者均可使排烟阀瞬时开启。排烟阀的内部接线、电气控制如图8-12所示，排烟阀由电磁线圈DT和微动行程开关（XK$_1$和XK$_2$）组成。五个接线柱分别为："（＋）"——电磁线圈的电源正极DC24V；"（－）"——电磁线圈的电源负极；"1～

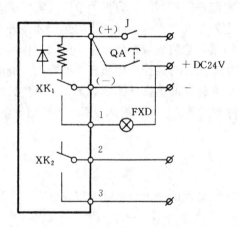

图8-12 排烟阀的内部接成及电气原理图

（－）"——微动行程开关的常开触点XK$_1$,其中"1"称作阀门开启信号线；"2～3"——微动行程开关的常开触点XK$_2$,常用作联动排烟风机的触点。在图8-12中，J为自动联锁控制触点，一般由消防控制室的控制屏引来，QA为现场手动控制按钮，微动行程开关（XK$_1$、XK$_2$）装设在阀门上，信号灯FXD安装在集中控制台或控制屏上，以监视排烟阀门的动作情况。在火灾发生时，通过现场手动控制按钮QA或自动联锁控制触点接通排烟阀的电磁线圈DT回路，使排烟阀门开启，微动行程开关的常开触点XK$_1$、XK$_2$闭合，信号灯FXD点亮，并联动排烟风机启动排烟。

根据消防排烟控制要求，当某层发生火灾时，应及时开启火灾层及相邻上、下两层排烟阀，及时将烟气排出室外，把新鲜空气送入室内，以保证楼内人员安全疏散和消防人员的正常消防灭火工作。如图8-13所示为排烟阀自动联锁控制线路。

假设 4 层发生火灾时，该层火灾探测器报警，区域报警控制器发出相应的声、光报警信号，其外控触点 3J 闭合，同时接通 2 层～4 层排烟阀电磁线圈的电源（+24V），电磁线圈得电而使排烟阀门开启。与此同时，阀门上的微动行程开关"1～（一）"（$XK_1$）和"2～3"（$XK_2$）闭合，致使信号灯 2～4FXD 点亮，表示排烟阀已动作；联锁继电器 FJ 线圈得电吸合，使警铃 FDL 发出警报音响，时间继电路 SJ 得电，并经过一定的延时后，SJ 触头分断，使 FDL 断电消音。另外 FJ 线圈得电吸合后，其触点也将联动排烟风机，通过排烟管道及排烟阀门，把相应楼层的烟雾及时排除掉。1J、2J、3J、4J、5J 设置是保证火灾时，火灾层及上下相邻两层排烟阀同时动作。

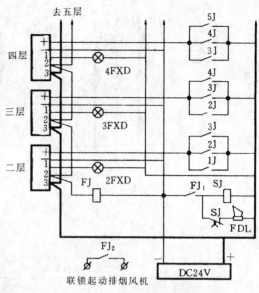

图 8-13　排烟阀自动联锁控制线路

上述介绍的排烟阀自动联锁控制线路为多个排烟阀的并联动作接线方式，具有可靠性高、相互干扰小的优点，适用于同时动作阀门不多，不增大电源容量或不引起线路压降过大的情况。如果同时动作的送风阀或排烟阀的数量较多，以至于会增大电源容量或引起线路压降过大（超过 10% 时），则应采用串联动作接线方式（接力控制方式），即使各阀门按顺序依次联锁动作。从而可以大大降低线路电流和压降损失，如图 8-14 所示。但串联动作方式与并联动作方式比较，可靠性较低，因为在阀门串联顺序依次联锁动作时，如果有一个阀门的微动开关损坏或触点接触不良，其后面的所有阀门都将不能动作。

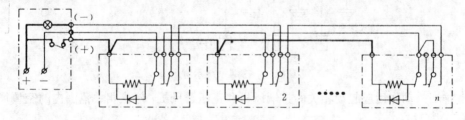

图 8-14　多个排烟阀（或送风阀）串联顺序动作电气接线原理图

排烟风机的控制应按防排烟系统的组成进行设计，通常可由消防控制室、排烟阀及就地控制。就地控制如将转换开关打到手动位置，通过按钮启动或停止排烟风机，作为平时维护巡视及应急时用。任一个排烟阀开启后，通过联锁接点 1DZ 即起动排烟风机。当排烟风道内温度超过 280℃ 时，防火阀自动关闭，通过联锁接点 2DZ，使排烟风机自动停止，如图 8-15 所示。1.2DZ 均为 DC24V 继电器的接点，继电器的线圈受控于排烟阀或防火阀。接触器 C 的辅助触点信号输出反馈至消控中心，监视排烟风机的运行状况。排烟系统的示意图，见图 8-16，当排烟系统设有正压送风时，送风机由消防控制室或排烟口起动。

《民用建筑电气设计规范》（JGJ/T16—92）中规定：

（1）排烟阀的控制要求：

1）排烟阀宜由其排烟分区内设置的感烟探测器组成的控制电路在现场控制开启。

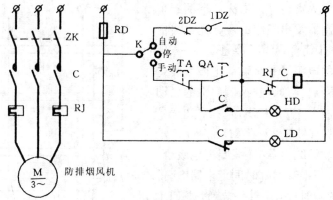

图 8-15　排烟风机控制原理

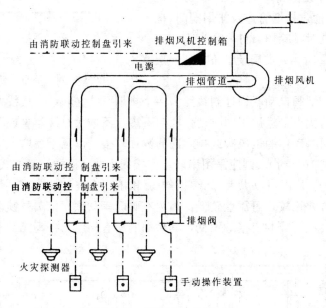

图 8-16　排烟系统示意图

2）排烟阀动作后应起动相关的排烟风机和正压送风机，停止相关范围内的空调风机及其他送、排风机。

3）同一排烟区内的多个排烟阀，若需同时动作时，可采用接力控制方式开启，并由最后动作的排烟阀发送动作信号。

（2）设在排烟风机入口处的防火阀动作后应联动停止排烟风机。排烟风机入口处的防火阀，是指安装在排烟主管道总出口处的防火阀（一般在 280℃时动作）。

（3）设于空调通风管道上的防排烟阀，宜采用定温保护装置直接动作阀门关闭；只有必须要求在消防控制室远方关闭时，才采取远方控制。设在风管上的防排烟阀，是堵在各个防火分区之间通过的风管内装设的防火阀（一般在 70℃时关闭）。这些阀是为防止火焰经风管串通而设置的。

关闭信号要反馈至消防控制室，并停止有关部位风机。

（4）消防控制室应能对防烟、排烟风机（包括正压送风机）进行应急控制，即手动启动应急按钮。

## 第四节　消防专用通讯系统

为了迅速确认或通报火情，及时对火灾采取扑救措施，火灾时有效地组织和指挥楼内人员安全迅速地疏散，需设置消防专用通讯系统。建筑物内消防专用通讯系统大致分为火灾事故广播系统、消防专用电话系统、消防对讲电话插孔系统。

**一、火灾事故广播系统**

（一）系统设置

火灾事故广播系统的设置依自动报警系统的形式而定。区域——集中和控制中心系统应设置火灾事故广播系统，集中系统内有消防联动控制功能时，亦应设置火灾事故广播系统，若集中系统内无消防联动控制功能时，宜设置火灾事故广播系统。

（二）设置要求

火灾事故广播扬声器的设置应符合下列要求：

（1）走道、大厅、餐厅等公共场所，扬声器的设置数量，应能保证从本层任何部位到最近一个扬声器的步行距离不超过 25m。在走道交叉处，拐弯处均应设扬声器。走道末端最后一个扬声器距墙不大于 8m。

（2）走道、大厅、餐厅等公共场所装设的扬声器，额定功率不应小于 3W，实配功率不应小于 2W。

（3）客房内扬声器额定功率不应小于 1W。

（4）设置在空调、通风机房、洗衣机房、文体娱乐场所和车库等处，有背景噪声干扰场所内的扬声器，在其播放范围内最远的播放声压级，应高于背景噪声 15dB，并据此确定扬声器的功率。

（三）设置的确定

火灾事故广播系统宜设置专用的播放设备，扩音机容量宜按扬声器计算总容量的 1.3 倍确定，若与建筑物内设置的广播音响系统合用时，应符合下列要求：

（1）火灾时应能在消防控制室将火灾疏散层的扬声器和广播音响扩音机，强制转入火灾事故广播状态，即具有优先火灾事故广播功能。

（2）床头控制柜内设置的扬声器，应有火灾广播功能。

（3）采用射频传输集中式音响播放系统时，床头柜内扬声器宜有紧急播放火警信号功能。

如床头柜无此功能时，设在客房外走道的每个扬声器的实配输入功率不应小于 3W，且扬声器在走道内的设置间距不宜大于 10m。

（4）消防控制室应能监控火灾事故广播扩音机的工作状态，并能遥控开启扩音机和用传声器直接播音。

（5）广播音响系统扩音机，应设火灾事故广播备用扩音机，备用机可手动或自动投入，备用扩音机容量不应小于火灾事故广播扬声器容量最大的 3 层中扬声器容量总和的 1.5 倍。

（四）火灾事故广播

当大楼的某层发生火灾时，一般不必对整幢大楼同时进行火情广播，而应按事先制定的疏散程序和实施火灾扑救的步骤对有关楼层进行火灾事故广播，以免引起大楼内人员疏散秩序混乱，造成"二次伤害"。火灾事故广播输出分路，应按疏散顺序控制，播放疏散指令的楼层控制程序如下：

（1）2层及2层以上楼层发生火灾，宜先接通火灾层及其相邻的上、下层。

（2）首层发生火灾，宜先接通本层、2层及地下各层。

（3）地下室发生火灾，宜先接通地下各层及首层。若首层与2层有大共享空间时应包括2层。

（五）火灾事故广播分路配线

应符合下列规定：

（1）应按疏散楼层或报警区域划分分路配线。各输出分路应设有输出显示信号和保护控制装置等。

（2）当任一分路有故障时，不应影响其它分路的正常广播。

（3）火灾事故广播线路，不应和其它线路（包括火警信号、联动控制等线路）同管或同线槽槽孔敷设。

（4）火灾事故广播用扬声器不得加开关，如加开关或设有音量调节器时，则应采用三线式配线强制火灾事故广播开放，即除公用线及加开关或设有音量调节器两导线外，另加一条直通扬声器的导线，火灾时由强切开关倒向直通导线接通扬声器，此时不管扬声器上设置的开关或音量调节器处在任何位置，都可以使扬声器直接进行火灾广播。

（六）火灾事故广播馈线电压

电压不宜大于100V。各楼层宜设置馈线隔离变压器。

火灾事故广播系统框图如图8-17所示，主要由火灾专用扩音机、分路广播控制盘、音频传输线路和扬声器等组成。当火灾发生时，由消防值班人员控制接通扩音机电源，按火灾事故广播的规定要求接通有关楼层的各事故广播线路，进行火灾事故广播。

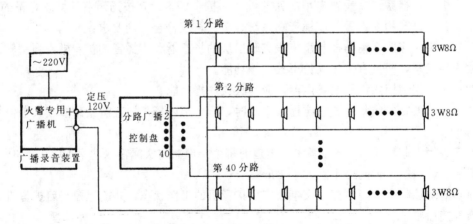

图 8-17　火灾事故广播系统框图

某高层建筑的部分火灾事故广播联动控制线路如图8-18所示，图中01Y、02Y、1Y～3Y分别为地下室、管道层和1～3层的扬声器及其数目，B为用户匹配器。将扬声器通过匹配器B经分路广播控制盘与火警专用扩音机相连。分路广播控制盘一般由继电器01J、02J、

1J~4J 和手动开关 1SK 等组成,也可用区域报警控制器的外控触点代替继电器。按火灾事故广播范围的有关规定将继电器触点或报警控制器的外触点 01J、02J、1J~4J 和手动开关 1SK 分别进行并联。手动开关 1SK 是在非火灾情况下接通广播音响时用的,例如 1 层火灾,断开 1SK,外控触点 1J 闭合,则 2 层、1 层及地下所有层火灾事故广播扬声器接通,进行火灾事故广播;又如 2 层火灾,断开 1SK,外控触点 2J 闭合,则 3 层、2 层、1 层(即 n 层、n±1 层)火灾事故广播扬声器接通,进行火灾事故广播。如果楼层数较多,可增加手动开关个数,并将手动开关安装在火灾广播柜的面板上,以方便操作,也可采用中间继电器来代替手动开关控制。

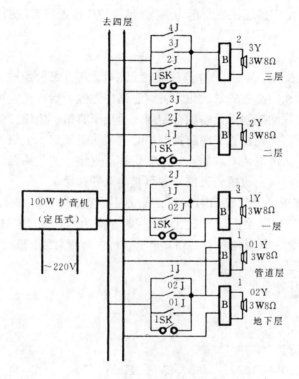

图 8-18　火灾事故广播联动线路图例

## 二、消防专用电话系统

消防专用电话系统是与普通电话分开的独立系统,用于消防控制室与消防专用电话分机设置点的火情通话。

建筑物内消防泵房、通风机房、主要配变电室、电梯机房、区域报警控制器及卤代烷等管网灭火系统应急操作装置处,以及消防值班、警卫办公用房等处均应装设火警专用电话分机,在消防控制室内设消防专用电话总机,选用电话总机应为人工交换机,消防用火警电话用户与总机间应是直通的,中间不应有交换或转换程序。采用此种总机可克服由于采用自动电话总机的通话电路呼叫忙占线而影响通话的弊病。对火警电话用户呼叫总机时,电话总机不能只用光信号显示用户号码,应有声信号提醒值班人员注意。

消防火警电话用户话机或送受话器的颜色宜采用红色,火警电话机挂在墙上安装时,底边距地高度为 1.5m,火警电话布线不应与其他线路同管或同线束布线。

消防控制室除有专用的火警电话总机外还应有供拨"119"火警电话的电话机。也就是说消防控制室的电话用户不论是由本工程电话站供给还是由市话局市话用户线供给，都应在消防控制室内增设一条用作直拨"119"市话用户线的专用电话线。

### 三、消防对讲电话插孔

在建筑的关键部位及机房等处设有与消防控制室紧急通话的消防对讲电话插孔，巡视人员或消防队员携带的话机可随时插入消防对讲电话插孔与消防控制室进行紧急通话。

消防专用通讯应为独立的通讯系统，不得与其他系统合用，该系统的供电装置应选用带蓄电池的电源装置，要求不间断供电。

### 四、实例

下面以 HB1502 型广播通讯控制柜为例，介绍消防广播通讯系统的组成，使用及其设计中应考虑的问题。

（一）概述与用途

HB1502 型广播通讯控制柜主要由广播、通讯、电源等几部分组成，是实施迅速、有效、全方位指挥调度扑救火灾必备的现代化设备。它适应性强，运行稳定可靠，可以与火灾自动报警控制器和消防联动控制等设备配套使用，适用于宾馆、饭店、商场等使用单位的消防事故广播和通讯。广播柜设置于消防控制中心或消防值班室。值班人员一旦得到火情报告，可以通过广播、对讲电话（或插孔）及时指挥灭火措施的实施并将人员疏散。各路分机电话（或插孔）随时向主机报告火情，并可双向双呼和通话。

本广播通讯控制柜通过配置 HB1302 型编址控制接点和 HB1121B 型电话呼叫按钮为全总线制广播通讯控制柜，至 HB1302 型编址控制接点为六总线，至 HB1121B 型电话呼叫按钮也为六总线。控制总线及电源线共用，全机系统内为八总线，取代传统分路布线方式，大大简化了设计和施工。

（二）使用条件及外形尺寸

1. 使用条件

温度范围：0～50℃；

相对湿度：≤85%（40±2℃）；

电源电压：AC220V＋10%、－5%（50±1Hz）；

备用电源：DC24～26V、10Ah，2XM 型电池组。

2. 外形尺寸

本机为柜式结构，外形如图 8-19 所示，其外形尺寸为 1870mm×650mm×400mm，落地靠墙安装。

（三）原理框图

如图 8-20 所示。

（四）使用说明

1. 电源部分使用说明

（1）主要功能：本电源专供该广播柜使用。它输出直流电压稳定可靠，功率大，并具备电源自身保护功能，可交流、直流自动切换，即当市电停电时，备用电池组自动投入工作，开始放电。而当市电恢复供电时，备用电停止放电，同时主电自动给备用电池充电。主电与备电的工作状态由电压表和绿、红发光二极管指示。

（2）主要技术指标：直流稳压输出 24±2V，直流输出电流≤5A。

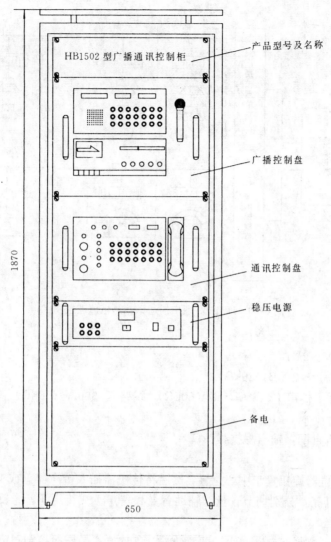

产品型号及名称

HB1502 型广播通讯控制柜

广播控制盘

通讯控制盘

稳压电源

备电

1870

650

图 8-19　HB1502 型广播通讯控制柜外形

（3）操作方法：按下主电电源开关，主电绿色指示灯显示，再按备电电源开关，直流工作指示灯亮。备电无显示，此时直流电压表有 24V 指示。如按下电压转换开关，则电压表指示为备电电压。当市电停电时，主电绿色指示灯灭，备电红色指示灯显示。

（4）注意事项：

1）电源开机，必须先开主电，后开备电。停机操作程序相反。

2）使用备电电源时要监视备电电压，防止其过放电。若备电电源电压低于 17V 时，必须停止使用，充电至电压恢复后方可继续使用。

2．广播部分使用说明

（1）主要功能：本部分具有收音、录音、扩音装置。有线路输入、传声Ⅰ、传声Ⅱ输入。有线路输出和扩音输出两种输出，可进行混响输出，并有火警"优先"传声这一特定功能。设有 32 路输出，每分路输出功率视扬声器数目而定，并附有监听装置。

（2）主要技术指标：额定输出功率：100W（特殊情况下视用户要求而定）；

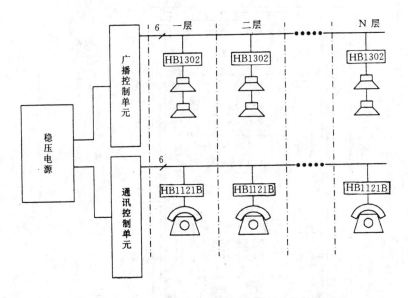

图 8-20　HB1502型广播通讯控制柜原理框图

输出匹配：120V（定压输出）；

电源：$DC24V\pm2V$；

线路输出电平：-10dB（20kΩ）；

输入信号电平：传声Ⅰ、Ⅱ≤4mV（60kΩ），线路≤150mV（50kΩ），辅助0dB/-10dB（20kΩ）；

传声器：本机自配，输出阻抗≤2kΩ。

（3）操作方法：

1）先将各电位器旋钮置于中心位置，然后将传声器插入传声器Ⅰ或Ⅱ插孔，按下电源开关，电源指示灯亮，分别调节音量、辅助音量和传声Ⅰ或传声Ⅱ音量旋钮，使扬声器输出的音质清晰适当。

2）广播机输出控制有自动和手动两种方式。自动方式是广播控制单元接收来自集中报警控制器的火灾报警信号以开启火灾层及上下相邻层的广播。手动方式是通过操作面板上控制按键以开启火灾层及上下相邻层的广播。控制方式全为$n\pm1$，即当启动$n$层时，上下相邻两层也有广播输出，并有层数指示灯显示。需了解广播效果，可按下监听开关。

3）广播机内的录音机可以随时录制广播信息，录音时绿色录音电平指示灯显示。按下放音键可将录好的磁带进行扩音输出。

4）线路输入扩声和并机输出：本机能将外部设备如录音机、收音机、电唱机及电话等线路输入信号进行扩音，连接时用衰减器加以匹配。另本机为方便用户在广播时增加了并机输出功能，使用时只需将插头插入线路输出插孔即可。此信号不受扩音机总音量控制，辅助音量调整将起到线路输出电平的调节作用。

5）火警优先话筒功能；用户使用这一功能时，必须将传声器话筒插入传声器Ⅰ插孔。当传声Ⅰ信号一经播出，其它信号均受到抑制，不再参与混合。只有当传声Ⅰ信号消失20s后，其它输入才能转为混合。如不需此功能，可将传声Ⅰ插孔对应的音量旋钮至零状态即可。

(4) 注意事项：

1) 正常时把开关置于录音位置，否则将影响火警事故广播和录音。

2) 本机的各种音量旋钮一经调好后，不可随意再调动，避免影响火警事故正常广播或损坏本机。

3) 广播时电流表指示不准大于4A，避免超功率损坏本机。过载时有红色指示灯显示，此时将音量旋钮调小一些即可。

4) 要定期做火警事故广播检查，以确保广播机的正常使用。

3. 通讯部分使用说明

(1) 主要功能：本机能受理32分路电话（或插孔）。任意一路分机电话（或插孔）呼入时，即有声光显示。主机能呼叫任意一路分机电话。

(2) 操作方法：

1) 按下电源开关，电源指示灯亮，系统启动，执行自诊断测试功能，检查系统各部位正常否。一分钟后系统进入正常监视状态。

2) 任一路分机电话呼入时（按下电话呼叫按钮），主机蜂鸣器长响，部位指示灯亮，摘机即可通话（此时通讯指示灯亮）。

3) 主机欲呼分机，先按下所呼分机部位按键，部位指示灯亮。分机旁电话呼叫按钮蜂鸣器长响，确认灯闪亮。摘机即可通话（此时主机通讯指示灯亮）。

(3) 注意事项：

1) 本部分电源需常供，以确保火灾发生时主机的正常工作。

2) 要定期做主机和分机互相呼叫检查，以确保电话正常使用。每次用完必须按键复位。

(五) 面板布局

广播通讯控制柜面板布局由三部分组成，它们由上至下分别为广播部分，通讯部分和电源部分。三部分和主机柜体采用抽屉式安装，便于维修检查及快速故障检查排除。其中电源部分面板布局如图8-21所示，广播部分面板布局如图8-22所示，通讯部分面板布局如图8-23所示。

(六) 布线方式

HB1502型广播通讯控制柜通过配置HB1302型编址控制接点和HB1121B型电话呼叫按钮为全总线布线方式，其系统配置见图8-24。

通过以上介绍，我们对消防广播通讯系统有了较为系统、完整的了解，在今后的实际工作中，根据不同的工程规模和性质选用与其相适应的合适的产品，以达到消防广播通讯的要求。

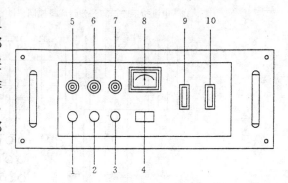

图 8-21　HB1502型广播通讯控制柜
电源部分面板布局

1—主电交流保险；2—直流保险；3—备电保险；
4—电压转换开关；5—主电指示灯；6—直流指示灯；
7—备电指示灯；8—直流电压表；
9—交流开关；10—直流开关

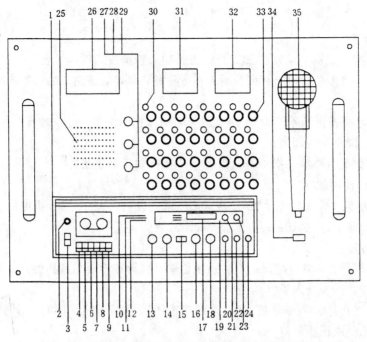

图 8-22　HB1502型广播通讯控制柜广播部分面板布局

1—广播机；2—线路输出插孔；3—广播机电源开关；4—录音键；5—放音键；6—快速倒带键；

7—快速进带键；8—停止/出盒键；9—暂停键；10—电源开关指示；11—输出过载指示；

12—录音电平指标；13—整机总音量控制钮；14—辅助音量控制钮；15—收音/录音选择开关；

16—话筒输入Ⅱ音量控制旋钮；17—收音部分调频/OFF/调幅选择开关；18—话筒输入Ⅰ音量控制旋钮；

19—调谐指针；20—线路输入插孔；21—收音音量控制旋钮；22—话筒Ⅱ输入插孔；23—收音调谐旋钮；

24—话筒Ⅰ输入插孔；25—监听喇叭；26—电子钟（H键高速校分，M键低速校分）；27—火警指示灯；

28—故障指示灯；29—电源指示灯；30—分路广播控制指示灯（1～32）；31—电平指示表；

32—电流指示表；33—分路广播控制按键（1～32）；34—监听开关；35—话筒

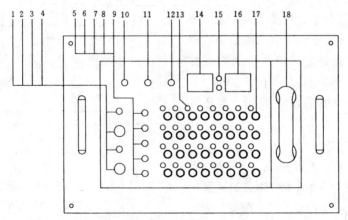

图 8-23　HB1502型广播通讯控制柜通讯部分面板布局

1—内外线切换开关；2—内外线指示灯；3—电源开关；4—电源指示灯；5—备电故障指示灯；

6—充电故障指示灯；7—主电故障指示灯；8—备电工作指示灯；9—主电工作指示灯；

10—火警指示灯；11—故障指示灯；12—通话指示灯；13—分路电话控制指示灯（1～32）；14—时；

15—秒；16—分；17—分路电话控制按键（1～32）；18—主机电话

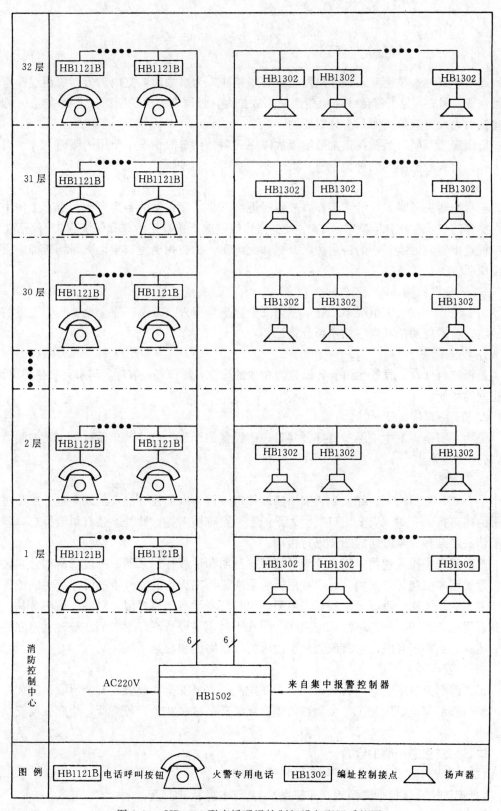

图 8-24 HB1502 型广播通讯控制柜设备配置系统图

## 第五节 火灾应急照明系统

高层建筑内人员密度大，一旦发生火灾或某些人为事故时，室内动力、照明线路有可能被烧毁，另外，为了避免线路短路而使事故扩大，必须人为地切断部分电源线路。因此，在建筑物内设置应急照明是十分重要的。

所谓应急照明，是指在正常照明因故障熄灭后，供事故情况下使用的照明。

### 一、火灾应急照明的种类

（一）备用照明

正常照明失效时，为继续工作（或暂时继续工作）而设置的备用照明。由于工作中断或误操作时，可能会引起爆炸、火灾、人身伤亡或造成严重政治后果和经济损失的场所，应考虑设置供暂时继续工作的备用照明。例如配电室、消防控制室、演播室等场所都应设置备用照明。

（二）疏散照明

为了使人员在火灾情况下，能从室内安全撤离至室外（或某一安全地区）而设置的疏散照明。疏散照明按其内容性质可分为三类：

1. 设施标志

是标志营业性、服务性和公共设施所在地的标志，如商场、餐厅、问事处、公用电话、卫生间等场所。

2. 提示标志

是为了安全、卫生或保护良好公共秩序而设置的标志，如"禁止通行"、"请勿吸烟"、"请勿打扰"等。

3. 疏散标志

是在非正常情况下，如发生火灾、事故停电等而为人们设置的安全通向室外或临时避难层的线路标志。如"安全出口"、"太平门"、"避难层"等。此外，还有引向标志，即借助于箭头或某种分辨方向的图形进行指向。

疏散照明按投入使用时间又分为常用标志照明和事故标志照明。一般场所和公共设施的位置照明和引向标志照明，属于常用标志照明，而在火灾或意外事故时才启用的位置照明和引向标志照明，则属于事故标志照明。但是二者没有严格界限，对某些照明灯具，它既是常用标志照明，又是事故标志照明，即在平时也需要点亮，使人们在平时就建立起深刻的印象，熟悉一旦发生火灾或意外事故时的疏散路线和应急措施。

（三）安全照明

正常照明突然中断时，为确保处于潜在危险的人员安全而设置的安全照明。例如手术室、使用圆形锯、机床加工、金属热处理及化学药品试验和生产等场所，均应装设安全照明。

### 二、火灾应急照明的设置

（1）下列部位须设置火灾事故时的备用照明：

1）疏散楼梯（包括防烟楼梯间前室）、消防电梯及其前室；

2）消防控制室、自备电源室（包括发电机房、UPS室和蓄电池室等）、配电室、消防水泵房、防排烟机房等；

3）观众厅、宴会厅、重要的多功能厅及每层建筑面积超过 1500m² 的展览厅、营业厅等；

4）建筑面积超过 200m² 的演播室，人员密集建筑面积超过 300m² 的地下室；

5）通信机房、大中型电子计算机房、BAS 中央控制室等重要技术用房；

6）每层人员密集的公共活动场所等；

7）公共建筑内的疏散走道和居住建筑内长度超过 20m 的内走道。

（2）建筑物（二类建筑的住宅除外）的疏散走道和公共出口处，应设疏散照明。在疏散照明灯具上一般都有传递信息和符号、文字，可用图形、文字及色彩表达。在使用图形时，应注意其表达含义准确直观，不使人产生误解，宜采用国家技术监督局公布的图形符号。使用文字应采用国家文字改革委员会正式公布的标准简化字，字型宜用印刷体或方块美术字，即做到文字使用规范化，图形、色彩使用标准化，作为某一种类型的疏散照明应急灯，应使用统一颜色为通用颜色，以使人们产生一种固定的色调感，易于识别各种标识的类别。如在国家《安全标志》（GB2894—82）中规定红、蓝、黄、绿四种颜色为安全色，其含义为：红色——禁止、停止（含危险、防火）类标志；蓝色—指令、必须照做类标志；黄色——警告、注意类标志；绿色——通行、安全状态类标志。这些颜色所表述的标志内容，符合人们的心理效应，并且已习惯自然，所以在各类标志灯具的色彩处理上，不允许随意使用其他杂乱颜色。

（3）凡在火灾时因正常电源突然中断将导致人员伤亡的潜在危险场所（如医院内的重要手术室、急救室等），应设安全照明。

**三、火灾应急照明灯具的安装**

（1）应急照明中的备用照明灯宜设在墙面或顶棚上。

（2）疏散照明灯具安装：

1）安全出口标志灯宜安装在疏散门口的上方，在首层的疏散楼梯应安装于楼梯口的里侧上方。安全出口标志灯距地高度宜不低于 2m。

2）疏散走道上的安全出口标志灯可明装，而厅室内宜采用暗装。安全出口标志灯应有图形和文字符号，在有无障碍设计要求时，宜同时设有音响指示信号。

3）可调光型安全出口灯宜用于影剧院的观众厅。在正常情况下减光使用，火灾事故时应自动接通至全亮状态。

4）疏散照明宜设在安全出口的顶部、疏散走道及其转角处距地 1m 以下的墙面上。当交叉口处墙面下侧安装难以明确表示疏散方向时也可将疏散标志灯安装在顶部。疏散走道上的标志灯应有指示疏散方向的箭头标志。疏散走道上的标志灯间距不宜大于 20m（人防工程不宜大于 10m）。楼梯间内的疏散标志灯宜安装在休息板上方的墙角处或壁装，并应用箭头及阿拉伯数字清楚标明上、下层层号。疏散标志灯的设置原则参见图 8-25。

5）疏散照明位置的确定，尚应满足可容易找寻在疏散路线上的所有手动报警器、呼叫通讯装置和灭火设备等设施。

6）装设在地面上的疏散标志灯应防止被重物或受外力所损伤。

7）疏散标志灯的设置应不影响正常通行，并不应在其周围存放有容易混同以及遮挡疏散标志灯的其它标志牌等。

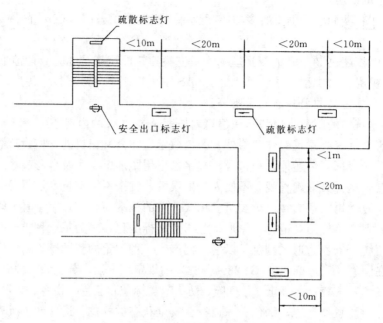

图 8-25 疏散标志灯设置原则示例
注：用于人防工程的疏散标志灯的间距不应大于
示例中间距的 1/2。

（3）疏散照明灯具尺寸及视看距离：在应急照明设计中，就疏散标志照明而言，参照国家《安全标志》（GB2894—82）中的一般提示标志的规定，应根据观察距离确定矩形标志灯具的图形尺寸为：

$$b = \sqrt{2}\,L/100 \qquad\qquad (8\text{-}1)$$
$$l = 2.5b$$

式中　$L$——最大视距（mm）；

　　　$b$——图形短边（mm）；

　　　$l$——图形长边（mm）。

而其它特殊形状的标志灯具，应配合室内装饰的需要统一设计，但它们的大小尺寸也应符合国家《安全标志》（GB2894—82）中的推算公式：

$$A \geqslant L^2/2000 \qquad\qquad (8\text{-}2)$$

式中　$A$——安全标志的面积（mm²）；

　　　$L$——最大视距（mm）。

并且规定长方形标志短边 $b \leqslant 285$mm，可求得最大长方形标志尺寸为 285mm×713mm，视距 $L \leqslant 20$m；三角形标志的长边 $l \leqslant 550$mm，即视距 $L \leqslant 16$m；圆形标志的直径 $d \leqslant 400$mm，可求得最大视距 $L \leqslant 16$m。

## 四、火灾应急照明场所的供电时间和照度要求

应满足表 8-2 所列数值，但高度超过 100m 的建筑物及人员疏散缓慢的场所应按实际要求计算。

| 名　　　称 | 供电时间 | 照　度 | 场　所　举　例 |
|---|---|---|---|
| 火灾疏散标志照明 | 不少于 20min | 最低不应低于 0.51x | 电梯轿厢内、消火栓处、自动扶梯安全出口、台阶处、疏散走廊、室内通道、公共出口 |
| 暂时继续工作的备用照明 | 不少于 1h | 不少于正常照度的 50% | 人员密集场所，如展览厅、多功能厅、餐厅、营业厅、和危险场所、避难层等 |
| 继续工作的备用照明 | 连　续 | 不少于正常照明的照度 | 配电室、消防控制室、消防泵房、发电机室、蓄电池室、火灾广播室、电话站 BAS 中控室以及其他重要房间 |

### 五、应急照明在正常电源断电后，其电源转换时间

应满足：

疏散照明≤15s；

备用照明≤15s（金融商业交易场所≤1.5s）；

安全照明≤0.5s。

### 六、应急照明灯应设保护罩

应急照明灯应设玻璃或其他非燃材料制作的保护罩，必须采用能瞬时点亮的照明光源（一般采用白炽灯或卤钨灯），当应急照明作为正常照明的一部分而经常点燃时，在发生故障不需拆换电源的情况下，可采用其它照明光源。

### 七、应急照明的供电及控制方式

应急照明的供电可按如下规定选用：

（1）当设有两台或以上电力变压器时，宜与正常照明供电线路分别接入不同的变压器。

（2）仅设有一台变压器时，宜与正常照明供电线路在变电所内的低压配电屏（或低压母线）上分开。

（3）未设变压器时，应在电源进户线处与正常照明供电线路分开，并不得与正常照明共用一个总电源开关。

（4）为了充分保证应急照明的供电、应采用有足够容量的蓄电池或柴油发电机装置作为备用电源，其备用电源的形式可根据建筑物的规模、用途、灯具数量等因素选定，一般以建筑面积 2000m² 为界限。当建筑面积不足 2000m² 时，采用备用电源内设型应急照明灯具，即采用自带备用电源的应急照明灯；当建筑面积超过 2000m² 时，则采用备用电源外设型应急照明灯具，即采用独立于正常供电电源的柴油发电机组或蓄电池组集中供电，这样在经济上有利。

### 八、备用电源内设型应急照明灯控制

《民用建筑电气设计规范》（JGJ/T16—92）中应急照明的设计规定中规定，疏散照明平时应处于点亮状态，但下列情况可以除外：

（1）在假日、夜间定期无人工作，或使用仅由值班或警卫人员负责管理时。

（2）可由外来光线识别的安全出口和疏散方向时。

当采用带有蓄电池的应急照明灯时，在上述例外情况下应采用三线式配线，以使蓄电池处于经常充电状态。

此项规定是要在疏散照明（选用备用电源内设型应急照明灯具）灯具内常用光源及备用光源受控熄灭时，保持蓄电池处于充电状态，见图8-26、图8-27、图8-28。

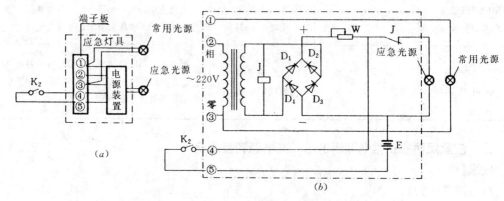

图8-26　备用电源内设型应急照明灯控制线路

（a）接线端子图；（b）应急（备用）电源装置

图中 $K_2$ 为应急照明集中（或个别）控制开关，一般设在消防值班室内

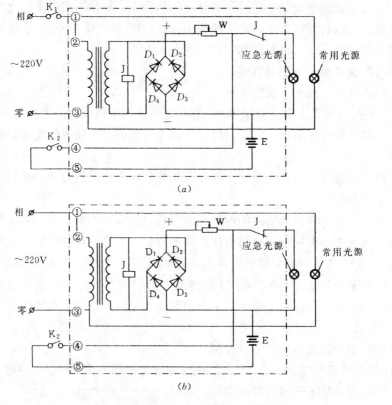

图8-27　备用电源内设型应急照明灯二线式接线示意图

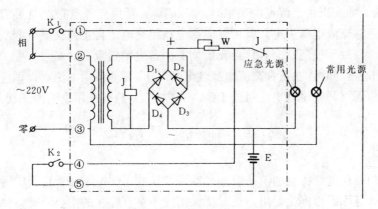

图 8-28　备用电源内设型应急照明灯三线式接线示意图

下面就二线式接线及三线式接线，考虑 $K_1$、$K_2$ 的状态及正常交流电源的供电状态，将各种状态下备用电源内设型应急照明灯具内常用光源、备用光源及蓄电池组的工作状态见表 8-3、表 8-4、表 8-5。

备用电源内设型应急照明灯二线式 (a) 种接线　　　　　　　　表 8-3

|  | 交流电源供电 | | 交流电源断电 | |
|---|---|---|---|---|
|  | $K_1$ 接通 | $K_1$ 断开 | $K_1$ 接通 | $K_1$ 断开 |
| $K_2$ 接通 | 常用光源点亮,应急光源熄灭,蓄电池组充电 | 常用光源熄灭,应急光源点亮,蓄电池组放电 | 常用光源熄灭,应急光源点亮,蓄电池组放电 | 常用光源熄灭,应急光源点亮,蓄电池组放电 |
| $K_2$ 断开 | 常用光源点亮,应急光源熄灭,蓄电池组不工作 | 常用光源熄灭,应急光源熄灭,蓄电池组不工作 | 常用光源熄灭,应急光源熄灭,蓄电池组不工作 | 常用光源熄灭,应急光源熄灭,蓄电池组不工作 |

备用电源内设型应急照明灯二线式 (b) 种接线　　　　　　　　表 8-4

|  | 交流电源供电 | 交流电源断电 |
|---|---|---|
| $K_2$ 接通 | 常用光源点亮, 应急光源熄灭, 蓄电池组充电 | 常用光源熄灭, 应急光源点亮, 蓄电池组放电 |
| $K_2$ 断开 | 常用光源点亮, 应急光源熄灭, 蓄电池组不工作 | 常用光源熄灭, 应急光源熄灭, 蓄电池组不工作 |

备用电源内设型应急照明灯三线式接线　　　　　　　　表 8-5

|  | 交流电源供电 | | 交流电源断电 | |
|---|---|---|---|---|
|  | $K_1$ 接通 | $K_1$ 断开 | $K_1$ 接通 | $K_1$ 断开 |
| $K_2$ 接通 | 常用光源点亮,应急光源熄灭,蓄电池组充电 | 常用光源熄灭,应急光源熄灭,蓄电池组充电 | 常用光源熄灭,应急光源点亮,蓄电池组放电 | 常用光源熄灭,应急光源点亮,蓄电池组放电 |
| $K_2$ 断开 | 常用光源点亮,应急光源熄灭,蓄电池组不工作 | 常用光源熄灭,应急光源熄灭,蓄电池组不工作 | 常用光源熄灭,应急光源熄灭,蓄电池组不工作 | 常用光源熄灭,应急光源熄灭,蓄电池组不工作 |

对于二线式 (a) 种接线及 (b) 种接线，只要 $K_2$ 接通，无论正常交流电源供电状态如何，和 $K_1$ 处于什么状态，应急灯都会点亮（常用光源点亮或备用电源点亮），且只有在常用光源点亮时蓄电池组才会被充电。而对于三线式接线，$K_2$ 闭合时，常用光源的点亮和熄

灭受 $K_1$ 的控制，即当正常交流电源供电时，$K_1$ 闭合，常用光源点亮，$K_1$ 断开，常用光源熄灭，并只要正常交流电源供电，就可以向蓄电池组充电。在正常交流电源断电时，只要 $K_2$ 闭合，无论 $K_1$ 处于任何状态，应急光源均能由蓄电池组点亮。

由以上分析我们知道，在正常交流电源供电情况下，要使备用电源内设型应急灯达到即可控制其点亮和熄灭又要使蓄电池组处于经常充电状态，只有采用上述的三线式配线方式。

# 第六节 消 防 电 梯

消防电梯是高层建筑特有的消防设施。高层建筑的工作电梯在发生火灾时，常常因为断电和不防烟火等原因而停止使用，这时楼梯则成为垂直疏散的主要设施，如不设置消防电梯，一旦高层建筑高处起火，消防队员若靠攀登楼梯进行扑救，会因体力不支和运送器材困难而贻误战机。且消防队员经楼梯奔向起火部位进行扑救火灾工作，势必和向下疏散的人员产生"对撞"情况，也会延误灭火战机。另外未疏散出来的楼内受伤人员不能利用消防电梯进行急时的抢救，容易造成不应有的伤亡事故。因此，必须设置消防电梯，为控制火势蔓延和扑救赢得时间，可见，高层建筑设置消防电梯是十分必要的。

**一、设置消防电梯的高层建筑**

《高层民用建筑设计防火规范》（GB50045—95）中规定，下列高层建筑应设消防电梯：

（1）一类公共建筑；

（2）塔式住宅；

（3）12 层及 12 层以上的单元式住宅和通廊式住宅；

（4）高度超过 32m 的其它二类公共建筑。

**二、高层建筑消防电梯的设置数量**

设置消防电梯的台数，国内没有经验，参考日本有关规定，我国当前高层建筑消防电梯的设置数量规定如下：

（1）当每层建筑面积不大于 1500m² 时，应设 1 台；

（2）当大于 1500m² 但不大于 4500m² 时，应设 2 台；

（3）当大于 4500m² 时，应设 3 台；

（4）消防电梯可与客梯或工作电梯兼用，但应符合消防电梯的要求。

**三、消防电梯的设置应符合下列规定**

（1）设置过程中，要避免将两台或两台以上的消防电梯设置在同一防火分区内。这样在同一高层建筑，其它防火分区发生火灾，会给扑救带来不便和困难。因此，消防电梯要分别设在不同防火分区里。

（2）实际工程中，为便于维修管理，几台电梯的梯井往往连通或设开口相连通，电梯机房也合并使用，在发生火灾时，对消防电梯的安全使用不利。为了保证消防电梯在任何火灾情况下能够坚持工作，要求它的梯井、机房与其它电梯的梯井、机房之间，采用耐火极限不低于 2.00h 的隔墙隔开，必须连通的开口部位应设甲级防火门。

（3）消防电梯井要与其它（如电缆井、管道井）竖向管井分开单独设置，向电梯机房供电的电源线路不应敷设在电梯井道内。电梯井道易成为火灾的通道，将电梯的电源线路敷设在井道中不利于线路安全，电源线路本身起火也会危及电梯井道安全。因此，在电梯井道内除电梯的专用线路（控制、照明、信号及井道的消防需用的线路等）外，其它线路不得沿电梯井道敷设。在电梯井道内敷设的电缆和电线应是阻燃的，且应采取防火措施，穿线管槽应为阻燃型。消防电梯的井底应设排水设施，排水井容量不应小于 2.00m³、排水泵的排水量不应小于 10L/s，有些高层建筑，其消防电梯的梯井底部由于未考虑排水设施，灭火时消防废水大量流入井内，一时不能排走，影响电梯的安全使用。

（4）消防电梯宜设置排烟前室，消防电梯是专门输送消防人员和消防器材迅速到达着火地点进行消防扑救用的，也是抢救受伤人员用的。因此，设置排烟前室，在火灾时，就能够将大量烟雾在前室附近排掉，使消防队员在起火层有一个较为安全的地方，放置必要的消防器材，从而保证消防人员顺利进行消防扑救和抢救受伤人员。其面积：居住建筑不应小于 4.50m²；公共建筑不应小于 6.00m²。当与防烟楼梯间合用前室时，其面积：居住建筑不应小于 6.00m²；公共建筑不应小于 10m²。消防电梯间前室的门，应采用乙级防火门或具有停滞功能的防火卷帘。

（5）消防电梯前室宜靠外墙设置。这样布置，可利用在外墙上开设的窗户进行自然排烟，即可节约投资，又能满足消防扑救时的要求。为了便于消防人员迅速而有效地利用消防电梯，在首层应设有直通室外的出口，如受条件限制，出口不能直接靠外墙布置时，则应考虑设置专用的通道（不经过其它房间），能直接通向室外，以便消防人员迅速到达消防电梯入口，投入抢救工作。考虑到有的高层建筑由于功能上的需要，常常在底层布置各种附属用房，致使消防电梯出口不能直接对外，为了保证消防人员从室外能迅速赶到消防电梯，则专用通道的距离要适当加以限制，一般以不超过 30m 为宜。

（6）消防电梯到最远救护点的步行距离不宜过大。根据人在烟气中行走的极限距离 30m 的情况，考虑到目前我国设置消防电梯数量的可能性，又能基本上保证消防人员抢救时的安全，消防电梯到最远救护点的距离，一般建筑不宜超过 40m；可燃装修较多而性质又重要的建筑，不宜超过 30m。如达不到此要求，应增设消防电梯。

（7）要选用适当速度的消防电梯。消防队员到达着火层越快，扑救就越早，损失也会相应减少。因此，消防电梯的速度宜快些。应根据建筑物的高度和层数不同，选用不同速度的消防电梯。消防电梯的行驶速度，应按从首层到顶层的运行时间不超过 60s 计算确定。如高度为 60m 左右的建筑，宜选用速度为 1m/s 的消防电梯；高度为 90m 左右的高层建筑，宜选用速度为 1.5m/s 的消防电梯；高度为 120m 的高层建筑，宜选用速度为 2.0m/s 的消防电梯。

（8）电梯轿厢的载重量要能满足要求。为了满足需要，要选用载重量较大，一般不应小于 800kg，且其尺寸不应小于 1.4m² 的轿厢作为消防电梯的轿厢。这是因为火灾时一次至少要将一个战斗班的人数（8 人左右）和随身携带的消防器材运到着火部位。轿厢的尺寸要求，是为了满足消防人员必要时搬运大型消防器具和使用担架抢救伤员的需要。

（9）消防电梯轿厢内应设专用电话，并应在首层设供消防队员专用的操作按钮。专用操作按钮是消防电梯特有的装置。它设在首层靠近电梯轿厢门的开锁装置内。火灾时，消防队员使用此钮的同时，常用的控制按钮失去作用。专用操作按钮使电梯降到首层，以保证消防队员的使用。消防专用电话能使消防电梯内消防队员随时同消防控制室保持联系，保证灭火工作顺利进行。

（10）消防电梯前室应设有消防竖管和消火栓。这是因为消防电梯是消防人员进入高层建筑内起火部位的主要进攻路线。为了便于消防人员进入火场打开通路，向火灾发起进攻，故其前室设置消防竖管和消火栓是十分必要的。

### 四、消防电梯的应急电源转换

当电梯在市电停电时，采用应急备用发电机组作为电梯的备用电源是救出轿厢里的乘客的有效措施。当出现灾情（地震、火警）时，电梯必须进行应急操作，如果采用电脑群控电梯，电梯将会自动转入灾情服务。当采用集选控制方式时，除消防电梯保证连续供电外，其余的普通电梯应在备用电源的配电系统中采取措施分批依次短时馈给指定电梯，以保证它们返回指定层（首层）将乘客放出，关门停运。上述操作应在几分钟内进行完毕，然后断开所有普通电梯的电源。

图 8-29 表示了为一组 4 部电梯提供的应急电源转换系统的一种形式。这个系统包括一套为每部电梯设置的自动转换开关，一个检测和控制屏和一个遥控选择站。在这个系统中，当外部电源发生故障时，由应急电源竖向母线向一部预选的电梯供电。操作人员可从遥控选择站上选择个别电梯而完全排除所有其它电梯。遥控选择站的相互闭锁电路在一个时刻只允许一部电梯和应急电源竖向母线相连。柴油发电机组和应急电源竖向母线的规格只需考虑一部电梯的容量，因此花费的投资是最少的。

更普遍安装的系统采用一个转换开关把电梯馈电线从正常电源转换到开关室内备用电

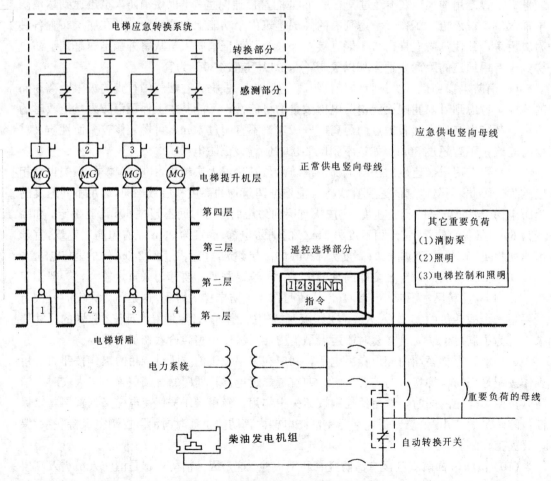

图 8-29 典型的电梯应急电源转换系统

源。所有电源的馈电线都接通电源而由闭锁个别电梯控制器来限制在一个时候有多少电梯在运行。

《民用建筑电气设计规范》(JGJ/T16—92)中规定，当消防电梯平时兼作普通客梯使用时，应具有火灾时工作程序的转换装置。

对于超高层建筑和级别高的宾馆、大厦等大型公共建筑，在防灾控制中心宜设置显示各部电梯运行的模拟盘及电梯自身故障或出现异常状态时的操纵盘。事故运行操纵盘的内容包括：

（1）电梯异常的指示器；

（2）轿厢位置的指示器；

（3）轿厢起动和停止的指示器、远距离操纵装置；

（4）停电时运行的指示器和操纵装置；

（5）地震时运行的指示器和操纵装置；

（6）火灾时运行的指示器和操纵装置。

\* \* \*

表 8-6 为部分扬声器的主要技术指标；

表 8-7 为应急照明设计常用名词术语及其定义；

表 8-8 为部分应急灯型号及主要参数表；

表 8-9 为表 8-8 的注型号含义；

图 8-30 为应急灯外形尺寸（表 8-8 附图）；

表 8-10 为应急照明灯规格标准；

表 8-11 为应急照明的设置范围和设计要求；

表 8-12 为几类建筑应急照明灯规格形式的选择方案。

部分扬声器的主要技术指标　　　　　　　　表 8-6

| 型　号 | 口径 (mm) | 功率 (V·A) | 阻抗 (Ω) | 谐振频率 $f_0$ (Hz) | 有效频率范围 (Hz) | 平均特性灵敏度 (dB/1ml V·A) | 形　式 |
|---|---|---|---|---|---|---|---|
| YD40-1 | 40 | 0.2 | 8 | ≤650 | $f_0\sim$3k | 85 | 电动式，纸盆 |
| YD50-1 | 50 | 0.2 | 8 | ≤600 | $f_0\sim$3k | 86 | 电动式，纸盆 |
| YD55-1 | 55 | 0.2 | 8 | ≤500 | $f_0\sim$3.5k | 89 | 电动式，纸盆 |
| YD65-1 | 65 | 0.5 | 8 | ≤350 | $f_0\sim$3.5k | 89 | 电动式，纸盆 |
| YD77-1 | 77 | 1 | 8 | 250 | $f_0\sim$8k | 88 | 电动式，纸盆 |
| YD80-1 | 80 | 1 | 8 | ≤280 | $f_0\sim$3.5k | 89 | 电动式，纸盆 |
| YD100-8A | 100 | 2 | 8 | ≤200 | $f_0\sim$10k | 90 | 电动式，纸盆 |
| YD130-5 | 130 | 3 | 4，8，16 | ≤160 | $f_0\sim$10k | 92 | 电动式，纸盆 |
| YD165-4 | 165 | 8 | 8 | ≤100 | $f_0\sim$12k | 92 | 电动式，纸盆 |
| YD200-5A | 200 | 10 | 8 | ≤60 | $f_0\sim$7k | 92 | 电动式，纸盆 |
| YD300-2 | 300 | 15 | 8，16 | ≤70 | $f_0\sim$8k | 93 | 电动式，纸盆 |
| YD300-4 | 300 | 40 | 16 | ≤40 | $f_0\sim$1k | 92 | 电动式，纸盆 |
| YD450-1 | 450 | 80 | 32 | ≤35 | $f_0\sim$1k | 93 | 电动式，纸盆 |
| YDT0508-1 | 50×80 | 0.5 | 8 | ≤350 | $f_0\sim$3.5k | 86 | 电动式，纸盆 |
| YDT0813-4 | 80×130 | 1 | 8，16 | ≤220 | $f_0\sim$5.5k | 89 | 电动式，纸盆 |
| YDT0816-2 | 80×160 | 2 | 4，8 | ≤200 | $f_0\sim$7k | 92 | 电动式，纸盆 |
| YDT1016-2 | 10×160 | 3 | 4，8 | ≤120 | $f_0\sim$7k | 92 | 电动式，纸盆 |

## 应急照明设计常用名词术语及其定义

表 8-7

| 术　语 | 定　　义 | 英文名称 |
|---|---|---|
| 疏散照明 | 在正常照明系统断电后，为使人们迅速无误地撤离建筑物而设置的应急照明 | Escape Lighting |
| 备用照明 | 在正常照明失效后，为继续工作或暂时进行正常活动而设置的应急照明 | Stand-by Lighting |
| 安全照明 | 在正常照明失效时，为确保处于潜在危险中的人们的安全而设置的应急照明 | Safety Lighting |
| 持续应急照明 | 与正常照明同时点亮，在正常照明故障时仍然点亮的应急照明，即该光源始终与电源接通 | Maintained emergency Lighting |
| 非持续应急照明 | 当正常照明断电或故障时才点亮的应急照明 | No-maintained emergency Lighting |
| 应急出口 | 仅在紧急情况（如火灾）时才使用的建筑物出口 | Emergency exit |
| 安全出口 | 符合国家有关消防规范规定位置和宽度的通向疏散走道、疏散楼梯间、相邻防火单元或直通室外的出口 | Safety exit |
| 疏散走道 | 安全出口和房间之间用于人们疏散的步行走道 | Escape route |
| 疏散楼梯 | 连接疏散走道与应急出口（或正常出口）的楼梯 | Escape stairs |
| 疏散指示标志 | 在疏散走道上用箭头、文字或图形指示安全出口方向或位置的标志 | Escape sign |
| 疏散标志灯 | 在灯罩上有疏散指示标志的应急照明灯具 | Escape sign Luminaire |
| 疏散照明灯 | 为人们安全疏散而提供应急照明的灯具 | Escape Lighting Luminaire |
| 组合示应急照明灯 | 具有两个以上光源，其中至少有一个光渠是由应急照明电源供电，而其它光源均由正常照明电源供电的应急照明灯具（应急照明可为持续式或非持续式的） | Sustained system Luminaire |
| 内设型应急照明灯 | 持续式或非持续式的应急照明灯具，其蓄电池控制器件和检测设备等与光源一起装设于灯具内部或其附近（≤500mm） | Self-Contained Luminaire |
| 外设型应急照明灯 | 技续式或非持续式的应急照明灯具，其灯具内无独立备用电源，而是由集中的备用供电系统供电 | Centrally Supplied Luminaire |

| 名　称 | 型号规格 | 常用光源（W） | 应　急　光　源 | | | | 外　形　尺　寸 |
|---|---|---|---|---|---|---|---|
| | | | 灯泡（W） | 电池（AH） | 电压（V） | 时间（min） | L×B×F（mm） |
| 应急双面标志灯 | 88Y051—□□□ | −30 | 4×10 | 5×5 | 6.0 | 40 | 1000×400×700 |
| | 88Y052—□□□ | −20 | 2×15 | 5×5 | 6.0 | 54 | 800×300×550 |
| | 88Y053—□□□ | −20 | 2×15 | 5×5 | 6.0 | 54 | 700×220×420 |
| 嵌入式应急指示灯 | 88Y081—□□□ | | 2×3 | 3×1.5 | 3.6 | 48 | 230×110×120 |
| | 88Y082—□□□ | 15 | 2×3 | 3×1.5 | 3.6 | 48 | 230×150×150 |
| | 88Y083—□□□ | | 2×8 | 5×1.5 | 6.0 | 30 | 260×170×120 |
| | 88Y084—□□□ | 15 | 2×8 | 5×1.5 | 6.0 | 30 | 260×200×150 |
| | 88Y085—□□□ | | 2×15 | 5×5 | 6.0 | 54 | 300×200×150 |
| | 88Y086—□□□ | 2×40 | 2×15 | 5×5 | 6.0 | 54 | 400×400×150 |
| 矩形嵌入式应急灯 | 88Y222 | U30 | U30 | 10×1.5 | ～220 | 30 | 450×300 |
| | 88Y223 | 020 | 2×15 | 5×5 | 6.0 | 54 | 400×400 |
| | 88Y224 | 020 | 020 | 10×1.5 | ～220 | 45 | 300×300 |
| | 88Y225 | U15 | 2×15 | 5×5 | 6.0 | 54 | 250×200 |
| | 88Y226 | U15 | U15 | 5×1.5 | ～220 | 30 | 250×200 |
| 圆形嵌入式应急灯 | 88Y231 | 030 | 2×15 | 5×5 | 6.0 | 54 | φ560 |
| | 88Y232 | 030 | 030 | 10×1.5 | ～220 | 30 | φ560 |
| | 88Y233 | 040 | 2×15 | 5×5 | 6.0 | 54 | φ560 |
| | 88Y234 | 040 | 040 | 15×1.5 | ～220 | 33 | φ560 |
| | 88Y235 | 2×100 | 2×15 | 5×5 | 6.0 | 54 | φ560 |

表 8-8 注的型号含义　　　表 8-9

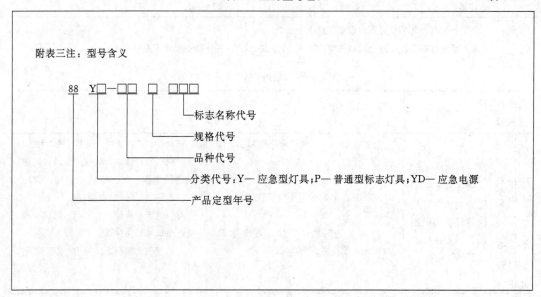

附表三注：型号含义

88　Y□—□□　□　□□□

标志名称代号
规格代号
品种代号
分类代号：Y— 应急型灯具；P— 普通型标志灯具；YD— 应急电源
产品定型年号

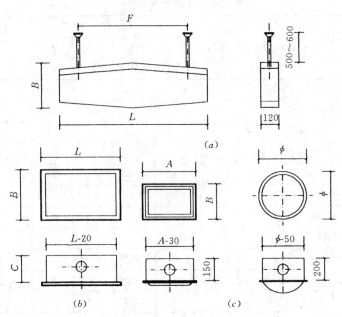

图 8-30　应急灯外形尺寸（表 8-8 附图）

(*a*) 应急双面标志灯；(*b*) 嵌入式应急指示灯；(*c*) 矩形、圆形嵌入式应急灯

**应急照明灯规格标准**　　　　　　　　　　　　　　　表 8-10

| 类　　　别 | 标　志　灯　规　格 | | 采用荧光灯时的<br>光源功率<br>（W） |
|---|---|---|---|
| | 长边/短边 | 长边的长度<br>（cm） | |
| Ⅰ 型 | 4：1 或 5：1 | ＞100 | ≥30 |
| Ⅱ 型 | 3：1 或 4：1 | 50～100 | ≥20 |
| Ⅲ 型 | 2：1 或 3：1 | 36～50 | ≥10 |
| Ⅳ 型 | 2：1 或 3：1 | 25～35 | ≥6 |

注：1）Ⅰ型标志灯内所装设光源的数量不宜少于 2 个；

　　2）疏散标志灯安装在地面上时，长宽比可取 1：1 或 2：1，长边最小尺寸不宜小于 40cm。

**应急照明的设置范围和设计要求**　　　　　　　　　表 8-11

| 应急照明类别 | | 标志颜色 | 设　计　要　求 | 设置场所示例 |
|---|---|---|---|---|
| 疏散照明 | 安全出口标志灯 | 绿底白字或白底绿字（用中文或中英文文字标明《安全出口》并宜有图形） | 正常时：在 30m 远处能识别标志，其亮度不应低于 15cd/m²，不高于 300cd/m²<br><br>应急时：在 20m 远处能识别标志<br>照度水平：＞0.5lx<br><br>持续工作时间：多层、高层建筑 ≥30min；超高层建筑 ≥60min | 观众厅、多功能厅、候车（机）大厅、医院病房的楼梯口、疏散出口、多层建筑中层面积＞1500m² 的展示厅、营业厅、面积＞200m² 的演播厅<br><br>高层建筑中展厅、营业厅、避难层和安全出口（二类建筑住宅除外）<br><br>人员密集且面积＞300m² 的地下建筑 |

| 应急照明类别 | | 标志颜色 | 设 计 要 求 | 设置场所示例 |
|---|---|---|---|---|
| 疏散照明 | 疏散指示标志灯 | 白底绿字或绿底白字（用箭头和图形指示疏散方向） | 正常时：在20m远处能识别标志，其亮度不应低于15cd/m²，不高于300cd/m²<br>应急时：在15m远处能识别标志<br>照度水平：＞0.5lx<br>持续工作时间：多层、高层建筑≥30min；超高层建筑≥60min | 医院病房的疏散走道、楼梯间<br>高层公共建筑中的疏散走道和长度≥20m的内走道<br>防烟楼梯间及其前室、消防电梯间及其前室 |
| | 疏散照明灯 | 宜选专用照明灯具 | 正常照明协调布置<br>布灯：距离比≤4<br>照度水平：＞5lx<br>观众厅通道地面上的照度水平≥0.2lx<br>持续工作时间：多层、高层建筑≥30min；超高层建筑≥60min | 高层公共建筑中的疏散走道和长度＞20m的内走道<br>防烟楼梯间及其前室、消防电梯间及其前室 |
| 备用照明 | | 宜选专用照明灯具 | 消防控制室、消防泵房、排烟机房、发电机房、变电室、电话总机房、中央监控室等应保持正常照明的照度水平，其它场所可不低于正常照明照度的1/10，但最低不宜少于5lx<br>持续工作时间：＞120min | 消防控制室、消防泵房、排烟机房、发电机房、变电室、电话总机房、中央监控室等<br>多层建筑中层面积＞1500m²的展厅、营业厅，面积＞200m²的演播厅<br>高层建筑中的观众厅、多功能厅、餐厅、会议厅、国际候车（机）厅、展厅、营业厅、出租办公用房、避难层和封闭楼梯间<br>人员密集且面积＞300m²的地下建筑 |
| 安全照明 | | 宜选专用照明灯具 | 应保持正常照明的照度水平 | 医院手术室（因瞬时停电会危及生命安全的手术） |

注：1）应急照明用灯具靠近可燃物时，应采取隔热、散热等防火措施。当采用白炽灯、卤钨灯、荧光高压汞灯（包括镇流器）等光源时，不应直接安装在可燃装修或可燃构件上；

2）安全出口标志灯和疏散指示标志灯应装有玻璃或非燃材料的保护罩，其面板亮度均匀度宜为1：10（最低：最高）；

3）楼梯间内的疏散照明灯应装有白色保护罩，并在保护罩两端标明踏步方向的上、下层的层号（即层灯）；

4）疏散照明、备用照明、安全照明用灯具可利用正常照明的一部分，但通常宜选用专用照明灯具；

5）超高层建筑系指建筑物地面上高度在100m以上者。

| 建筑物类别 | 安全出口标志灯 | | 疏散标志灯 | |
|---|---|---|---|---|
| | 建筑总面积（m²） | | 每层建筑面积（m²） | |
| | >10000 | <10000 | >1000 | <1000 |
| 旅　馆 | Ⅰ型或Ⅱ型 | Ⅱ型或Ⅲ型 | Ⅲ型或Ⅳ型 | |
| 医　院 | Ⅰ型或Ⅱ型 | Ⅱ型或Ⅲ型 | Ⅲ型或Ⅳ型 | |
| 影剧院 | Ⅰ型或Ⅱ型 | Ⅱ型或Ⅲ型 | Ⅲ型或Ⅳ型 | |
| 俱乐部 | Ⅰ型或Ⅱ型 | Ⅱ型或Ⅲ型 | Ⅱ型或Ⅲ型 | Ⅲ型或Ⅳ型 |
| 商　店 | Ⅰ型或Ⅱ型 | Ⅱ型或Ⅲ型 | Ⅱ型或Ⅲ型 | Ⅲ型或Ⅳ型 |
| 餐　厅 | Ⅰ型或Ⅱ型 | Ⅱ型或Ⅲ型 | Ⅱ型或Ⅲ型 | Ⅲ型或Ⅳ型 |
| 地下街 | Ⅰ型 | | Ⅱ型或Ⅲ型 | |
| 车　库 | Ⅰ型 | | Ⅱ型或Ⅲ型 | |

# 思 考 题 与 习 题

1. 防火与减灾系统的功能是什么？

2. 为什么要对建筑划分防火分区？什么是水平防火分区？什么是垂直防火分区？

3. 什么是电动防火卷帘的两次控制下落方式？

4. 简述水幕系统的三种控制方式。

5. 为什么要对建筑划分防烟分区？防排烟方式有几种？

6. 火灾事故广播输出分路，应按什么样的楼层顺序播放疏散指令？

7. 对消防专用电话系统中的电话总机选择有什么要求？

8. 应急照明在正常电源断电后，其电源转换时间有何规定？供电时间有何要求？

9. 设计一个备用电源内设型应急照明灯的控制线路，并简述其工作原理。

10. 电梯事故运行操纵盘的内容包括哪些？

11. 消防电梯的运行速度、轿厢的载重量及尺寸选择的原则是什么？

# 第九章　建筑消防系统设计

本章以高层民用建筑消防系统设计为主要介绍对象。重点介绍火灾自动报警系统和消防联动控制设计中的基本原则、要点、要求和方法。

## 第一节　建筑分类、火灾保护等级、范围的规定

不同建筑有不同的火灾危险性和保护价值，在消防安全要求，防火技术措施和保护范围等方面应作区别对待。作为设计人员，应首先了解建筑是如何进行防火分类的，哪些属于高层建筑，分类的依据和目的是什么，不同的建筑火灾保护等级和保护范围有哪些规定等内容，这样才能对不同建筑防火设计把握住宽严的尺度，作出既符合我国国情，又达到防火要求的设计方案。

### 一、建筑防火分类

从消防角度，建筑物按其高层（或层数）可以分为高层建筑和低层建筑，按其用途又可分为民用建筑和工业建筑，它们在防火要求、措施及防火设计指导思想上都有所区别。由建筑分类，便可确定各类建筑的保护等级，从而采取不同的保护方式。建筑分类是建筑消防系统设计的主要依据之一。

（一）高层建筑

高层建筑按其用途，可分为高层民用建筑和高层工业建筑两大类（以下统称高层建筑）。

1. 高层建筑划分

（1）高层民用建筑　按《高层民用建筑设计防火规范》（GB50045—95）（简称高规）规定：凡10层及10层以上的居住建筑（包括首层设置商业网点的住宅）；建筑高度超过24m的公共建筑均属高层民用建筑。这对于新建、扩建和改建的高层建筑及裙房均适用。此处的裙房是指与高层建筑相连的建筑高度不超过24m的附属建筑；建筑高度是指高层建筑室外地面到其檐口或屋面面层的高度，至于屋顶上的了望塔、水箱间、电梯机房、排烟机房和楼梯出口小间等不计入建筑高度和层数内。

（2）高层工业建筑　高层工业建筑与高层民用建筑起始高度的划分基本一致。按《建筑设计防火规范》（GBJ16—67）（简称建规）的规定：凡高度（指建筑物室外地面到其檐口或女儿墙的高度）超过24m的2层及2层以上的厂房、库房均属高层工业建筑。

2. 起始高度划分的依据

高层建筑起始高度的划分是由一个国家的经济条件和消防装备等情况来确定的。具体主要有如下二点：

（1）登高消防器材　登高消防器材主要是指登高平台消防车、举高喷射消防车（又称高空喷射消防车）和云梯消防车。它们统称为登高消防车。这是一种装备举高、灭火装置

可进行登高灭火和营救高空被困人员的消防车，是消防队扑救高层建筑火灾最主要的消防装备。它对高层建筑火灾的扑救能力受到其额定高度（在额定载荷下所能举升的最大工作高度）的限制。登高消防设备的额定高度确定了高层建筑的起始高度。

（2）消防车供水能力　城市消防队配备的消防车，例如我国主要采用的解放牌消防车，其配置的水带是以直径为 65mm 的麻质水带为主，其标称压力为 10kg/cm²，实际工作压力为 7kg/cm² 左右，在最不利情况下（从底层沿楼梯铺设水带），能直接吸水扑救火灾的最大工作高度约为 24m 左右。这 24m 是在"车泵"使用时的压力以 70m 水柱计算，减去每个水枪喷嘴处的压力损失（20.5m 水柱）与 8 条水带压力损失之和（26m 水柱）得出的。对于高层民用建筑还应有如下三点考虑：

（1）住宅建筑定为 10 层及 10 层以上为高层建筑的原因，除上述因素外，还考虑了它占的数量约为全部高层建筑的 40%～50%，不论是塔式或板式高层建筑，每个单元间防火分区面积均不大，并有较好的防火分隔，火灾时发生蔓延程度受到一定限制，危害性较少，故作了区别对待。

（2）首层设置商业服务网点（必须符合规定的服务网点）如超出规定或第二层也设置商业网点，应视为商住楼对待，不应以商业服务网点对待。

（3）参考了国外对高层建筑起始高度的划分，表 9-1 给出了几个国家对高层建筑起始高度划分的规定。

高层建筑起始高度划分界线表 表 9-1

| 国　别 | 起　始　高　度 | 国　别 | 起　始　高　度 |
|---|---|---|---|
| 中国（本规范） | 住宅：10 层及 10 层以上，其它建筑：>24m | 比利时 | 25m（至室外地面） |
| 德　国 | >22m（至底层室内地板面） | 英　国 | 24.3m |
| 法　国 | 住宅：>50m，其它建筑：>28m | 原苏联 | 住宅：10 层及 10 层以上，其它建筑：7 层 |
| 日　本 | 31m（11 层） | 美　国 | 22～25m 或 7 层以上 |

3. 防火等级分类

（1）高层民用建筑，按《高规》规定，我国将高层民用建筑分为两类。分类的根据是按高层民用建筑的使用性质、火灾危险性、疏散和扑救难易程度等因素来划分的，并宜符合表 9-2 的规定。

高层建筑分类是一个较复杂的问题，从消防的角度将性质重要、火灾危险大、疏散和扑救难度大的高层民用建筑定为一类。这类高层建筑有的同时具备上述几个方面的因素，有的则具有较为突出的一、二个方面的因素，例如医院的病房楼不计高度皆划为一类，这是根据病人行动不便、疏散困难的特点确定的。

对表 9-2 中的建筑有如下解释：

1）高级旅馆　指建筑标准高，功能复杂，火灾危险性较大和设有空调系统的、具有星级条件的旅馆；

高层民用建筑分类表

表 9-2

| 名　称 | 一　类 | 二　类 |
|---|---|---|
| 居住建筑 | 高级住宅<br>19 层及 19 层以上的普通住宅 | 10～18 层的普通住宅 |
| 公共建筑 | 1. 医院<br>2. 高级旅馆<br>3. 建筑高度超过 50m 或每层建筑面积超过 1000m² 的商业楼、展览楼、综合楼、电信楼、财贸金融楼<br>4. 建筑高度超过 50m 或每层建筑面积超过 1500m² 的商住楼<br>5. 中央级和省级（含计划单列市）广播电视楼<br>6. 网局级和省级（含计划单列市）电力调度楼<br>7. 省级（含计划单列市）邮政楼、防灾指挥调度楼<br>8. 藏书超过 100 万册的图书馆、书库<br>9. 重要的办公楼、科研楼、档案楼<br>10. 建筑高度超过 50m 的教学楼和普通的旅馆、办公楼、科研楼、档案楼等 | 1. 除一类建筑以外的商业楼、展览楼、综合楼、电信楼、财贸金融楼、商住楼、图书馆、书库<br>2. 省级以下的邮政楼、防灾指挥调度楼、广播电视楼、电力调度楼<br>3. 建筑高度不超过 50m 的教学楼和普通的旅馆、办公楼、科研楼、档案等 |

2）综合楼　由两种或两种以上用途的楼层组成的公共建筑；

3）商住楼　底部商业营业厅与住宅组成的高层建筑。通常是下面若干层为商业营业厅，其上面为塔式或普通或高级住宅；

4）高级住宅　指建筑装修标准高和设有空调系统的住宅。具体来说，一是看装修的复杂程度，二是看是否有满铺地毯，三是看家具、陈设是否高档，四是应有空调系统。四者皆具备，应视为高级住宅；

5）重要的办公楼，科研楼，档案楼即指性质重要（有关国防、国计民生的重要科研楼等）、建筑装修标准高（与普通建筑相比，造价相差悬殊），设备、资料贵重（主要指高、精、尖的设备，重要资料主要是指机密性大，价值高的资料）。这些建筑发生火灾后损失大，影响大，因此必须作重点保护。它们通常是指省（市）级以上的该类建筑物，市包括直辖市和计划单列市。

(2) 高层工业建筑　是指高度超过 24m 的 2 层及 2 层以上的厂房和库房。按《建规》规定，根据生产或贮存物品的火灾危险性，将高层工业建筑分为五类，并分别符合表 9-3、表 9-4 的规定。其中甲类火灾危险性最大，戊类火灾危险性最小。

对表 9-3、表 9-4 的名词有如下解释：

1）非燃烧体　指用非燃烧材料做成的构件。建筑中采用的金属材料和天然或人工的无机矿物材料等均属于非燃烧材料。

2）难燃烧体　指用难燃材料做成的构件或用燃烧材料做成而用非燃材料做保护层的构件。沥青混凝土、经过防火处理的木材、用有机物填充的混凝土和水泥刨花板等等都属于难燃材料。

3）燃烧体　指用燃烧材料做成的构件。木材等属于燃烧材料。

4）闪点　液体挥发的蒸汽与空气形成混合物遇火能够闪燃的最低温度。

## 生产的火灾危险性分类　　　　　　　　　　　　表 9-3

| 生产类别 | 火 灾 危 险 性 特 征 |
|---|---|
| 甲 | 使用或产生下列物质的生产：<br>1. 闪点 28℃ 的液体<br>2. 爆炸下限 10％的气体<br>3. 常温下能自行分解或在空气中氧化即能导致迅速自燃或爆炸的物质<br>4. 常温下受到水或空气中水蒸汽的作用，能产生可燃气体并引起燃烧或爆炸的物质<br>5. 遇酸、受热、撞击、摩擦、催化以及遇有机物或硫磺等易燃的无机物，极易引起燃烧或爆炸的强氧化剂<br>6. 受撞击、摩撑或与氧化剂、有机物接触时能引起燃烧或爆炸的物质<br>7. 在密闭设备内操作温度等于或超过物质本身自燃点的生产 |
| 乙 | 使用或产生下列物质的生产：<br>1. 闪点 28℃ 至 60℃ 的液体<br>2. 爆炸下限 10％的气体<br>3. 不属于甲类的氧化剂<br>4. 不属于甲类的化学易燃危险固体 |

注：1. 在生产过程中，如使用或产生易燃、可燃物质的量较少，不足以构成爆炸或火灾危险时，可以按实际情况确定其火灾危险的类别。

2. 一座厂房内或防火分区内有不同性质的生产时，其分类应按火灾危险性较大的部分确定，但火灾危险性大的部分占本层或防火分区面积的比例小于 5％（丁、戊类生产厂房的油漆工段小于 10％），且发生事故时不足以蔓延至其它部位，或采用防火设施能防止火灾蔓延时，可按火灾危险较小的部分确定。

3. 生产的火灾危险性分类举例见表 9-5。

## 储存物品的火灾危险性分类　　　　　　　　　　表 9-4

| 储存物品类别 | 火 灾 危 险 性 的 特 征 |
|---|---|
| 甲 | 1. 闪点 <28℃ 的液体<br>2. 爆炸下限 <10％的气体，以及受到水或空气中水蒸汽的作用，能产生爆炸下限 <10％气体的固体物质<br>3. 常温下能自行分解或在空气中氧化即能导致迅速自燃或爆炸的物质<br>4. 常温下受到水或空气中水蒸汽的作用能产生可燃气体并引起燃烧或爆炸的物质<br>5. 遇酸、受热、撞击、摩擦以及遇有机物或硫磺等易燃的无机物，极易引起燃烧或爆炸的强氧化剂<br>6. 受撞击、摩擦或与氧化剂、有机物接触时能引起燃烧或爆炸的物质 |
| 乙 | 1. 闪点 ≥28℃ 且 <60℃ 的液体<br>2. 爆炸下限 ≥10％的气体<br>3. 不属于甲类的氧化剂<br>4. 不属于甲类的化学易燃危险固体<br>5. 助燃气体<br>6. 常温下与空气接触能缓慢氧化，引起自燃的物品 |

注：1. 难燃物品、非燃物品的可燃包装重量超过物品本身重量 1/4 时，其火灾危险性应为丙类。

2. 贮存物品的火灾危险性分类举例见表 9-6。

| 生产类别 | 举 例 |
|---|---|
| 甲 | 1. 闪点＜28℃的油品和有机溶剂的提练、回收或洗涤工段及其泵房，橡胶制品的涂胶和胶浆部位，二硫化碳的粗馏、精馏工段及其应用部位，青霉素提炼部位，原料药厂的非纳西汀车间的烃化、回收及电感精馏部位，皂素车间的抽提、结晶及过滤部位，冰片精制部位，农药厂乐果房，敌敌畏的合成厂房、磺化法糖精厂房，氯乙醇厂房、环氧乙烷、环氧丙烷工段，苯酚厂房的磺化、蒸馏部位，焦化厂吡啶工段，胶片厂片基厂房，汽油加铅室，甲醇、乙醇、丙酮、丁酮异丙醇、醋酸乙酯、苯等的合成或精制厂房，集成电路工厂的化学清洗间（使用闪点＜28℃的液体），植物油加工厂的浸出厂房<br>2. 乙炔站，氢气站，石油气体分馏（或分离厂房、氯乙烯厂房，乙烯聚合厂房，天然气、石油伴生气、矿井气、水煤气或焦炉煤气的净化（如脱硫）厂房压缩机室及鼓风机室，液化石油气灌瓶间，丁二烯及其聚合厂房，醋酸乙烯厂房，电解水或电解食盐厂房，环己酮厂房，乙基苯和苯乙烯厂房，化肥厂的氢氮气压缩厂房，半导体材料厂使用氢气的拉晶间，硅烷热分解室<br>3. 硝化棉厂房及其应用部位，赛璐珞厂房，黄磷制备厂房及其应用部位，三乙基铝厂房，染化厂某些能自行分解的重氮化合物生产，甲胺厂房，丙烯厂房<br>4. 金属钠、钾加工厂房及其应用部位，聚乙烯厂房的一氯二乙基铅部位，三氯化磷厂房，多晶硅车间三氯氢硅部位，五氯化磷厂房<br>5. 氯酸钠、氯酸钾厂房及其应用部位，过氧化氢厂房，过氧化钠、过氧化钾厂房，次氯酸钙厂房<br>6. 赤磷制备厂房及其应用部位，五硫化二磷厂房及其应用部位<br>7. 洗涤剂厂房石蜡裂解部位，冰醋酸裂解厂房 |
| 乙 | 1. 闪点≥28℃到＜60℃的油品和有机溶剂的提炼、回收，洗涤部位及其泵房，松节油或松香蒸馏厂房及其应用部位，醋酸酐精馏厂房，乙内酰胺厂房，甲酚厂房，氯丙醇厂房樟脑油提取部位，环氧氯丙烷厂房，松针油精制部位，煤油灌桶间<br>2. 一氧化碳压缩机室及净化部位，发生炉煤气或鼓风炉煤气净化部位，氨压缩机房<br>3. 发烟硫酸或发烟硝酸浓缩部位，高锰酸钾厂房，重铬酸钠（红矾钠）厂房<br>4. 樟脑或松香提练厂房，硫磺回收厂房，焦化厂精萘厂房<br>5. 氧气站，空分厂房<br>6. 铝粉或镁粉厂房，金属制品抛光部位，煤粉厂房、面粉厂房的碾磨部位，活性炭制造及再生厂房，谷物筒仓工作塔，亚麻厂的除尘器和过滤器室 |
| 丙 | 1. 闪点≥60℃的油品和有机液体的提炼、回收工段及其抽送泵房，香料厂的松油醇部位和乙酸松脂部位，苯甲酸厂房，苯乙酮厂房，焦化厂变油厂房，甘油、桐油的制备厂房，油浸变压器室，机器油或变压油灌桶间，柴油灌桶间，润滑油再生部位，配电室（每台装油量＞60公斤的设备），沥青加工厂房，植物油加工厂的精炼部位<br>2. 煤、焦炭、油母页岩的筛分、转运工段和栈桥或储仓，木工厂房，竹、藤加工厂房、橡胶制品的压延，成型和硫化厂房，针织品厂房，纺织，印染，化纤生产的干燥部位，服装加工厂房，棉花加工和打包厂房，造纸厂备料，干燥厂房，印染厂成品厂房，麻纺厂粗加工厂房、谷物加工厂房，卷烟厂的切丝、卷制、包装厂房，印刷厂的印刷厂房，毛涤厂选毛厂房、电视机、收音机装配厂房、显像管厂装配工段烧枪间，磁带装配厂房，集成电路工厂的氧化扩散间，光刻间，泡沫塑料厂的发泡，成型，印片压花部位，饲料加工厂房 |

| 生产类别 | 举　例 |
|---|---|
| 丁 | 1. 金属冶炼、锻造、铆焊、热轧、铸造、热处理厂房<br>2. 锅炉房，玻璃原料熔化厂房，灯丝烧拉部位，保温瓶胆厂房，陶磁制品的烘干、烧成厂房，蒸气机车库，石灰焙烧厂房，电石炉部位，耐火材料烧成部位，转炉厂房，硫酸车间焙烧部位，电极锻烧工段、配电室（每台装油量≤60kg 的设备）、水泥厂的轮窑厂房 |
| 戊 | 制砖车间，石棉加工车间，卷扬机室，不燃气体的泵房和阀门室，不燃液体的净化处理工段，金属（镁和金除外）冷加工车间，电动车库，钙镁磷肥车间（焙烧炉除外），造张厂或化学纤维厂的浆粕蒸煮工段，仪表、器械或车辆装配车间，氟里昂厂房，加气混凝土厂的材料准备，构件制作厂房 |

**储存物品的火灾危险性分类举例**　　　　　　　　　　　　　　　表 9-6

| 储存物品类别 | 举　例 |
|---|---|
| 甲 | 1. 己烷、戊烷、石脑油、环戊烷、二硫化碳、苯、甲苯、甲醇、乙醇、乙醚、蚁酸甲脂、醋酸甲脂、硝酸乙脂、汽油、丙酮、丙烯、乙醛、60 度以上的白酒<br>2. 乙炔、氢、甲烷、乙烯、丙烯、丁二烯、环氧乙烷水煤气、硫化氢、氯乙烯、液化石油气、电石、碳化铅<br>3. 硝化棉、硝化纤维胶片、喷漆棉、火胶棉、赛璐珞棉、黄磷<br>4. 金属钾、钠、锂、钙、锶、氢化锂、四氢化锂铝、氢化钠<br>5. 氯酸钾、氯酸钠、过氧化钾、过氧化钠、硝酸铵<br>6. 赤磷、五硫化磷、三硫化磷 |
| 乙 | 1. 煤油、松节油、丁烯醇、异戊醇、丁醚、醋酸丁脂、硝酸戊脂、乙酰丙酮、环己胺、溶剂油、冰醋酸、樟脑油、蚁酸<br>2. 氨气、液氯<br>3. 硝酸铜、铬酸、亚硝酸钾、重铬酸钠、铬酸钾、硝酸、硝酸汞、硝酸钴、发烟硫酸、漂白粉<br>4. 硫磺、镁粉、铝粉、赛璐珞板（片）、樟脑、萘、生松香、硝化纤维漆布、硝化纤维色片<br>5. 氧气、氟气<br>6. 漆布及其制品、油布及其制品、油纸及其制品、油绸及其制品 |
| 丙 | 1. 动物油、植物油、沥青、蜡、润滑油、机油、重油闪点≥60℃的柴油、糠醛、>50 度至<60 度的白酒<br>2. 化学、人造纤维及其织物、纸张、棉、毛、丝、麻及其织物，谷物、面粉、天燃橡胶及其制品、竹、木及其制品、中药材、电视机、收录机等电子产品、计算机房已录数据的磁盘、冷库中的鱼、肉 |

5）爆炸下限 可燃蒸气、气体或粉尘与空气组成的混合物遇火源能发生爆炸的最低浓度（可燃蒸汽、气体的浓度按体积比计算）。

（二）低层建筑

低层建筑是指建筑高度不超过 24m 的单层及多层有关公共民用建筑、工业建筑；单层主体建筑高度超过 24m 的有关公共民用建筑（如体育馆、会堂、剧院等）和大型厂房、库房等工业建筑。

主体建筑高度超过 24m 的单层民用或工业建筑，由于是单层建筑结构，火灾危险性较小，建筑主体是钢筋混凝土结构或钢结构，耐火等级较高，故在防火要求上将它们归为低层建筑。作这样的规定，就可以降低其保护等级和消防设施的要求，使之既可保障基本的防火安全，又能降低建设的投资。

低层工业建筑根据生产的火灾危险性，其防火等级也分为五类，分类方法和内涵与高层工业建筑相同。低层民用建筑根据其使用性质、火灾危险性、疏散和扑救难度等，其防火等级分为两类。低层民用建筑分类见表 9-7。

低 层 建 筑 物 分 类 表
表 9-7

| 一 类 | 二 类 |
|---|---|
| 电子计算中心 | 大、中型电子计算站 |
| 300 张床位以上的多层病房楼 | 每层面积超过 3000m² 的中型百货商场 |
| 省（市）级广播楼、电视楼、电信楼、财贸金融楼 | 藏书 50 万册及以上的中型图书楼 |
| 省（市）级档案馆 | 市（地）级档案馆 |
| 省（市）级博展馆 | 800 座以上中型剧场 |
| 藏书超过 100 万册的图书楼 | |
| 3000 座以上体育馆 | |
| 2.5 万以上座位大型体育场 | |
| 大型百货商场 | |
| 1200 座以上的电影院 | |
| 1200 座以上的剧场 | |
| 三级及以上旅馆 | |
| 特大型和大型铁路旅客站 | |
| 省（市）级及重要开放城市的航空港 | |
| 一级汽车及码头客运站 | |

注：1. 本表未例出的建筑物，可参照低层民用建筑划分类别的标准确定其相应的类别。

  2. 本表所列之市系指：一类包括省会所在市及计划单列市。二类的市指地级及以上的市。

对表 9-7 中的一类建筑物有如下说明：

（1）电子计算机中心：系指省（市）级及以上或相当于部一级所属部门的全国性、全省（市）性计算机网络汇接中心。这类建筑物往往把计算机房单独修建，构成一个多层的计算机综合楼。建筑物内计算机价值若超过 100 万人民币时，属一类低层建筑保护对象。

（2）大型百货商场：系指建筑面积超过 15000m² 的百货商场。

（3）特大型和大型铁路客站：系指全国铁路干线枢纽站和省（市）级以上铁路客站。

（4）一级汽车及码头客运站：一级汽车站应根据建设部、交通部标准《公路汽车客站建筑设计规范》中一级汽车站规模确定；一级码头客运站是国内沿海重要开放城市或经济发达地区及省（市）级所辖港口、以及国内主要大江、河流沿线的重要码头，并结合工程投资规模确定。

### 二、火灾保护等级与保护范围

各类民用建筑的保护等级应根据建筑物防火等级的分类，按下列原则确定：

（1）超高层（建筑高度超过100m）为特级保护对象，应采用全面保护方式。全面保护方式的含义为：在建筑物中所有建筑面积（除不宜设置火灾探测器的场所和部位）均应设置火灾探测器并同时设置自动喷水灭火保护，称为全面保护方式。

（2）高层建筑中的一类建筑为一级保护对象，应采用总体保护方式。总体保护方式的含义为：在建筑物中，主要的场所和部位都应设置火灾探测器保护，仅有少数火灾危险性不大的场所和部位不装设火灾探测器。就总体来说，它已达到了保护的目的。

（3）高层中的二类和低层中的一类建筑为二级保护对象，一般来说是采用区域保护方式，这种保护方式属区域性质，在建筑物中的主要区域、场所或部位装设火灾探测器。火灾危险性不大的区域、场所或部位则不装设。

根据工程的重要或危险程度，属于二级保护对象的亦可采用总体保护方式。

（4）低层中的二类建筑为三级保护对象，应采用场所保护方式；重要的亦可采用区域保护方式。场所保护方式的含义为：在建筑中的局部场所或部位装设火灾探测器作局部重点保护。

火灾保护范围，即火灾自动报警控制器设置范围，是由建筑设计防火规范具体规定的，第四章第五节列出了目前我国已颁布的部分建筑设计防火规范。《高层民用建筑设计防火规范》中的有关条文摘录如下：

**9.4.1** 建筑高度超过100m的高层建筑，除面积小于5.00m²的厕所、卫生间外，均应设置火灾自动报警控制器。

**9.4.2** 除普通住宅外，建筑高度不超过100m的一类高层建筑的下列部位应设置火灾自动报警控制器：

**9.4.2.1** 医院病房楼的病房、贵重医疗设备室、病历档案室、药品库。

**9.4.2.2** 高级旅馆的客房和公共活动用房。

**9.4.2.3** 商业楼、商住楼的营业厅，展览楼的展览厅。

**9.4.2.4** 电信楼、邮政楼的重要机房和重要房间。

**9.4.2.5** 财贸金融楼的办公楼、营业厅、票证库。

**9.4.2.6** 广播电视楼的演播室、播音室、录音室、节目播出技术用房、道具布景。

**9.4.2.7** 电力调度楼、防灾指挥调度楼的微波机房、计算机房、控制机房、动力机房。

**9.4.2.8** 图书馆的阅览室、办公室、书库。

**9.4.2.9** 档案楼的楼案库、阅览室、办公室。

**9.4.2.10** 办公楼的办公室、会议室、档案室。

**9.4.2.11** 走道、门厅、可燃物品库房、空调机房、配电室、自备发电机房。

**9.4.2.12** 净高超过2.6m且可燃物较多的技术夹层。

**9.4.2.13** 贵重设备间和火灾危险性较大的房间。

**9.4.2.14** 经常有人停留或可燃物较多的地下室。

**9.4.2.15** 电子计算机房的主机房、控制室、纸库、磁带库。

**9.4.3** 二类高层建筑的下列部位应设置火灾自动报警控制器：

**9.4.3.1** 财贸金融楼的办公室、营业厅、票证库。

**9.4.3.2** 电子计算机房的主机房、控制室、纸库、磁带库。

**9.4.3.3** 面积大于 50m² 的可燃物品库房。

**9.4.3.4** 面积大于 500m² 的营业厅。

**9.4.3.5** 经常有人停留或可燃物较多的地下室。

**9.4.3.6** 性质重要或有贵重物品的房间。

注：旅馆、办公楼、综合楼的门厅、观众厅、设有自动喷水灭火系统时，可不设火灾自动报警控制器。

## 第二节　消防自动监控系统设计

消防自动监控系统的设计过程可以说是理解和执行规范、标准，并将规范、标准与产品性能、特点科学地相结合应用的过程。由于专业设计中的规范、标准只是一个原则性的技术法规，不涉及工程设计中的技术细节，因此会出现对规范、标准的理解程度（深浅）和技术细节处理方法上的差异；也由于不同工程有不同的建筑结构、环境条件、使用情况和管理方式等因素；另外，不同的设备其构成、性能、特点和使用方法也不尽相同，以上种种原因都会使系统设计不可能有一个固定的模式，设计方案也会因人而异，因物而异。因此，只能就系统设计的基本原则、基本要求、设计要点和高层民用建筑中常见的联动控制一般要求及作法进行介绍。

### 一、设计的基本原则和要求

遵循国家有关方针、政策，针对保护对象的特点，安全可靠、方便使用、技术先进、经济合理，是系统设计的基本原则和应达到的基本要求，也是衡量设计效果的唯一依据。

认真贯彻执行《中华人民共和国消防条例》，认真贯彻执行"预防为主、防消结合"的消防工作方针。对于可能涉及到的有关基本建设、技术引进、投资、能源等方面的方针政策，也都必须认真贯彻执行，不得违反和抵触。

系统的保护对象是建筑物（或建筑物的一部分），不同的建筑物，其性质、重要程度、火灾危险性、疏散和扑救难度、建筑结构形式、耐火等级、分布状况、环境条件以及管理形式等各不相同。在实际工程中，根据不同保护对象的特点，作出既不违反规范、标准的原则规定和基本精神，又符合其本要求的设计方案，是系统设计的一个重要原则。

安全可靠、方便使用、技术先进、经济合理，是系统设计的基本要求。"安全可靠"是要保证系统本身是安全可靠的，设备是完好的，设计是合理的，工作是正常的。"方便使用"主要是为用户着想，便于用户管理、操作和维护。"技术先进"是要求系统设计时，应采用行之有效的先进技术，先进设备和科学的设计、计算方法。"经济合理"是要求系统设计时，在满足使用要求的前提下，多种方案选择，力求简单实用，节约投资，避免浪费。在这四个基本要求中，"安全可靠"是系统设计的首要基本要求。安全可靠不能保证，其它要求就毫无意义。可以说，"安全可靠"是系统设计的必要条件，而"方便使用"、"技术先进"、"经济合理"是其充分条件。

系统的工程设计涉及到与建筑、结构、给水排水、空调通风等专业（工种）配合及设备安装、配管配线等若干具体问题。因此，设计中除了要执行《火灾自动报警系统设计规范》的要求外，还应执行有关的规范、标准，而不能与之抵触。这样就保证了各相关专业，各相关规范、标准之间的协调一致性。

二、消防自动监控系统设计要点

（一）火灾自动报警控制器的设置范围

报警控制器设置范围的主要依据是我国已颁布的若干建筑设计防火规范，具体可参见§9-1、二、火灾保护范围中的有关内容。这些规定不仅为我国工程设计人员设计提供了一个统一的设计标准，有利于消防专业总体设计水平的提高；也是作为火灾自动报警控制器扩大初步设计报审时应遵循的国家标准规定；同时，也为公安消防监督管理部门提供了监督管理的技术依据。

另外，由于实际工程中会出现规范中未涉及到的工程、部位及某地区、某工程的具体情况不同等原因，因此，在确定系统设置范围时，还要根据工程的特点和当地公安消防监督部门对工程的审批意见进行考虑。

（二）报警区域和探测区域的划分

1. 报警区域及划分

所谓报警区域是将整个系统保护对象（范围）划分为若干个报警（警戒、探测）的单元，并给以编号，以便在报警器上有对应的区域显示（这在系统设计中又称为"报区"）。目的是要在火灾初期让值班人员能从报警器上一目了然的发现火灾发生区域。

报警区域的划分，原则上是要按照保护对象的保护类别、耐火等级，合理、正确地划分。为了使报警区域的划分比较合理及有一个统一规定，根据本国的实际情况，各国在相关的规范中对报警区域的划分都作了明确而具体的规定，且作法也各有不同。如在日本的规范中规定较具体、详细，在《火灾自动报警设备施工标准书》的设计标准部分中规定：警戒区域是指火灾自动报警设备的一条回路能够有效探测发生火灾的区域。在政令第21条及规则第23条中作了如下规定：①一个警戒区域不得跨越防火对象的两个楼层；②一个警戒区域的面积不得超过 600m²；③警戒区域的一条边长不得超过 50m。同时，还对按楼层划分警戒区域、按面积划分警戒区域，警戒区域的范围（划分方法），警戒区域的编号方法等等也都作了具体的规定。

我国吸取了国外一些先进规范的合理部分，同时又考虑到我国目前的实际情况及今后的发展趋势，也考虑到《高层民用建筑设计防火规范》（GB50045—95）和《建筑设计防火规范》（GBJ16—87）有关防火分区和防烟分区的规定，及不同建筑物的用途及设计的不同，对报警区域的划分作了规定：报警区域应按防火分区或楼层划分。在工程设计中，一个报警区最好由一个防火分区组成，也可由同一楼层的几个防火分区组成一个报警区。应强调的是，报警区域不得跨越楼层。

建筑物的防火分区是由建筑专业确定并向电气专业提供，以作为报警区域划分的依据。这里的防火分区是指的水平防火分区，它是用防火墙或防火门、防火卷帘、宽度不小于 6m 的水幕带等将各楼层在水平方向上分隔成两个或几个防火分区。防火分区的作用在于发生火灾时，可将火势控制在着火层或着火层的某一部分范围内，以防止火势蔓延扩大，有利于消防扑救，减少火灾损失。防火分区的划分，既要从限制火势蔓延、减少损失方面考虑，又要顾及到便于平时使用管理、节省投资。我国对高层建筑每个防火分区允许最大面积作了规定，并不得超过表 9-8 的规定。

每个防火分区的允许最大建筑面积
表 9-8

| 建筑类别 | 每个防火分区建筑面积（m²） | 建筑类别 | 每个防火分区建筑面积（m²） |
| --- | --- | --- | --- |
| 一类建筑 | 1000 | 地下室 | 500 |
| 二类建筑 | 1500 | | |

注：1. 设有自动灭火系统的防火分区，其允许最大建筑面积可按本表增加 1.00 倍，当局部设置自动灭火系统时，增加面积可按该局部面积的 1.00 倍计算。

　　2. 一类建筑的电信楼，其防火分区允许最大建筑面积可按本表增加 50%。

2. 探测区域及划分

探测区域与报警区域不同。报警区域是将火灾自动监控系统警戒的范围按防火分区或楼层划分的单元，而探测区域是将报警区域按部位划分的单元，是系统警戒范围的基本单元。二者尤如"点、面"关系。划分探测区的目的是为了迅速而准确地探测出被保护范围的哪一个具体部位发生了火灾，并在报警器上给予显示（在系统设计中又称为"报点"）。在系统设计对探测器编组时，报警区域占有区（或组）号，探测区域占有部位（或地址）号。火灾自动监控系统不论组成形式如何，使用何种类型的报警设备，系统都必须要求报区报点，这样才能保证任何一只探测器报警都能让值班人员从报警器上明确的知道是哪一个防火分区（或哪一层楼）的某个部位发生了火灾，以便组织力量，采取相应措施，尽快地将火灾扑灭。应该指出，探测区域并不一定是一只探测器所保护的区域，它可能是一只探测器所保护的区域，也可能是几只或多只探测器共同保护的区域。

探测区域的划分，各国作法不一致。我国吸取了国外一些先进国家规范的合理部分，结合我国国情，按建筑物的重要性、房间面积及布局、特殊部位等因素，对探测区域划分作了具体规定。在工程设计中，应遵循下列原则划分探测区域：

（1）重点保护建筑：重点保护建筑的探测区域应按独立房间或套间划分，不得将相邻房间划为一个探测区域。而且一个探测区域的面积不宜超过 500m²。如果从主要出入口能看清房间内部，且面积不超过 1000m² 的房间，也可划为一个探测区域。

（2）非重点保护建筑：在正常情况下仍应按独立房间或套间划分探测区域。和重点保护建筑不同的是，非重点保护建筑允许将数个独立房间划为一个探测区域，但这应符合下列条件，并作技术上的处理：

1）面积总和不超过 400m² 的相邻 5 个房间（不超过 5 个），可划为一个探测区域；

2）面积总和不超过 1000m² 的相邻 10 个房间（不超过 10 个），且在每个房间门口均能看清其内部时，可划为一个探测区域；

3）按以上 1）、2）两条多个相邻房间划分为一个探测区域的规定中，必须在每个房间的门外设置与该房间内的探测器同步动作的灯光显示装置。最简单的方法是选用带门灯功能的探测器。由于在系统设计时，这相邻的多个房间内设置的探测器报的是一个"点"（或共占有一个地址），因此只有通过门灯才能从门外很快的进一步确认是哪个房间的探测器动作送出的火警信号，达到探测区域确认火灾具体部位的作用。

（3）特殊部位：在系统设计中，不论是重点保护建筑或是非重点保护建筑，下列部位应单独划为一个探测区域，而不允许与层楼的房间或其它部位混合划为一个探测区域：

  1）敞开、封闭楼梯间；

  2）防烟楼梯间前室、消防电梯前室、消防电梯与防烟楼梯间合用的前室；

  3）走道、坡道、管道井、电缆隧道；

  4）建筑物闷顶、夹层。

  走道是疏散通路上的第一安全区域。具有防火、防（排）烟功能的楼梯间或前室是疏散通路上的第二安全区域。它们不但作为人员进入另一层楼的安全出口，还可作为人员疏散时的临时避难处。这些都是火灾发生时安全疏散的重要部位。管道井、电缆隧道、吊顶与顶棚板之间（闷顶）、架空地板与楼板之间（夹层）等部位，分别设置有各种用途的电缆、电线、管道和空调、通风的管道、阀门等，是设备的通道，部位形状特殊且重要，而且环境恶劣，温度高且不通风，是容易发生火灾的部位，往往起火也不容易发现，一旦起火很容易蔓延。必须确保这些特殊部位所发生的火灾能及早而准确地发现，尽快灭火，以保证人员和设备的安全，为此，系统设计中它们应单独划为探测区域。

  （三）消防监控系统的形式及确定

  1. 区域监控系统

  这是一种由区域报警控制器组成的火灾自动报警系统，主要为场所保护方式或区域保护方式采用。

  图 9-1 是区域监控系统的方框图。按区域监控系统设计一般应符合下列要求：

  （1）系统中设置的区域监控器的台数不能过多，并且控制在三台（包括三台）以内。否则会给系统的监控和管理带来不方便。

  （2）每台区域监控器组成各自独立报警、独立消防联动控制的区域火灾自动报警控制系统，使每个独立的系统具有独立处理火灾事故的能力。

  （3）通常一个报警区域设置一台区域报警控制器。当用一台区域报警控制器警戒数个楼层探测区域时，应在每个楼层的各个楼梯口明显部位装设识别楼层的灯光显示装置，以便发生火警（特别是夜间火灾）时，能准确及时找到着火层。这一点对使用区域报警控制器组成的集中监控系统或控制中心监控系统也是适用的。

  （4）区域报警器宜设置在有人值班的房间或场所（包括服务台）。

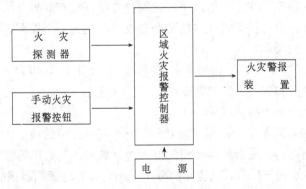

图 9-1 区域监控系统

  2. 区域—集中监控系统

  集中监控系统适用于工程规模较大，报警区域和探测区域较多，联动控制点数较多，且有条件设置区域报警控制器（或楼层显示器），又需要集中控制和管理的场合，如大型高层建层建筑、大面积厂房、有服务台的旅（宾）馆等。系统主要对整个建筑物作总体保护。与区域报警系统主要区别是增加了一个设置集中报警控制器的专用房间或消防值班室，并在条件许可时应设置火灾事故广播。视工程的需要及采用的火灾报警控制器的类型，系统可以有二种构成方式。

　　图 9-2 是区域—集中监控系统的构成方式，它由若干台区域报警控制器（简称区域机，又称下位机）和一台集中报警控制器（简称集中机，又称上位机）组成。有的又称为区域—集中监控系统。这种系统可采取传统的二级监控方式，能显示全系统的火警信号、控制装置和各区域机的工作状态；需要时，也可以通过区域机或直接发出动作指令起动所需的消防设施。联动控制系统应根据控制点数的多少、分布及投资情况综合确定，一般楼层控制点数较多时，可采取纵向报警横向控制的方式，若控制点数不多且分散时，也可采取纵向报警纵向控制的方式。

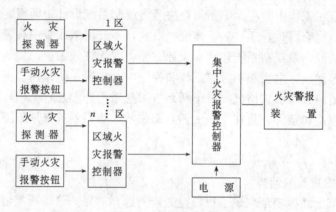

图 9-2　集中监控系统

3. 集中监控系统构成形式

　　通常是用楼层显示器代替区域机。楼层显示器通常只接收探测器的火警信号（报点时应有声信号），无联动功能。报区、手报信号、联动控制设备的起动及反馈信号由集中机完成。这种集中监控系统应在每一层楼设置一台楼层显示器，以代替跨区域（或楼层）警戒的区域机显示功能。楼层显示器宜设置在每楼层的股务台或值班室，条件不允许时，可设置在靠近主要楼梯口附近的显著位置。

　　这里应当指出，有时将集中监控系统与区域—集中监控系统合称为集中监控系统。

4. 控制中心监控系统

　　这种系统适用于规模大、需要集中管理的一类建筑或群体建筑作总体保护或全面保护。图 9-3 是控制中心报警系统方框图。这种系统必须有一个专用的消防控制室。消防控制室能反映整个建筑物或建筑群体的火灾报警，能控制（直接或间接、自动或手动）必要的消防设备和显示所有消防控制设备的动作信号。这种系统至少有一台集中机和多台区域机，在正常情况下应设置火灾事故广播。当系统只有一台集中机时，集中机应设置在消防控制室内。如有若干个消防控制室组成的且在防火上互有联系的建筑群体，则应设置消防控制中心，以显示各消防控制室的总状态信号及担负总体灭火的联络和调度。设置消防控制室（或中心）的目的是为了对整个系统进行统一管理和集中监控。

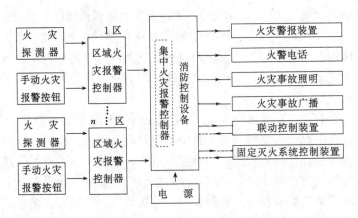

图 9-3　控制中心监控系统

应该指出,上述三种基本形式主要是依据传统的多线制报警设备来划分的监控系统。总线制报警控制设备在工程中的应用,不但解决了多线制系统设计中因报警线、控制线数量多而造成的施工、检修困难,还打破了传统的形式,不分区域或集中报警系统就可以对整个保护对象进行监控。总线制系统还具有设计方便、现场在线编程、接线方式灵活,便于工程扩展和变化等优点,常为集中报警系统和控制中心报警系统采用。当采用总线制系统时,应有断路和短路故障保护措施;对于断路故障宜采用环形总线结构;对于短路故障宜针对工程的重要程度和条件,可在总线上适当部位插入隔离器或选用带隔离器的探测器等措施。

(四) 设备选择

1. 火灾报警控制器的选择

第四章第五节已经扼要地叙述了报警控制器的选择原则,这里再重述如下:

(1) 应选用经国家消防电子产品质量监督检测中心认定合格的产品。在满足工程要求前提下,应优先采用性能优良的国产设备。联动控制功能较多,控制点数较多且分散的工程中,应考虑采用与消防联动成套控制设备配套的报警控制器。

(2) 工程规模较小,报警区域及探测区域不多,联动功能较少且控制点数不多时,可采用多线制报警器,以减少工程设备费用。反之,宜采用总线制报警器,以便于设计、管理和减少管线,便于施工、检修。

(3) 报警器的选择首先要满足报警器的容量应大于系统的容量。在选择容量时,宜留有余量,以备建筑内部功能调整和发展需要。另外,在选择报警控制器时,还要考虑它的外部功能(外控或输出触点)是否能满足消防设备的联动需要。当联动功能较复杂、控制点数较多时,控制器本身功能往往不能满足需要,常采用联动控制盘(柜)实现联动功能及显示功能。总线制报警器由于采用了数据总线数字传输和编码技术,除容量很大外,联动控制和显示可以灵活采用中继器(模块)满足系统工作要求,对一般的工程,其容量都能满足要求。

(4) 报警器的安装形式(落地式、台式、壁挂式)通常是根据控制室特点及整体布置来考虑的。有的产品其形式与容量间往往有一定关系,当容量确定后,其安装形式亦被决定。按容量从大到小依次排列,分别是落地式、台型和壁挂式。

2. 火灾探测器的选择、布置与安装

探测器的选择，布置与安装是系统设计中必须考虑而且十分重要的内容。这些问题处理不好，轻则会产生误报降低系统的可靠性，增加管理及维护的难度，增加工程费用，重则会造成局部功能的丧失，从而危及整个工程的防火安全，留下严重的隐患。有关内容在第三章已有说明，可供设计参考。

（五）火灾报警与火灾确认

火灾报警与火灾确认是系统设计中一个很重要的问题，这是两个容易被忽视或混淆的概念。这两个信号在系统中的作用和作法各不相同，处理不当会使系统可靠性降低，人为造成不应有的财产损失和人员伤亡。

1. 火灾报警

这是一种在系统设计中认为可靠性不太高，可能出现误报的火警信号，即火灾报警给出的火灾信号可能是真的，也可能是假的。火灾报警主要是由火灾探测器通过火灾报警器给出的，但存在火灾误报的可能性。

误报分漏报和虚报，产生误报的原因主要是选用了不合格的产品，探测器与报警器不配套，探测器的选择及安装位置不当（如一条回路上并联的探测器数量超过规定值，回路导线过长）以及环境条件、干扰信号对探测器的影响等。

2. 火灾确认

火灾确认是系统设计中能认定火灾真正发生的火警信号，实际工程中，可用人工和设备两种方式对火灾进行确认。

（1）人工确认　这是确认火灾最可靠的方法，工程中通常有如下两种作法：

1）设置手动火灾报警按钮。手动火灾报警按钮是火灾自动监控系统的手动触发装置。它可以直接或通过模块（中继器）接入报警控制器。在系统设计中，设置手报功能是必要且不可缺少的一个环节。手动火灾报警按钮外观为红色方形塑料小盒，易于识别。有普通型和地址码型二种类型。在报警区域内每个防火分区应至少设置一只手动火灾报警按钮，且从一个防火分区内的任何位置到最邻近的一个手动火灾报警按钮的步行距离不应大于 30m（联邦德国为 40m，英国为 30m，加拿大为 60m）；安装高度为 1.5m；且应装在明显和便于操作的部位。工程中，通常都设置在如下部位：各楼层的楼梯间、电梯前室；大厅、过厅、主要公共活动场所出入口；餐厅、多功能厅等处的主要出入口；主要通道等经常有人通过的地方。

2）火警信号配合人工判定。探测器通过报警器发出火警信号后，消防控制室（或中心）的值班人员可以根据火警信号报出的区和点，通过内部电话或派人向报警部位查询，有条件的工程可用闭路监视电视系统进行核实。这种采用自动火警信号加以人工判定来确认火灾的方式也应该说是绝对可靠的，在实际工程中常被采用。

（2）设备确认　工程中常利用同一报警区域或探测区域内的两个独立火警信号组成"与"关系来确认火灾的发生。这两个单一的火警信号应各处于不同报警回路中或占有不同的地址。用两个单一火警信号组成"与"关系就大大地提高了火灾报警的可靠性。这种由设备确认火灾的报警方式只要运用得当，可以证实火灾的发生。

火灾报警与火灾确认是判定火灾可靠程度不同的两种火警信号，它们在系统设计中的用法也不同。火灾报警信号是按假定有火灾发生来使用的，主要用作能防止烟火蔓延，但对人们工作和生活影响又不大的消防控制装置作联动信号。

火灾确认信号是按认定火灾真正发生来使用的，故而要用于具有阻断烟火、及时扑救火灾、指导安全疏散等功能的消防控制设备作联动控制信号。

（六）消防控制室

1. 消防控制室的设置及技术要求

消防控制室是火灾扑救时的情报、控制和指挥中心。按控制中心系统设计的工程，都应设置消防控制室。各种消防控制设备，特别是高层建筑中容易造成混乱带来严重后果的被控对象（如电梯、非消防电源及警报等）应集中到消防控制室统一管理和监控。个别控制设备若集中设置有困难而需要分散设置时，也应将该设备的执行机构动作信号送到消防控制室。

消防控制室是消防专用的房间，不得与其它用途的房间（如电话室、配电室、收发室等）合用，以免相互干扰，管理不便和发生误判、误操作。消防控制室必须按专用消防控制室设计，使其建筑结构、耐火等级、设置部位及室内照明等符合设计要求。

消防控制室的位置应有利于火灾时的消防控制方便和与室外消防人员联系。因此，它应设置在建筑物的首层，距通往室外出入口不应超过20m，不得已时也可设置在地下一层。消防控制室的出口位置，宜一目了然地看清建筑物通往室外的出入口，并在通往出入口的路上不宜弯道过多和有障碍物。为方便消防人员扑救时联系工作，消防控制室应在其门上设置明显标志。消防控制室若设置在建筑物的首层，其门的上方应设标志牌或标志灯；若设置在地下一层，其门的上方必须是带灯光的标志装置。标志灯的电源应取自消防电源，以保证标志灯电源可靠。

消防控制室应采用耐火极限不低于3h的隔墙和2h的楼板与其它部位隔开，以防止相邻部位火灾危及该室及其人员的安全；其门应有一定的耐火能力，并应向疏散方向开启；严禁与其无关的电气线路及管网穿过该室，以免相互干扰造成混乱，保证消防控制室内的设备安全运行和便于检查维修；送、回风管道在穿过该室时，应在其穿墙处设自动防火阀，以防止它处的烟火通过风管进入该室。

消防控制室面积应适当，过大会造成一定浪费，过小则会影响消防值班人员的工作。在与土建工程商定占用面积时，应尽量从消防安全需要和满足室内工艺布置以及维护等需要出发，有条件的工程，还应考虑增设值班办公及休息用房。

消防控制室的照明支线应接在消防配线路上，并应按正常照度设置火灾事故照明。

2. 消防控制室的控制功能及装置

消防控制室是根据它的功能来配置消防控制装置的。

根据消防控制室应具有接收火灾报警，发出火灾信号和安全疏散指令，控制各种消防联动控制设备及显示电源运行情况等功能，相应的消防控制装置可分为四类：

（1）报警设备：主要指集中报警控制器，用以接收、判断和发出火灾信号；

（2）灭火系统控制装置：包括室内消火栓、自动喷水、卤代烷、二氧化碳、泡沫和干粉等灭火系统的控制装置，以作为火灾确认后对相关部位灭火用；

（3）阻断火势的控制装置：包括火灾报警后对空调通风、防排烟设备及电动防火阀的控制装置，火灾确认后对电动防火门、防火卷帘和非消防电源的控制装置；

（4）指导疏散及灭火的控制装置：包括火灾确认后对电梯、火灾事故广播、火灾警报、事故照明、疏散标志和消防通讯等设施的控制装置。

（七）警报装置

1. 火灾事故广播

火灾事故广播是在火灾确认后应立即投入使用的一种专用消防警报装置。控制中心报警系统和有消防联动控制功能的集中报警系统都应设置火灾事故广播。一般都是高层民用建筑或大型民用建筑，具有建筑面积大、楼层多、结构较复杂、人员集中较多等场所，一旦火灾发生，影响面较大，人员疏散困难。利用火灾事故广播不但可以作为火灾疏散的统一指挥，指导人们有序疏散，迅速撤离危险场所达到安全地区，还可以作为扑救火灾的统一指挥，组织起有效的灭火工作。

火灾事故广播系统的组成形式应根据工程的特点来设计，通常有如下二种组成形式：

(1) 火灾事故广播与广播音响合用系统按合用的方式不同，工程中常有以下二种作法：

1) 火灾事故广播系统利用全套广播音响系统（包括扩音机、传输线路和扬声器等装置），但在消防控制室设置一个专用的紧急播放盒（内含话筒、放大器、电源、线路输出遥控电键等，还可考虑设置录音机，以播放事先录制好专作指导疏散的录音带）。火灾时，通过操作紧急播放盒，遥控广播音响扩音机紧急开启，将火灾事故广播信号作为扩音机的输入信号，并对输出线路作分路切换，使火灾事故广播能用广播音响系统的扩音机、传输线路和扬声器在要求的范围（楼层）广播。

2) 火灾事故广播系统只利用广播音响系统的传输线路和扬声器，在消防控制室设置火灾事故广播专用扩音机。火灾时，由消防控制室只对传输线路作强制分路切换，中断广播音响广播扩音机的信号，转为火灾事故广播。信号通常在广播音响控制室输出线路的各接线盒处用继电器进行切换。

(2) 专用火灾事故广播：对不需要设置业务性和服务性广播的工程，只能设置专用的火灾事故广播，扩音机应设置在消防控制室。

关于专用火灾事故广播系统构成及控制等内容已在第八章第四节讲述，这里不再重复。

2. 火警警铃

火警警铃（简称警铃）是在火灾确认后，向建筑物内有关人员通报火情的另一种消防专用警报装置。由于具有投资少、控制简单、安装方便等特点特别适合于要求不高的中小工程。警铃由火灾报警控制器（或再通过分路控制盘、广播通讯控制柜）控制，其工作电压 24VDC。警铃的声响应与背景噪声有明显的区别，有条件的最好附带灯光警报信号作为音响报警信号的辅助信号。警铃应安装在走道、大厅、餐厅等人员活动的公共场所，其数量设置以保证本楼层任何部位均能明显听到其声响为依据。

当火灾确认后，消防控制室内的消防控制设备应及时接通消防警报装置。为避免人为的紧张造成混乱而影响疏散，甚至发生拥挤造成不应有的人员伤亡，应按照人们所在位置距火场的远近，先在最小范围内发出火灾警报信号（火警警铃鸣响或作火灾事故广播），然后再对整个大楼发出警报信号，做到有秩序的组织人员疏散。除了紧急情况外，都应顺序疏散。消防控制装置对警报装置应按下列顺序控制作小范围内的首先疏散：2层及2层以上楼层发生火灾，宜先接通着火层及其相邻的上、下层；首层发生火灾，宜先接通本层、2层及地下各层；地下层发生火灾，宜先接通地下各层及首层，若首层与2层有大共享空间时应包括2层。这种方式简称为 $n-1$、$n$、$n+1$ 警报方式，$n$ 为着火楼层层数。

火灾警报装置的控制方式，应根据火灾报警设备的功能来确定，有的只能用手动操作，有的手动加自动，有编程功能的则按事先编好的程序进行自动控制。不管哪种方式，都应在消防控制室中实现。

（八）消防专用通信

消防专用通信是指具有一个独立的火警电话通信系统，在设有消防控制室的消防工程中，都应设置消防专用通信。电话是我国目前现阶段由消防控制室对内联系，对外报警的主要通信手段。在国外，一些发达和比较发达国家消防报警和内部联系仍以电话为主。无线对讲机只能作为消防值班人员辅助的通信设备。

消防专用通信的中心（专用通讯柜或总机）应设置在消防控制室。消防控制室与值班室、消防水泵房、配电室、通风空调机房、电梯机房、消防电梯、区域报警器及卤代烷等管网灭火系统的应急操作装置等处应设置固定的对讲电话。有条件的工程，宜在手动报警按钮处设置对讲电话插孔，设计中可选用带电话插孔的手动报警按钮，保安人员或消防人员可以利用随身携带的对讲分机，通过电话插孔直接与消防控制室通话。消防控制室内应设置一条用作直拨"119"市话用户线的火警专用电话线，以作火灾时对外报警电话用。

消防通信要求通话迅速、方便、可靠，因此，消防通信应为独立的专用通信系统，不能用建筑工程中的市话通信系统（市话用户线）或本工程电话站通信系统（小总机用户线）代用。通话方式应使主叫与被叫之间为直接呼叫应答，中间不应有转接通话。因此，总机宜选用人工交换机或直通对讲电话机。自动电话总机会出现因通话电路呼叫忙而影响通话的弊病，不宜采用。在消防联动控制成套设备中，消防专用通信（电话）常与火灾事故广播（包括火警警铃控制）一起作为广播、通信控制柜安装在消防控制室中。

（九）接地

火灾自动报警系统的接地，主要是指工作接地和保护接地，具体做法可参阅第二章第四节有关内容。

（十）消防设备供电与布线

消防控制室、消防水泵、消防电梯、防排烟设备、火灾报警器、自动灭火装置、火灾应急照明、疏散指示标志和电动防火门窗、卷帘、阀门等消防设备用电，应采用消防电源供电。关于消防系统供电电源在第二章第四节已有叙述。对于高层建筑消防控制室、消防水泵、消防电梯、防排烟风机等重点消防设备的供电，要满足双电源（回路）在最末一级配电箱处自动切换。一类高层建筑自备发电设备，应设有自启动装置，并能在30s内供电。二类高层建筑自备发电设备，当采用自启动有困难时，可采用手动启动装置。消防用电设备的配电应设有紧急情况时方便操作的明显标志，以防误操作而影响灭火。消防电源负荷等级是否与建筑相符合，重要消防用电设备的两个电源切换方式、切换点，自备发电机容量及启动时间等是否符合要求，关系到消防用电设备的可靠性，是造成隐患的主要原因。

火灾自动报警系统是建筑物的保安设备，要求连续、不间断的工作。为保证其供电可靠性和连续性，系统应设有主电源和备用电源。主电源是系统供电的主要电能源，应采用消防电源。备用电源是在主电源供电中断后应立即投入使用的电源，主要用于保证报警系统、联动控制装置及消防控制设备操作机构的用电。备用电源应用蓄电池作直流电源。当负荷电流较小时，宜采用火灾报警控制器配套的专用蓄电池作备用电源。对规模较大、联动较多、用电量较大的工程，可以扩大该电池的容量；也可以另设置由蓄电池组成集中形式的直流系统作备用电源，此时报警控制器可不再单设蓄电池，但必须保证在有尖峰负荷电流出现、其它配出支路有短路故障等情况下，均不得影响火灾自动报警系统的正常工作。蓄电池通常采用浮充电方式工作，在备用电源连续充放电 3 次后，主电源和备用电源仍应能自动转换。

当前国内外火灾自动报警系统及消防用电设备（器件）的常规弱电电压多数为直流 24V，我国规定消防联动控制装置的直流操作电压采用 24V。报警控制器直流备用电源的蓄电池容量应按火灾报警控制器在监视状态下工作 24h 后，再加上同时有二个分路报火警 30min 用量之和计算。

消防系统的布线直接关系到系统的可靠性和工程防火安全，它除了要符合现行国家标准《电气装置工程施工及验收规范》的规定，还要着重考虑它的防火安全，符合《火灾自动报警系统设计规范》中的有关规定，要使消防系统的布线既有一般室内布线的常规要求，又有耐热、耐火的特殊要求。安全可靠、实用、便于管理和维修是它的基本要求。第二章第五节已经简单地介绍了消防设备布线原则及方法，详细规则可以参考《电气装置工程施工及验收规范》及《火灾自动报警系统设计规范》中的有关规定。

### 三、消防联动控制设计要点

消防联动控制对象包括灭火设施、防排烟设施、防火门、防火卷帘、电梯、非消防电源的断电控制等内容。消防联动的组成形式，一般可分为集中控制、分散与集中控制相结合两种系统。其控制方式有联动（自动）控制，非联动（手动）控制和联动与非联动相结合三种控制方式。系统形式及控制方式应根据工程规模、设备的功能、控制的对象和管理体制等因素合理的确定。

集中控制系统是一种将系统中所有的消防设施都通过消防控制室进行集中控制、显示、统一管理的系统。这种系统适用于总线制实施数字控制通讯方式的系统，特别适用于采用计算机控制的楼宇自动化管理系统。对控制点数不多且分散时，多线制系统也常采用。

在控制点数特别多且很分散的工程中，为使控制系统简单，减少控制信号的部位显示和控制线数量，可采用分散与集中相结合的控制系统。通常是将消防水泵、送排风机、防排烟风机、部分防火卷帘和自动灭火控制装置等，在消防控制室进行集中（纵向）控制，统一管理。对数量大而又分散的控制对象，如防排烟阀、防火门释放器等，采用现场分散（横向）控制。应强调不管是哪种控制系统，都应将被控对象执行机构的动作信号送到消防控制室集中显示。高层建筑中容易造成混乱带来严重后果的被控对象（如电梯、非消防电源及警报装置等）应由消防控制室集中管理，这些设施若控制不慎重，则会带来整个大楼秩序混乱。

各消防设施的控制方式应根据它们的作用、工作特点、选用的控制设备、工程规模及管理体制等因素综合考虑。有的消防设施需要联动控制，有的用手动控制更实用和方便，有的则手动和自动都需要，以增加其控制的可靠性。至于控制设备，在控制对象不多，规模较小的工程中，为减少工程投资，可针对具体工程采用自行设计的联动控制盘（柜）。对工程规模较大、联动功能较复杂且控制点数较多，特别是高层建筑，宜选用消防联动成套控制设备。成套控制设备具有自动化程度较高、配套完善、组合式结构、适应性强、便于集中控制、使用维护方便等特点。

高层民用建筑中常见的消防设施如消火栓灭火系统，自动喷洒水灭火系统卤代烷、二氧化碳灭火系统及防火门、防火卷帘、防排烟等。电气控制在设计中的要求和一般作法，已在前面几章讲述，至于如何实施，具体作法及控制线路设计等有关内容，只要主动作好专业间的协调，在明确要求和了解产品性能、结构的基础上，应用专业基础知识，是容易解决的，这里不再讨论。

## 思 考 题 与 习 题

1. 哪些建筑属高层民用建筑？划分的主要根据是什么？

2. 何谓报警区域？如何划分？

3. 何谓探测区域？在划分探测区域时应遵循哪些原则？

4. 火灾自动监控系统有哪几种形式？各适于什么场合？使用时要注意些什么？

5. 选择火灾报警控制器时主要考虑哪些问题？

6. 工程中为什么要区分火灾报警与火灾确认这二种信号？它们可以通过哪些手段实现？

7. 手动火灾报警按钮的作用？如何设置？

8. 火警电话通信系统有何特点？应在哪些部位设置？

9. 消防设备供电有何要求？

10. 哪些消防设施宜用手动、联动或手动加联动方式控制？

# 第十章　消防系统的安装调试
## 和使用维护

为了确保火灾自动报警联动控制系统的正常运行，提高其可靠性，不仅要合理地设计，还需要正确合理地安装、操作使用和经常地维护。否则，不管设备如何先进，设计如何完善，设备选择如何正确，假若安装不合理，管理不完善或操作不当，仍然会经常发生误报或漏报，容易造成建筑物内管理的混乱或贻误灭火战机。

本章主要阐述消防系统安装的一般要求，开通调试前的准备工作及其调试开通的一般程序，消防系统的使用维护。

## 第一节　消防系统安装的一般要求

(1) 火灾自动报警联动控制系统的施工安装专业性很强，为了保证施工安装质量，确保安装后能投入正常运行，施工安装必须经有批准权限的公安消防监督机构批准，并由有许可证的安装单位承担。

(2) 安装单位应按设计图纸施工，如需修改应征得原设计单位同意，并有文字批准手续。

(3) 火灾自动报警系统的安装应符合《火灾自动报警系统安装使用规范》的规定，并满足设计图纸和设计说明书的要求。

(4) 火灾自动报警系统的设备应选用经国家消防电子产品质量监督检验测试中心检测合格的产品。

(5) 火灾自动报警系统的探测器、手动报警按钮、控制器及其他所有设备，安装前均应妥善保管，防止受潮、受腐蚀及其他损坏，安装时应避免机械损伤。

(6) 施工单位在施工前应具有平面图、系统图、安装尺寸图、接线图以及一些必要的设备安装技术文件。

(7) 系统安装完毕后，安装单位应提交下列资料和文件：

1) 变更设计部分的实际施工图；

2) 变更设计的证明文件；

3) 安装技术记录（包括隐蔽工程检验记录）；

4) 检验记录（包括绝缘电阻、接地电阻的测试记录）；

5) 安装竣工报告。

## 第二节　消防系统的调试开通

**一、系统开通调试前的准备工作**

(1) 火灾自动报警系统的调试开通工作应在建筑内部装修和系统安装结束，并得到竣工报告单后才能进行。

（2）在火灾自动报警系统调试开通前，调试开通单位必须具备下列文件：

1）火灾自动报警系统方框图；

2）火灾自动报警系统用的建筑平面图；

3）设备安装尺寸图（包括控制设备、联动设备的安装图、探测器预埋件、端子箱安装尺寸等）；

4）设备安装时的设备外部接线图（包括设备尾线编号、端子接出线等）；

5）变更设计部分的实际施工图；

6）变更设计的证明文件；

7）安装验收单，含安装技术记录（包括隐蔽工程检验记录）和安装检验记录（包括绝缘电阻接地测试记录）；

8）设备的使用说明书（包括电路图以及备用电源的充放电说明）；

9）调试开通程序或规程；

10）调试开通人员的资格审查和职责分工；

（3）调试开通负责人必须由经公安消防监督机构审查批准的有资格的人员担任，一般应由生产厂的工程师（或相当于工程师水平的人员）或生产厂委托的经过训练的人员担任。所有参加调试的人员应职责明确，并应严格按照调试程序工作。

（4）调试开通前要认真检查集中报警控制器、区域报警控制器、探测器、手动报警按钮等报警设备的规格、型号和数量是否符合设计要求，备品备件和技术资料是否齐全。

（5）检查火灾自动报警系统的安装是否符合《火灾自动报警系统安装使用规范》有关规定的要求。

（6）检查系统线路是否正确无误。在查线过程中一定要按生产厂家的说明，使用合适的工具检查线路，避免底座上元器件的损坏。对于检查出的错线、开路虚焊和短路等应一一加以排除。

（7）在调试开通前的检查中，如发现设计安装问题及影响调试开通的其他问题，应会同有关部门协调解决，并有文字记载。

**二、消防系统调试开通的一般程序**

（1）在正式进行系统调试时，首先应分别对集中报警控制器、区域报警控制器、火灾报警装置和消防控制设备按生产厂家产品说明书的要求进行单机通电检查试验，正常后才能接入系统进行调试。

（2）在调试开通过程中，单机接入系统通电后，应对报警控制器做火灾报警自检功能、消音、复位功能、故障报警功能、火警优先功能、报警记忆功能、电源自动转换和备用电源的自动充电功能、备用电源的欠压和过压报警功能等功能检查，在通电检查中，上述所有功能都必须符合GB—4717《火灾报警控制器通用技术条件》的要求。对于产品说明书规定的其他功能，如脉冲复位、区域交叉和报警级别等在调试开通时也应逐一检查。

（3）按设计文件和设计要求，分别用主电源和备用电源供电检查火灾自动报警系统的各种控制功能和联动功能，其控制功能和联动功能应正常。

（4）检查主电源和备用电源的容量、其容量应符合《火灾报警控制器通用技术条件》（GB—4717）的规定。

（5）应进行主电源和备用电源的自动转换试验，主、备电源应能自动转换，并符合GB—4717《火灾自动报警控制器通用技术条件》的要求。

（6）给备用电源连续进行 3 次充放电，其功能应正常。

（7）系统功能调试正常后，应使用专用加烟和加温等试验器对安装的每只探测器进行加烟（或加温）试验，动作无误后方可投入运行。具体可采用便携式探测试验器，其中JTY-SY-A 型探测试验器（简称烟杆）的拉杆长度 0.5～2.8m，微型吹烟机工作电源为 DC3V，烟源为棒线香 $\phi 8 \times 100mm$，可适用于一般场所的感烟探测器试验。试验时将产烟棒线香装在烟杆的下部紧固座上，根据探测器的安装高度调节拉伸杆长度，将喷烟嘴对准探测器的进烟口，再接通电源开启微型吹烟机，将烟雾喷射到探测器的周围。若在 30s 内探测器的确认灯点亮，则表示探测器工作正常。

JTY-SY-B 型探测试验器（简称烟瓶）的拉杆长度 0.55～2.4m，其内装烟瓶容积为 0.19dm³（$\phi 55 \times 80mm$），烟瓶内装有烟源氟里昂气体。由于其无电源和不产生火花，故适用于有防爆要求场所的感烟探测器试验。如在烟瓶内充入丁烷等可燃性气体，还可用于可燃气体探测器试验。试验时先将烟瓶装接在拉杆上，根据探测器的安装高度调节拉伸杆长度，并将烟瓶口上部波纹管对准感烟探测器的进烟口，向上稍用力即可使氟里昂气体喷出（持续 1～2s）。若在 15s 内探测器的确认灯点亮，则表示探测器工作正常。

JTW-SY-A 型探测试验器（简称温杆）的拉杆长度 0.55～2.4m，温源 300W、出口温度 80℃，工作电源 AC220V，适用于对感温探测器的试验。试验时先将温源头接在拉杆上端，根据探测器的安装高度调节拉伸杆长度，并将温源头靠近探测器的吸热罩壳。然后接通工作电源，温源头升温，若在 10s 内探测器的确认灯点亮，则表示探测器的工作正常。

（8）按系统调试程序进行系统功能的自检。系统调试完全正常后，应连续无故障运行 120h，写出调试开通报告，然后才能进行验收工作。

## 第三节　消防系统的使用和维护

### 一、一般规定

（1）火灾自动报警系统必须经当地消防监督机构验收合格后方可使用，任何单位和个人不得擅自决定使用。

（2）使用单位应有专人负责系统的管理、操作和维护，无关人员不得随意触动。

（3）系统的操作维护人员应由经过专门培训，并经消防监督机构组织考试合格的专门人员担任。值班人员应熟悉掌握本系统的工作原理及操作规程，应清楚了解本单位报警区域和探测区域的划分和火灾自动报警系统的报警部位号。

（4）系统正式启用时，使用单位必须具备下列文件资料：

1）系统竣工图及设备技术资料和使用说明书；

2）调试开通报告、竣工报告、竣工验收情况表；

3）操作使用规程；

4）值班员职责；

5）记录和维护图表。

（5）使用单位应建立系统的技术档案，将上述所列的文件资料及其他有关资料归档保存，其中试验记录表至少应保存 5 年。

（6）火灾自动报警系统应保持连续正常运行，不得随意中断运行。如一旦中断，必须及时通报当地消防监督机构。

（7）为了保证火灾自动报警系统的连续正常运行和可靠性，使用单位应根据本单位的具体情况制定出具体的定期检查试验程序，并依照程序对系统进行定期的检查试验。在任何试验中，都要做好准备和安排，以防发生不应有的损失。

**二、定期检查**

火灾自动报警系统应进行以下的定期检查和试验。

（一）每日检查

使用单位每日应检查集中报警控制器和区域报警控制器的功能是否正常。检查方法：有自检、巡检功能的，可通过扳动自检、巡检开关来检查功能是否正常。没有自检、巡检功能的，也可采用给一只探测器加烟（或加温）的方法使探测器报警，来检查集中报警控制器或区域报警控制器的功能是否正常。同时检查复位、消音、故障报警的功能是否正常，如发现不正常，应在日登记表中记录并及时处理。

（二）季度试验和检查

使用单位每季度对火灾自动报警系统的功能应作下列试验和检查：

（1）按生产厂家说明书的要求，用专用加烟（加温）等试验器分期分批试验探测器的动作是否正常，确认灯显示是否清晰。试验中发现有故障或失效的探测器应及时拆换。

（2）试验火灾警报装置的声、光显示是否正常。在实际操作试验时，可一次全部进行试验，也可部分进行试验，但试验前一定要作好妥善安排，以防造成不应有的恐慌或混乱。

（3）自动喷水灭火系统管网上的水流指示器、压力开关等是电动报警装置，应试验它们的报警功能、信号显示是否正常。

（4）备用电源进行 1～2 次充放电试验，1～3 次主电源和备用电源自动转换试验，检查其功能是否正常。具体试验方法：切断主电源，看是否自动转换到备用电源供电，备用电源指示灯是否点亮，4h 后，再恢复主电源供电，看是否自动转换，再检查一下备用电源是否正常充电；

（5）有联动控制功能的系统，应用自动或手动检查下列消防控制设备的控制显示功能是否正常：

1）防排烟设备，电动防火门、防火卷帘等的控制设备；

2）室内消火栓、自动喷水灭火系统等的控制设备；

3）卤代烷、二氧化碳、干粉、泡沫等固定灭火系统的控制设备；

4）火灾事故广播、火灾事故照明及疏散指示标志灯。

以上试验均应有信号反馈至消防控制室，且信号清晰。

（6）强制消防电梯停于首层试验，如条件许可，客梯和货梯也宜切除外选，接通内选，进行一次强制电梯停于首层试验。

（7）消防通信设备应进行消防控制室与所设置的所有对讲电话通话试验，电话插孔通话试验，通话应畅通，语音应清楚。

（8）检查所有的手动、自动转换开关，如电源转换开关、灭火转换开关、防排烟、防火门、防火卷帘等转换开关、警报转换开关、应急照明转换开关等是否正常。

(9) 进行强切非消防电源功能试验。

(10) 检查备品备件、专用工具及加烟、加温试验器等是否齐备，并处于安全无损和适当保护状态。

(11) 直观检查所有消防用电设备的动力线、控制线、报警信号传输线、接地线、接线盒及设备等是否处于安全无损状态。

(12) 巡视检查探测器、手动报警按钮和指示装置的位置是否准确，有无缺漏、脱落和丢失，每个探测器的下方及周围各方向、手动报警按钮的周围是否留有规定的空白空间。

(13) 可燃气体探测器应按生产厂家说明书的要求进行试验和检查。

（三）年度检查试验

使用单位每年对火灾自动报警系统的功能应作下列检查试验，并填写年检登记表。

(1) 按生产厂家说明书的要求，用专用加烟（或加温）试验器对安装的所有探测器分期分批地检查试验，至少全部检查试验一遍。

(2) 对本节二、（二）季节试验和检查中 3、5、1）、2）、4）、6、7、8、9 各项所列的检查和试验项目进行实际动作试验。

(3) 对本节二、（二）季节试验和检查中 5、3）项进行模拟试验。

(4) 试验火灾事故广播设备的功能是否正常。在试验中不论扬声器当时处于何种工作状态（开、关），都应能紧急切换到火灾事故广播通道上，且音质清晰。

(5) 由于蓄电池在长期浮充运行时，容量会不均或不足，这是电池内活性物质发生较大的电化学变化而引起的。所以，为了保证蓄电池组的可靠工作，延长蓄电池的使用寿命，应每年最少进行一次恢复容量，即活化处理一次。其方法是以 4h 制电流放电至每只蓄电池端电压为 1V 时，再以相同的电流充电 6～7h，再放电一次，并重新按上述电流充电 6～7h 即可使用。如经容量恢复后，电池容量仍低于额定容量的 80％，则表明蓄电池已不能再投入使用，应及时更换掉。

(6) 检查所有接线端子是否松动、破损和脱落。

（四）清洗

点型感温、感烟探测器投入运行 1 年后，每隔 3 年必须由专门清洗单位（包括具有清洗能力，获得当地消防监督机构认可的使用单位）全部清洗一遍。清洗后应作响应阈值及其他必要的功能试验，试验不合格的探测器一律报废，严禁重新安装使用。被拆换检修的探测器应用备品或新生产的原型号探测器补替。

清洗时，可分期分批进行，也可一次性清洗完毕。

（五）使用单位应具有的日常维护器具

使用单位应具有日常维护所必需的备品备件、专用工具及试验器，如备用探测器、报警按钮及部件、照明装置及部件、设备专用维修工具、加烟试验器、加温试验器等。

（六）维修单位

为了确保火灾自动报警系统的完好正常工作，系统的维护应由消防监督机构认可的维修单位进行。

（七）及时检修

运行中如发现设备工作不正常，应及时检修，保证系统正常运行，并作好记录。

## 思 考 题 与 习 题

1. 系统安装完毕后，安装单位应提交哪些资料和文件？
2. 如何进行火灾探测器的加烟和加温试验？
3. 备用电源季度试验的方法？如何进行备用电源的容量恢复？

# 附录　火灾报警与消防联动控制

## 摘自《民用建筑电气设计规范》(JGJ/T—16—92)

## 24.1 一 般 规 定

**24.1.1** 本章适用于民用建筑内火灾报警与消防联动控制系统及防盗报警系统的设计。

**24.1.2** 下列民用建筑需要设置火灾报警与消防联动控制系统：

**24.1.2.1** 高层建筑

(1) 10 层及 10 层以上的住宅建筑（包括底层设置商业服务网点的住宅）。

(2) 建筑高度超过 24m 的其他民用建筑。

(3) 与高层建筑直接相连且高度不超过 24m 的裙房。

**24.1.2.2** 低层建筑

(1) 建筑高度不超过 24m 的单层及多层有关公共建筑。

(2) 单层主体建筑高度超过 24m 的体育馆、会堂、剧院等有关公共建筑。

**24.1.3** 火灾报警与消防联动控制系统的设计，应针对保护对象的特点，做到安全可靠，技术先进，经济合理，维护管理方便。

**24.1.4** 民用建筑应根据其使用性质、火灾危险性、疏散和扑救难度等进行防火等级的分类，一般可按表 24.1.4-1 和 24.1.4-2 划分。

**高 层 建 筑 物 分 类 表**　　　　　　　　　表 24.1.4-1

| 名　称 | 一　类 | 二　类 |
|---|---|---|
| 居住建筑 | 高级住宅<br>19 层及以上的普通住宅 | 10 至 18 层的普通住宅 |
| 公共建筑 | 高度超过 100m 的建筑物<br>医院病房楼<br>每层面积超过 1000m² 的商业楼、展览楼、综合楼<br>每层面积超过 800m² 的电信楼、财贸金融楼<br>省（市）级邮政楼、防灾指挥调度楼<br>大区级和省（市）级电力调度楼<br>中央级、省（市）级广播电视楼<br>高级旅馆<br>每层面积超过 1200m² 的商住楼<br>藏书超过 100 万册的图书楼<br>重要的办公楼、科研楼、档案楼<br>建筑高度超过 50m 的教学楼和普通的旅馆、办公楼、科研楼等 | 除一类建筑以外的商业楼、展览楼、综合楼、商住楼、财贸金融楼、电信楼、图书楼<br>建筑高度不超过 50m 的教学楼和普通的旅馆、办公楼、科研楼<br>省级以下的邮政楼<br>市级、县级广播电视楼<br>地、市级电力调度楼<br>地、市级防灾指挥调度楼 |

注：1. 本表未列出的建筑物，可参照本条划分类别的标准确定其相应类别；

　　2. 本表所列之市系指：一类包括省会所在市及计划单列市。二类的市指地级及以上的市。

| 一　　类 | 二　　类 |
|---|---|
| 电子计算中心 | 大、中型电子计算站 |
| 300 张床位以上的多层病房楼 | 每层面积超过 3000m² 的中型百货商场 |
| 省（市）级广播楼、电视楼、电信楼、财贸金融楼 | 藏书 50 万册及以上的中型图书楼 |
| 省（市）级档案馆 | 市（地）级档案馆 |
| 省（市）级博展馆 | 800 座以上中型剧场 |
| 藏书超过 100 万册的图书楼 | |
| 3000 座以上体育馆 | |
| 2.5 万以上座位大型体育场 | |
| 大型百货商场 | |
| 1200 座以上的电影院 | |
| 1200 座以上的剧场 | |
| 三级及以上旅馆 | |
| 特大型和大型铁路旅客站 | |
| 省（市）级及重要开放城市的航空港 | |
| 一级汽车及码头客运站 | |

注：1. 本表未列出的建筑物，可参照本条划分类别的标准确定其相应类别；
　　2. 本表所列之市系指：一类包括省会所在市及计划单列市，二类的市指地级及以上的市。

# 24.2　保护等级与保护范围的确定

**24.2.1**　各类民用建筑的保护等级应根据建筑物防火等级的分类，按下列原则确定：

（1）超高层（建筑高度超过 100m）为特级保护对象，应采用全面保护方式。

（2）高层中的一类建筑为一级保护对象，应采用总体保护方式。

（3）高层中的二类和低层中的一类建筑为二级保护对象，应采用区域保护方式；重要的亦可采用总体保护方式。

（4）低层中的二类建筑为三级保护对象，应采用场所保护方式；重要的亦可采用区域保护方式。

**24.2.2**　火灾探测器在建筑物中设置的部位，应与保护对象的等级相适应，须符合以下规定：

**24.2.2.1**　在超高层建筑物中，除不适合装设火灾探测器的部位外（如厕所、浴池），均应全面设置火灾探测器。

**24.2.2.2**　一、二级保护对象，应分别在下述部位装设火灾探测器：

（1）走道、大厅；

（2）重要的办公室，会议室及贵宾休息室；

（3）可燃物品库、空调机房、自备应急发电机房、配变电室、UPS 室；

（4）地下室、地下车库及多层建筑的底层汽车库（超过 25 台）；

（5）具有可燃物的技术夹层；

（6）重要的资料、档案库；

（7）前室（包括消防电梯、防排烟楼梯间、疏散楼梯间及合用的前室）；

（8）电子设备的机房（如电话站、广播站、广播电视机房、中控室等）；

（9）电缆隧道和高层建筑的垃圾井前室、电缆竖井；

（10）净高超过 0.8m 具有可燃物的闷顶（但设有自动喷洒设施的可不装）；

（11）电子计算机房的主机室、控制室、磁带库；

（12）商业和综合建筑的营业厅、可燃商品陈列室、周转库房；

（13）展览楼的展览厅、报告厅、洽谈室；

（14）博物馆的展厅、珍品储存室；

（15）财贸金融楼的营业厅、票证库；

（16）三级及以上旅馆的客房、公共活动用房和对外出租的写字楼内主要办公室；

（17）电信和邮政楼的重要机房、电力室；

（18）广播电视楼的演播室、录音室、播音室、道具和布景室、节目播出及其技术用房；

（19）电力及防洪调度楼的微波机房、计算机房、调度室、微波室、控制机房；

（20）医院的病历室、高级病房及贵重医疗设备的房间；

（21）剧场的舞台、化妆室、声控和灯控室、服装、道具和布景室；

（22）体育馆（场）的灯控、声控室和计时记分控制室；

（23）铁路旅客站、码头和航空港的调度室、导控室、行包房、票据库、售票室、软席候车室等；

（24）根据火灾危险程度及消防功能要求需要设置火灾探测器的其他场所。

**24.2.2.3**　三级保护对象，应在下述部位装设火灾探测器：

（1）电子计算机房的主机室、控制室、磁带库；

（2）商场的营业厅、周转库房；

（3）图书馆的书库；

（4）重要的资料及档案库、陈列室；

（5）剧场的灯控室、声控室、化妆室、道具及布景室；

（6）根据火灾危险程度及消防功能要求需要设置火灾探测器的其他场所。

**24.2.3**　报警区域应按防火分区或楼层划分。一个报警区域宜由一个防火分区或同楼层的几个防火分区组成。

**24.2.4**　探测区域应按独立房（套）间划分。一个探测区域的面积不宜超过 500m²。从主要出入口能看清其内部，且面积不超过 1000m² 的房间，也可划为一个探测区域。

**24.2.5**　符合下列条件之一的非重点保护建筑，可将数个房间划为一个探测区域。

**24.2.5.1**　相邻房间不超过 5 个，总面积不超过 400m²，并在每个门口设有灯光显示装置。

**24.2.5.2**　相邻房间不超过 10 个，总面积不超过 1000m²，在每个房间门口均能看清其内部，并在门口设有灯光显示装置。

**24.2.6**　下列场所应分别单独划分探测区域：

（1）敞开或封闭楼梯间。

（2）防烟楼梯间前室、消防电梯前室、消防电梯与防烟楼梯间合用的前室。

（3）走道、坡道、管道井、电缆隧道。

（4）建筑物闷顶、夹层。

**24.2.7**　火灾自动报警部位号的显示，一般是以探测区域为单元，但对非重点建筑当采用非总线制式，亦可考虑以分路为报警显示单元。

# 24.3 系 统 设 计

**24.3.1** 火灾报警与消防联动控制系统设计应根据保护对象的分级规定、功能要求和消防管理体制等因素综合考虑确定。

火灾报警及联动控制系统，应包括自动和手动两种触发装置。

**24.3.2** 火灾自动报警与消防联动控制系统，可有下列几种基本形式：

(1) 区域系统。

(2) 集中系统。

(3) 区域—集中系统。

(4) 控制中心系统。

**24.3.3** 区域系统应符合下列要求：

**24.3.3.1** 保护对象仅为某一局部范围或某一设施。

**24.3.3.2** 应有独立处理火灾事故的能力。

**24.3.3.3** 在一个建筑物内只能有一个这样的系统。

**24.3.3.4** 报警控制器应设在有人值班的房间或场所内（如保卫、值班等部门）。

**24.3.4** 集中系统应符合下列要求：

**24.3.4.1** 本系统适用于保护对象较少且分散，或虽保护对象较多但没条件设区域报警控制器的场所。

**24.3.4.2** 当规模较大，保护控制对象较多，选用由微机构成报警控制器时，宜采用总线方式的网络结构。

**24.3.4.3** 当采用总线方式的网络结构时，报警和消防联动控制宜采用如下方式：

(1) 报警采用总线制，消防联动控制系统可采取按功能进行标准化组合的方式。现场设备的操作与显示，全部通过控制中心。各设备之间的联动关系由逻辑控制盘确定。

(2) 如有条件，报警和联动控制皆通过总线的方式。部分就地，大部分是由消防控制中心输出联动控制程序。

**24.3.4.4** 集中系统用的报警控制器，对于一个建筑物内的消防控制室，设置数量不宜超过两台。

**24.3.4.5** 应在每层主要楼梯口明显部位，装设识别火灾层的声光显示装置。有条件时亦宜在各楼层消防电梯前室设火灾部位复示盘。当每层面积较少房间布局规整而无复示盘时，可在报警单元门口设火警显示灯。

**24.3.4.6** 集中报警控制器应设置在有专人值班的消防控制室内。

**24.3.5** 区域—集中系统应符合下列要求：

**24.3.5.1** 本系统适用于以下场合：

(1) 规模较大、保护控制对象较多；

(2) 有条件设置区域报警控制器；

(3) 需要集中管理或控制。

**24.3.5.2** 系统中应设有一台集中报警控制器和二台及以上区域报警控制器。

**24.3.5.3** 当控制点数较多，有条件时宜采用上、下位机总线制微机报警控制方式，其功能要求为：

下位机（区域机）：接收火灾报警信号后，能输出控制程序，起动各消防设施的联动装置。

上位机（集中机）：能显示全系统中各火灾探测器、联控装置和各区域机的工作状态；当需要时，亦可直接发出动作指令通过区域机起动所需要起动的消防设施。

**24.3.5.4** 集中报警控制器应设置在有专人值班的消防控制室内。

**24.3.6** 控制中心系统应符合下列要求：

**24.3.6.1** 本系统适用于规模大，需要集中管理的群体建筑及超高层建筑。

**24.3.6.2** 系统能显示各消防控制室的总状态信号及能担负总体灭火的联络与调度职能。

**24.3.6.3** 宜通过 BAS 或作为其一个子系统，实现报警、自动灭火的各项功能。当管理体制上有困难时，亦宜单独组成系统。

**24.3.6.4** 消防控制中心宜与主体建筑的消防控制室结合。

**24.3.6.5** 一般不宜超过二级管理。

**24.3.7** 当采用总线方式网络结构时，应有断路和短路故障保护措施。对于断路故障宜采用环形总线结构；对于短路故障宜针对工程的重要程度和条件，采取在总线上适当部位插入隔离器或选用带隔离器的探测器等措施。

**24.3.8** 超高层建筑火灾自动报警及控制系统设计，除应满足一类高层建筑的各项要求外，还应符合以下要求：

**24.3.8.1** 火灾探测器的设置原则应符合本章第 24.2.2.1 款的规定。

**24.3.8.2** 各避难层内之交直流电源，应按避难层分别供给，并能在末端各自自动互投。

**24.3.8.3** 各避难层内应有可靠的应急照明系统，其照度不应小于正常照度的 50%。

**24.3.8.4** 各避难层内应设独立的火灾事故广播系统，该系统宜能接收消防控制中心的有线和无线两种播音信号。

**24.3.8.5** 各避难层应与消防控制中心之间设独立的有线和无线呼救通讯。

在避难层应每隔一定距离（如 20m 左右步行距离），设置火警专用电话分机或电话塞孔。

**24.3.8.6** 超高层建筑中的电缆竖井，宜按避难层上下错位设置，有条件时竖井之间的水平距离至少相隔一个防火分区。

**24.3.8.7** 建筑物内用于火灾报警与联动控制的布线，应符合本章第 24.8.2 条的规定。

**24.3.8.8** 当在屋顶设消防救护用直升飞机停机坪时，应采取以下措施：

（1）为保证在夜间（或不良天气）飞机能安全起降，应根据专业要求设置灯光标志；

（2）在停机坪四周应设有航空障碍灯，障碍灯光采用能用交、直流电源供电的设备；

（3）在直升飞机着陆区四周边缘相距 5m 范围内，不应设置共用电视天线杆塔、避雷针等障碍物；

（4）从最高一层疏散口（疏散楼梯、电梯）至直升飞机着陆区，在人员行走的路线上应有明显的诱导标志或灯光照明。直升飞机的灯光标志应可靠接地，并应有防雷击措施。屋面应有良好的防水措施。防止雨水等进入灯具或管路内；

（5）设置消防电源控制箱；

（6）按本章第24.3.8.5款的要求，与消防控制中心设有通讯联络设施。

# 24.4  火灾事故广播

**24.4.1**  区域—集中和控制中心系统应设置火灾事故广播,集中系统宜设置火灾事故广播。

**24.4.2**  火灾事故广播扬声器的设置应符合下列要求:

**24.4.2.1**  走道、大厅、餐厅等公共场所,扬声器的设置数量,应能保证从本层任何部位到最近一个扬声器的步行距离不超过15m。在走道交叉处、拐弯处均应设扬声器。走道末端最后一个扬声器距墙不大于8m。

**24.4.2.2**  走道、大厅、餐厅等公共场所装设的扬声器,额定功率不应小于3W,实配功率不应小于2W。

**24.4.2.3**  客房内扬声器额定功率不应小于1W。

**24.4.2.4**  设置在空调、通风机房、洗衣机房、文娱场所和车库等处,有背景噪声干扰场所内的扬声器,在其播放范围内最远的播放声压级,应高于背景噪声15dB,并据此确定扬声器的功率。

**24.4.3**  火灾事故广播系统宜设置专用的播放设备,扩音机容量宜按扬声器计算总容量的1.3倍确定,若与建筑物内设置的广播音响系统合用时,应符合下列要求:

**24.4.3.1**  火灾时应能在消防控制室将火灾疏散层的扬声器和广播音响扩音机,强制转入火灾事故广播状态。

**24.4.3.2**  床头控制柜内设置的扬声器,应有火灾广播功能。

**24.4.3.3**  采用射频传输集中式音响播放系统时,床头控制柜内扬声器宜有紧急播放火警信号功能。

　　如床头控制柜无此功能时,设在客房外走道的每个扬声器的实配输入功率不应小于3W,且扬声器在走道内的设置间距不宜大于10m。

**24.4.3.4**  消防控制室应能监控火灾事故广播扩音机的工作状态,并能遥控开启扩音机和用传声器直接播音。

**24.4.3.5**  广播音响系统扩音机,应设火灾事故广播备用扩音机,备用机可手动或自动投入。备用扩音机容量不应小于火灾事故广播扬声器容量最大的3层中扬声器容量总和的1.5倍。

**24.4.4**  火灾事故广播输出分路,应按疏散顺序控制,播放疏散指令的楼层控制程序如下:

（1）2层及2层以上楼层发生火灾,宜先接通火灾层及其相邻的上、下层。

（2）首层发生火灾,宜先接通本层、2层及地下各层。

（3）地下室发生火灾,宜先接通地下各层及首层。若首层与2层有大共享空间时应包括2层。

**24.4.5**  火灾事故广播分路配线应符合下列规定:

**24.4.5.1**  应按疏散楼层或报警区域划分分路配线。各输出分路,应设有输出显示信号和保护控制装置等。

**24.4.5.2**  当任一分路有故障时,不应影响其他分路的正常广播。

**24.4.5.3** 火灾事故广播线路，不应和其他线路（包括火警信号、联动控制等线路）同管或同线槽槽孔敷设。

**24.4.5.4** 火灾事故广播用扬声器不得加开关，如加开关或设有音量调节器时，则应采用三线式配线强制火灾事故广播开放。

**24.4.6** 火灾事故广播馈线电压不宜大于100V。各楼层宜设置馈线隔离变压器。

# 24.5 火灾探测器的选择与设置

**24.5.1** 火灾探测器的选择

**24.5.1.1** 根据火灾的特点选择火灾探测器时，应符合下列原则：

（1）火灾初期有阴燃阶段，产生大量的烟和少量的热，很少或没有火焰辐射，应选用感烟探测器；

（2）火灾发展迅速，产生大量的热、烟和火焰辐射，可选用感温探测器、感烟探测器、火焰探测器或其组合；

（3）火灾发展迅速，有强烈的火焰辐射和少量的烟、热、应选用火焰探测器；

（4）火灾形成特点不可预料，可进行模拟试验，根据试验结果选择探测器。

**24.5.1.2** 对不同高度的房间，可按表24.5.1.2选择火灾探测器。

根据房间高度选择探测器　　　　　　表 24.5.1.2

| 房间高度 $h$ (m) | 感烟探测器 | 感温探测器 | | | 火焰探测器 |
| --- | --- | --- | --- | --- | --- |
| | | 一级 | 二级 | 三级 | |
| $12<h\leqslant20$ | 不适合 | 不适合 | 不适合 | 不适合 | 适 合 |
| $8<h\leqslant12$ | 适 合 | 不适合 | 不适合 | 不适合 | 适 合 |
| $6<h\leqslant8$ | 适 合 | 适 合 | 不适合 | 不适合 | 适 合 |
| $4<h\leqslant6$ | 适 合 | 适 合 | 适 合 | 不适合 | 适 合 |
| $h\leqslant4$ | 适 合 | 适 合 | 适 合 | 适 合 | 适 合 |

**24.5.1.3** 在散发可燃气体、可燃蒸气和可燃液体的场所，宜选用可燃气体可燃液体探测器。

**24.5.1.4** 下列场所宜选用离子感烟探测器或光电感烟探测器：

（1）办公楼、教学楼、百货楼的厅堂、办公室、库房等；

（2）饭店、旅馆的客房、餐厅、会客室及其他公共活动场所；

（3）电子计算机房、通讯机房及其他电气设备的机房以及易产生电器火灾的危险场所；

（4）书库、档案库等；

（5）空调机房、防排烟机房及有防排烟功能要求的房间或场所；

（6）重要的电缆（电线）竖井、配电室等；

（7）楼梯间、前室和走廊通道；

(8) 电影或电视放映室等。

**24.5.1.5** 对于在火势蔓延前产生可见烟雾、火灾危险性大的场合，如：电子设备机房、配电室、控制室等处，宜采用光电感烟探测器，或光电和离子感烟探测器的组合。

**24.5.1.6** 大型无遮挡空间的库房，宜采用红外光束感烟探测器。

**24.5.1.7** 有下列情形的场所，不宜选用离子感烟探测器：

(1) 相对湿度长期大于 95％；

(2) 气流速度大于 5m/s；

(3) 有大量粉尘、水雾滞留；

(4) 可能产生腐蚀性气体；

(5) 在正常情况下有烟滞留；

(6) 产生醇类、醚类、酮类等有机物质。

**24.5.1.8** 有下列情形的场所，不宜选用光电感烟探测器：

(1) 可能产生黑烟；

(2) 大量积聚粉尘；

(3) 可能产生蒸气和油雾；

(4) 在正常情况下有烟滞留；

(5) 存在高频电磁干扰；

(6) 大量昆虫活动的场所。

**24.5.1.9** 下列情形或场所宜选用感温探测器：

(1) 相对湿度经常高于 95％；

(2) 可能发生无烟火灾；

(3) 有大量粉尘；

(4) 在正常情况下有烟和蒸气滞留；

(5) 厨房、锅炉房、发电机房、茶炉房、烘干房等；

(6) 汽车库等；

(7) 吸烟室、小会议室等；

(8) 其他不宜安装感烟探测器的厅堂和公共场所。

**24.5.1.10** 常温和环境温度梯度较大、变化区间较小的场所，宜选用定温探测器。

常温和环境温度梯度小、变化区间较大的场所，宜选用差温探测器。

若火灾初期环境温度变化难以肯定，宜选用差定温复合式探测器。垃圾间等有灰尘污染的场所，亦宜选用差定温复合式探测器。

**24.5.1.11** 可能产生阴燃火或者如发生火灾不及早报警将造成重大损失的场所，不宜选用感温探测器；温度在 0℃ 以下的场所，不宜选用定温探测器；正常情况下温度变化较大的场所，不宜选用差温探测器。

在电缆托架、电缆隧道、电缆夹层、电缆沟、电缆竖井等场所，宜采用缆式线型感温探测器。

在库房、电缆隧道、天棚内、地下汽车库以及地下设备层等场所，可选用空气管线型差温探测器。

**24.5.1.12** 有下列情形的场所，宜选用火焰探测器：

（1）火灾时有强烈的火焰辐射；

（2）无阴燃阶段的火灾；

（3）需要对火焰作出快速反应。

**24.5.1.13** 有下列情形的场所，不宜选用火焰探测器：

（1）可能发生无焰火灾；

（2）在火焰出现前有浓烟扩散；

（3）探测器的镜头易被污染；

（4）探测器的"视线"易被遮挡；

（5）探测器易受阳光或其他光源直接或间接照射；

（6）在正常情况下有明火作业以及 X 射线、弧光等影响。

**24.5.1.14** 当有自动联动装置或自动灭火系统时，宜采用感烟、感温、火焰探测器（同类型或不同类型）的组合。

**24.5.1.15** 感烟探测器的灵敏度级别应根据初期火灾燃烧特性和环境特征等因素正确选择。一般可按下述原则确定：

（1）禁烟场所、计算机房、仪表室、电子设备机房、图书馆、票证库和书库等灵敏度级别为Ⅰ级。

（2）一般环境（居室、客房、办公室等）灵敏度级别为Ⅱ级。

（3）走廊、通道、会议室、吸烟室、大厅、餐厅、地下层、管道井等处，灵敏度级别为Ⅲ级。

（4）当房间高度超过 8m 时，感烟探测器灵敏度级别应取Ⅰ级，感温探测器应按表24.5.1.2规定选择。

**24.5.1.16** 差、定温探测器动作温度的选择不应高于最高环境温度 20～35℃，且应按产品技术条件确定其灵敏度。一般可按下述原则确定：

（1）定温、差温探测器在升温速率不大于 1℃/min 时，其动作温度不应小于 54℃，且各级灵敏度的探测器的动作温度应分别大于下列数值：

Ⅰ级　　　 62℃

Ⅱ级　　　 70℃

Ⅲ级　　　 78℃

（2）定温式探测器的动作温度在无环境特殊要求时，一般选用Ⅱ级。

**24.5.1.17** 在下列场所可不安装感烟、感温式火灾探测器：

（1）火灾探测器的安装面与地面高度大于 12m（感烟）、8m（感温）的场所。

（2）因气流影响，靠火灾探测器不能有效发现火灾的场所。

（3）天棚和上层楼板间距、地板与楼板间距小于 0.5m 的场所。

（4）闷顶及相关吊顶内的构筑物和装修材料是难燃型的或者已装有自动喷水灭火系统的闷顶或吊顶的场所。

（5）难以维修的场所。

**24.5.2** 火灾探测器的设置与布局

**24.5.2.1** 探测区域内的每个房间至少应设置一只火灾探测器。

**24.5.2.2** 感烟、感温探测器的保护面积和保护半径，应按表 24.5.2.2 确定。

| 火灾探测器的种类 | 地面面积 $S$ (m²) | 房间高度 $h$ (m) | 探测器的保护面积 $A$ 和保护半径 $R$ | | | | | |
|---|---|---|---|---|---|---|---|---|
| | | | 屋顶坡度 $\theta$ | | | | | |
| | | | $\theta \leqslant 15°$ | | $15° < \theta \leqslant 30°$ | | $\theta > 30°$ | |
| | | | $A$ (m²) | $R$ (m) | $A$ (m²) | $R$ (m) | $A$ (m²) | $R$ (m) |
| 感烟探测器 | $S \leqslant 80$ | $h \leqslant 12$ | 80 | 6.7 | 80 | 7.2 | 80 | 8.0 |
| | $S > 80$ | $6 < h \leqslant 12$ | 80 | 6.7 | 100 | 8.0 | 120 | 9.9 |
| | | $h \leqslant 6$ | 60 | 5.8 | 80 | 7.2 | 100 | 9.0 |
| 感温探测器 | $S \leqslant 30$ | $h \leqslant 8$ | 30 | 4.4 | 30 | 4.9 | 30 | 5.5 |
| | $S > 30$ | $h \leqslant 8$ | 20 | 3.6 | 30 | 4.9 | 40 | 6.3 |

**24.5.2.3** 在宽度小于 3m 的走道顶棚上设置探测器时，宜居中布置。感温探测器的安装间距不应超过 10m，感烟探测器的安装间距不应超过 15m。探测器至端墙的距离，不应大于探测器安装间距的一半。

**24.5.2.4** 探测器至墙壁、梁边的水平距离，不应小于 0.5m。

**24.5.2.5** 探测器周围 0.5m 内，不应有遮挡物。

**24.5.2.6** 探测器至空调送风口边的水平距离不应小于 1.5m，并宜接近回风口安装。

**24.5.2.7** 天棚较低（小于 2.2m）且狭小（面积不大于 10m²）的房间，安装感烟探测器时，宜设置在入口附近。

**24.5.2.8** 在楼梯间、走廊等处安装感烟探测器时，应选在不直接受外部风吹的位置。当采用光电感烟探测器时，应避开日光或强光直射探测器的位置。

**24.5.2.9** 在厨房、开水房、浴室等房间连接的走廊安装探测器时，应避开其入口边缘 1.5m 安装。

**24.5.2.10** 电梯井、未按每层封闭的管道井（竖井）等安装火灾探测器时应在最上层顶部安装。在下述场所可以不安装火灾探测器：

（1）隔断楼板高度在三层以下且完全处于水平警戒范围内的管道井（竖井）及其他类似的场所。

（2）垃圾井顶部平顶安装火灾探测器检修困难时。

**24.5.2.11** 感烟、感温探测器的安装间距，不应超过本规范附录 L.1 中由极限曲线 $D_1 \sim D_{11}$（含 $D_9$）所规定的范围。

**24.5.2.12** 安装在天棚上的探测器边缘与下列设施的边缘水平间距宜保持在：

（1）与照明灯具的水平净距不应小于 0.2m；

（2）感温探测器距高温光源灯具（如碘钨灯、容量大于 100W 的白炽灯等）的净距不应小于 0.5m；

（3）距电风扇的净距不应小于 1.5m；

（4）距不突出的扬声器净距不应小于 0.1m；

（5）与各种自动喷水灭火喷头净距不应小于 0.3m；

(6) 距多孔送风顶棚孔口的净距不应小于 0.5m；

(7) 与防火门、防火卷帘的间距，一般在 1～2m 的适当位置。

**24.5.3 探测器数量的确定**

**24.5.3.1** 一个探测区域内所需设置的探测器数量，应按下式计算：

$$N \geqslant \frac{S}{K \cdot A} \tag{24.5.3.1}$$

式中　$N$——一个探测区域内所需设置的探测器数量（只），$N$ 取整数；

　　　　$S$——一个探测区域的面积（m²）；

　　　　$A$——探测器的保护面积（m²）；

　　　　$K$——校正系数，重点保护建筑取 0.7～0.9，非重点保护建筑取 1。

**24.5.3.2** 在梁突出顶棚的高度小于 200mm 的顶棚上设置感烟、感温探测器时，可不考虑梁对探测器保护面积的影响。

当梁突出顶棚的高度在 200～600mm 时，按本规范附录 L.2 及 L.3 确定梁的影响和一只探测器能够保护的梁间区域的个数。

当梁突出顶棚的高度超过 600mm 时，被梁隔断的每个梁间区域应至少设置一只探测器。

当被梁隔断的区域面积超过一只探测器的保护面积时，则应将被隔断的区域视为一个探测区域，并应按本章第 24.5.3.1 款的规定计算探测器的设置数量。

注：当梁间净距小于 1m 时，可视为平顶棚。

**24.5.4 手动火灾报警按钮的设置**

**24.5.4.1** 报警区域内每个防火分区，应至少设置一只手动火灾报警按钮。从一个防火分区内的任何位置到最邻近的一个手动火灾报警按钮的步行距离，不宜大于 25m。

**24.5.4.2** 手动火灾报警按钮宜在下列部位装设：

(1) 各楼层的楼梯间、电梯前室；

(2) 大厅、过厅、主要公共活动场所出入口；

(3) 餐厅、多功能厅等处的主要出入口；

(4) 主要通道等经常有人通过的地方。

**24.5.4.3** 火灾手动报警按钮应在火灾报警控制器或消防控制（值班）室的控制、报警盘上有专用独立的报警显示部位号，不应与火灾自动报警显示部位号混合布置或排列，并有明显的标志。

**24.5.4.4** 手动火灾报警按钮的操动报警信号，在区域—集中系统中宜为：

(1) 当区域机能直接进行灭火控制时，可进入区域机。

(2) 当区域机不能直接进行灭火控制时，可不进入区域机而直接向消防控制室报警。

**24.5.4.5** 手动火灾报警按钮系统的布线宜独立设置。

**24.5.4.6** 手动火灾报警按钮安装在墙上的高度可为 1.5m，按钮盒应具有明显的标志和防误动作的保护措施。

# 24.6　消防联动控制

**24.6.1　一般规定**

**24.6.1.1** 消防联动控制对象应包括以下的内容：

（1）灭火设施；

（2）防排烟设施；

（3）防火卷帘、防火门、水幕；

（4）电梯；

（5）非消防电源的断电控制等。

**24.6.1.2** 消防联动控制应根据工程规模、管理体制、功能要求合理确定控制方式，一般可采取：

（1）集中控制；

（2）分散与集中相结合。

无论采用何种控制方式，应将被控对象执行机构的动作信号，送至消防控制室。

**24.6.1.3** 容易造成混乱带来严重后果的被控对象（如电梯、非消防电源及警报等）应由消防控制室集中管理。

**24.6.2** 灭火设施

**24.6.2.1** 设有消火栓按钮的消火栓灭火系统，其控制要求如下：

（1）消火栓按钮控制回路应采用 50V 以下的安全电压。

（2）当消火栓设有消火栓按钮时，应能向消防控制（值班）室发送消火栓工作信号和起动消防水泵。

（3）消防控制室内，对消火栓灭火系统应有下列控制、显示功能：

*a.* 控制消防水泵的起、停；

*b.* 显示消防水泵的工作、故障状态；

*c.* 显示消火栓按钮的工作部位。当有困难时可按防火分区或楼层显示。

**24.6.2.2** 自动喷水灭火系统的控制应符合下列要求：

（1）设有自动喷水灭水喷头需早期火灾自动报警的场所（不易检修的天棚、闷顶内或厨房等处除外），宜同时设置感烟探测器。

（2）自动喷水灭火系统中设置的水流指示器，不应作自动起动消防水泵的控制装置。报警阀压力开关、水位控制开关和气压罐压力开关等可控制消防水泵自动起动。

（3）消防控制室内，对自动喷水灭火系统宜有下列控制监测功能：

*a.* 控制系统的起、停；

*b.* 系统的控制阀开启状态。但对管网末端的试验阀，应在现场设置手动按钮就地控制开闭，其状态信号可不返回；

*c.* 消防水泵电源供应和工作情况；

*d.* 水池、水箱的水位。对于重力式水箱，在严寒地区宜安设水温探测器，当水温降低到 5℃ 以下时，即应发出信号报警；

*e.* 干式喷水灭火系统的最高和最低气压。一般压力的下限值宜与空气压缩机联动，或在消防控制室设充气机手动起动和停止按钮；

*f.* 预作用喷水灭火系统的最低气压；

*g.* 报警阀和水流指示器的动作情况。

（4）设有充气装置的自动喷水灭火管网应将高、低压力告警信号送至消防控制室。消防控制室宜设充气机手动启动按钮和停止按钮。

（5）预作用喷水灭火系统中应设置由感烟探测器组成的控制电路，控制管网预作用充水。

（6）雨淋和水喷雾灭火系统中宜设置由感烟、定温探测器组成的控制电路，控制电磁阀。电磁阀的工作状态应反馈消防控制室。

**24.6.2.3** 卤代烷、二氧化碳气体自动灭火系统的控制应符合以下要求：

（1）设有卤代烷、二氧化碳等气体自动灭火装置的场所（或部位）应设感烟定温探测器与灭火控制装置配套组成的火灾报警控制系统。

（2）管网灭火系统应有自动控制、手动控制和机械应急操作三种起动方式；无管网灭火装置应有自动控制和手动控制两种起动方式。

（3）自动控制应在接到两个独立的火灾信号后才能起动。

（4）应在被保护对象主要出入口门外，设手动紧急控制按钮并应有防误操作措施和特殊标志。

（5）机械应急操作装置应设在贮瓶间或防护区外便于操作的地方，并能在一个地点完成释放灭火剂的全部动作。

（6）应在被保护对象主要出入口外门框上方设放气灯并应有明显标志。

（7）被保护对象内应设有在释放气体前 30s 内人员疏散的声警报器。

（8）被保护区域常开的防火门，应设有门自动释放器，在释放气体前能自动关闭。

（9）应在释放气体前，自动切断被保护区的送、排风风机或关闭送风阀门。

（10）对于组合分配系统，宜在现场适当部位设置气体灭火控制室；单元独立系统是否设控制室可根据系统规模及功能要求而定；无管网灭火装置一般在现场设控制盘（箱），但装设位置应接近被保护区，控制盘（箱）应采取防护措施。

在经常有人的防护区内设置的无管网灭火系统，应设有切断自动控制系统的手动装置。

（11）气体灭火控制室应有下列控制、显示功能：

*a.* 控制系统的紧急起动和切断；

*b.* 由火灾探测器联动的控制设备，应具有 30s 可调的延时功能；

*c.* 显示系统的手动、自动状态；

*d.* 在报警、喷射各阶段，控制室应有相应的声、光报警信号，并能手动切除声响信号；

*e.* 在延时阶段，应能自动关闭防火门、停止通风、空气调节系统。

（12）气体灭火系统在报警或释放灭火剂时，应在建筑物的消防控制室（中心）有显示信号。

（13）当被保护对象的房间无直接对外窗户时，气体释放灭火后，应有排除有害气体的设施，但此设施在气体释放时应是关闭的。

**24.6.2.4** 灭火控制室对泡沫和干粉灭火系统应有下列控制、显示功能：

（1）在火灾危险性较大，且经常没有人停留场所内的灭火系统，应采用自动控制的起动方式。

为提高灭火的可靠性，在采用自动控制方式的同时，还应设置手动起动控制环节。

（2）在火灾危险性较小，有人值班或经常有人停留的场所，防护区内宜设火灾自动报警装置，灭火系统可以采用手动控制的起动方式。

（3）在灭火控制室应能做到：控制系统的起、停，显示系统的工作状态。

**24.6.3 电动防火卷帘、电动防火门**

**24.6.3.1** 电动防火卷帘的控制应符合下列要求：

（1）一般在电动防火卷帘两侧设专用的感烟及感温两种探测器、声、光报警信号及手动控制按钮（应有防误操作措施）。当在两侧装设确有困难时，可在火灾可能性大的一侧装设。

（2）电动防火卷帘应采取两次控制下落方式，第一次由感烟探测器控制下落距地 1.5m 处停止；第二次由感温探测器控制下落到底。并应分别将报警及动作信号送至消防控制室。

（3）电动防火卷帘宜由消防控制室集中管理。当选用的探测器控制电路采用相应措施提高了可靠性时，亦可在就地联动控制，但在消防控制室应有应急控制手段。

（4）当电动防火卷帘采用水幕保护时，水幕电磁阀的开启宜用定温探测器与水幕管网有关的水流指示器组成控制的电路控制。

**24.6.3.2** 电动防火门的控制，应符合以下要求：

（1）门两侧应装设专用的感烟探测器组成控制电路，在现场自动关闭。此外，在就地亦宜设人工手动关闭装置。

（2）电动防火门宜选用平时不耗电的释放器，且宜暗设。要有返回动作信号功能。

**24.6.4 防烟、排烟设施**

**24.6.4.1** 排烟阀的控制应符合以下要求：

（1）排烟阀宜由其排烟分担区内设置的感烟探测器组成的控制电路在现场控制开启。

（2）排烟阀动作后应起动相关的排烟风机和正压送风机，停止相关范围内的空调风机及其他送、排风机。

（3）同一排烟区内的多个排烟阀，若需同时动作时，可采用接力控制方式开启，并由最后动作的排烟阀发送动作信号。

**24.6.4.2** 设在排烟风机入口处的防火阀动作后应联动停止排烟风机。

**24.6.4.3** 防烟垂壁应由其附近的专用感烟探测器组成的控制电路就地控制。

**24.6.4.4** 设于空调通风管道上的防排烟阀，宜采用定温保护装置直接动作阀门关闭；只有必须要求在消防控制室远方关闭时，才采取远方控制。

关闭信号要反馈消防控制室，并停止有关部位风机。

**24.6.4.5** 消防控制室应能对防烟、排烟风机（包括正压送风机）进行应急控制。

**24.6.5 非消防电源断电及电梯应急控制**

**24.6.5.1** 火灾确认后，应能在消防控制室或配电所（室）手动切除相关区域的非消防电源。

**24.6.5.2** 火灾发生后，根据火情强制所有电梯依次停于首层，并切断其电源，但消防电梯除外。对电梯的有关应急控制要求见本规范第 10 章的有关规定。

**24.6.6** 消防水泵（包括喷洒泵）、排烟风机及正压送风机等重要消防用电设备，宜采取定期自动试机、检测措施。

# 24.7 火灾应急照明

**24.7.1** 火灾应急照明包括：

(1) 正常照明失效时，为继续工作（或暂时继续工作）而设的备用照明。

(2) 为了使人员在火灾情况下，能从室内安全撤离至室外（或某一安全地区）而设置的疏散照明。

(3) 正常照明突然中断时，为确保处于潜在危险的人员安全而设置的安全照明。

**24.7.2** 下列部位须设置火灾事故时的备用照明：

(1) 疏散楼梯（包括防烟楼梯间前室）、消防电梯及其前室；

(2) 消防控制室、自备电源室（包括发电机房、UPS 室和蓄电池室等）、配电室、消防水泵房、防排烟机房等；

(3) 观众厅、宴会厅、重要的多功能厅及每层建筑面积超过 1500m² 的展览、营业厅等；

(4) 建筑面积超过 200m² 的演播室，人员密集建筑面积超过 300m² 的地下室；

(5) 通信机房、大中型电子计算机房、BAS 中央控制室等重要技术用房；

(6) 每层人员密集的公共活动场所等；

(7) 公共建筑内的疏散走道和居住建筑内长度超过 20m 的内走道。

**24.7.3** 建筑物（二类建筑的住宅除外）的疏散走道和公共出口处，应设疏散照明。

**24.7.4** 凡在火灾时因正常电源突然中断将导致人员伤亡的潜在危险场所（如医院内的重要手术室、急救室等），应设安全照明。

**24.7.5** 火灾应急照明场所的供电时间和照度要求，应满足表 24.7.5 所列数值，但高度超过 100m 的建筑物及人员疏散缓慢的场所应按实际计算。

火灾应急照明供电时间、照度及场所举例　　　　　　　　表 24.7.5

| 名　称 | 供电时间 | 照　度 | 场　所　举　例 |
|---|---|---|---|
| 火灾疏散标志照明 | 不少于 20min | 最低不应低于 0.5lx | 电梯轿箱内、消火栓处、自动扶梯安全出口、台阶处、疏散走廊、室内通道、公共出口 |
| 暂时继续工作的备用照明 | 不少于 1h | 不少于正常照度的 50% | 人员密集场所，如展览厅、多功能厅、餐厅、营业厅和危险场所、避难层等 |
| 继续工作的备用照明 | 连　续 | 不少于正常照明的照度 | 配电室、消防控制室、消防泵房、发电机室、蓄电池室、火灾广播室、电话站、BAS 中控室以及其他重要房间 |

**24.7.6** 应急照明中的备用照明灯宜设在墙面或顶棚上。疏散指示标志宜设在安全出口的顶部，疏散走道及转角处离地面 1m 以下的墙面上。走道上的指示标志间距不宜大于 15m。

应急照明灯应设玻璃或其他非燃材料制作的保护罩。

**24.7.7** 有关应急照明的设置要求，尚应符合本规范附录 C.3 的规定。

# 24.8 导线选择及线路敷设

**24.8.1** 火灾自动报警系统的传输线路和采用 50V 以下供电的控制线路，应采用耐压不低于交流 250V 的铜芯绝缘多股电线或电缆。采用交流 220/380V 供电或控制的交流用电设备线路，应采用耐压不低于交流 500V 的铜芯电线或铜芯电缆。

**24.8.2** 超高层建筑内的电力、照明、自控等线路应采用阻燃型电线和电缆；但重要消防设备（如消防水泵，消防电梯，防、排烟风机等）的供电回路，宜采用耐火型电缆。

一类高、低层建筑内的电力、照明、自控等线路宜采用阻燃型电线和电缆；但重要消防设备（如消防水泵，消防电梯，防、排烟风机等）的供电回路，有条件时可采用耐火型电缆或采用其他防火措施以达耐火配线要求。

二类高、低层建筑内的消防用电设备、宜采用阻燃型电线和电缆。

此外，消防联动控制、自动灭火控制，通讯和报警等线路，在布线上尚应符合本章第24.8.4 条及第 24.8.5 条的规定。

**24.8.3** 火灾自动报警系统传输线路其芯线截面选择，除满足自动报警装置技术条件的要求外，尚应满足机械强度的要求，导线的最小截面积不应小于表 24.8.3 规定。

铜芯绝缘电线、电缆线芯的最小截面      表 24.8.3

| 序号 | 类　别 | 线芯的最小截面（mm²） | 序号 | 类　别 | 线芯的最小截面（mm²） |
|---|---|---|---|---|---|
| 1 | 穿管敷设的绝缘电线 | 1.00 | 3 | 多芯电缆 | 0.50 |
| 2 | 线槽内敷设的绝缘电线 | 0.75 | | | |

**24.8.4** 火灾自动报警系统传输线路采用绝缘电线时，应采取穿金属管、不燃或难燃型硬质、半硬质塑料管或封闭式线槽保护方式布线。

**24.8.5** 消防联动控制、自动灭火控制、通讯、应急照明及紧急广播等线路，应采取穿金属管保护，并宜暗敷在非燃烧体结构内，其保护层厚度不应小于 3cm。当必须明敷时，应在金属管上采取防火保护措施。

采用绝缘和护套为非延燃性材料的电缆时，可不穿金属管保护，但应敷设在电缆竖井内。

**24.8.6** 不同系统、不同电压、不同电流类别的线路，不应穿于同一根管内或线槽的同一槽孔内。但电压为 50V 及以下回路、同一台设备的电力线路和无防干扰要求的控制回路可除外。此时，电压不同的回路的导线，可以包含在一根多芯电缆内或其他的组合导线内，但安全超低压回路的导线必须单独地或集中地按其中存在的最高电压绝缘起来。

**24.8.7** 横向敷设的报警系统传输线路如采用穿管布线时，不同防火分区的线路不宜穿入同一根管内，但探测器报警线路若采用总线制布设时可不受此限。

**24.8.8** 弱电线路的电缆竖井，宜与强电线路的电缆竖井分别设置。如受条件限制必须合用时，弱电与强电线路应分别布置在竖井两侧。

**24.8.9** 建筑物内宜按楼层分别设置配线箱做线路汇接。当同一系统不同电流类别或不同电压的线路在同一配线箱内汇接时，应将不同电流类别和不同电压等级的导线，分别接于不同的端子板上，且各种端子板应作明确的标志和隔离。

**24.8.10** 消防联动控制系统的电力线路，其导线截面的选择应适当放宽，一般可加大一级。

**24.8.11** 从接线盒、线槽等处引至探测器底座盒、控制设备盒、扬声器箱等的线路应加金属软管保护。

**24.8.12** 建筑物内横向布放的暗埋管路管径不宜大于 G25，在天棚内或墙内水平或垂直敷设的管路，管径不宜大于 G40。

**24.8.13** 火灾探测器的传输线路，宜选择不同颜色的绝缘导线。同一工程中相同线别的绝缘导线颜色应一致，接线端子应有标号。

**24.8.14** 布线使用的非金属管材、线槽及其附件，应采用不燃或非延燃性材料制成。

**24.8.15** 各端子箱内端子宜选择带锡焊接点的端子板，其接线端子上应有标号。

# 24.9 系 统 供 电

**24.9.1** 消防控制室、消防水泵、消防电梯、防排烟设施、火灾自动报警、自动灭火装置、火灾应急照明和电动防火门窗、卷帘、阀门等消防用电，一类建筑应按现行国家电力设计规范规定的一级负荷要求供电；二类建筑的上述消防用电，应按二级负荷的两回线路要求供电。

**24.9.2** 火灾消防及其他防灾系统用电，当建筑物为高压受电时，宜从变压器低压出口处分开自成供电体系，即独立形成防灾供电系统。

**24.9.3** 一类建筑的消防用电设备的两个电源或两回线路，应在最末一级配电箱处自动切换。

**24.9.4** 火灾自动报警系统，应设有主电源和直流备用电源。

**24.9.5** 火灾自动报警系统的主电源应采用消防电源，直流备用电源宜采用火灾报警控制器的专用蓄电池。当直流备用电源采用消防系统集中设置的蓄电池时，火灾报警控制器应采用单独的供电回路，并能保证在消防系统处于最大负载状态下不影响报警控制器的正常工作。

**24.9.6** 各类消防用电设备在火灾发生期间的最少连续供电时间，可参见表24.9.6。

消防用电设备在火灾发生期间的最少连续供电时间 表 24.9.6

| 序号 | 消防用电设备名称 | 保证供电时间（min） |
|---|---|---|
| 1 | 火灾自动报警装置 | ≥10 |
| 2 | 人工报警器 | ≥10 |
| 3 | 各种确认、通报手段 | ≥10 |
| 4 | 消火栓、消防泵及自动喷水系统 | ＞60 |
| 5 | 水喷雾和泡沫灭火系统 | ＞30 |
| 6 | $CO_2$ 灭火和干粉灭火系统 | ＞60 |
| 7 | 卤代烷灭火系统 | ≥30 |
| 8 | 排烟设备 | ＞60 |
| 9 | 火灾广播 | ≥20 |
| 10 | 火灾疏散标志照明 | ≥20 |
| 11 | 火灾暂时继续工作的备用照明 | ≥60 |
| 12 | 避难层备用照明 | ＞60 |
| 13 | 消防电梯 | ＞60 |
| 14 | 直升飞机停机坪照明 | ＞60 |

注：1. 表中所列连续供电时间是最低标准，有条件时应尽量延长；

  2. 对于超高层建筑，序号中的 3、4、8、10、13 等项，尚应根据实际情况延长。

**24.9.7** 二类建筑的供电变压器，当高压为一路电源时亦宜选两台，只在能从另外用户获得低压备用电源的情况下，方可只选一台变压器。

**24.9.8** 配电所（室）应设专用消防配电盘（箱），如有条件时，消防配电室尽量贴邻消防控制室布置。

**24.9.9** 对容量较大（或较集中）的消防用电设施（如消防电梯、消防水泵等）应自配电室采用放射式供电。

对于火灾应急照明、消防联动控制设备、火灾报警控制器等设施，若采用分散供电时，在各层（或最多不超过 3～4 层）应设置专用消防配电屏（箱）。

**24.9.10** 在设有消防控制室的民用建筑中，消防用电设备的两个独立电源（或两回线路），宜在下列场所的配电屏（箱）处自动切换：

（1）消防控制室。

（2）消防泵房。

（3）消防电梯机房。

（4）防排烟设备机房。

（5）火灾应急照明配电箱。

（6）各楼层消防配电箱等。

**24.9.11** 消防联动控制装置的直流操作电源电压，应采用 24V。

**24.9.12** 火灾报警控制器的直流备用电源的蓄电池容量应按火灾报警控制器在监视状态下工作 24h 后，再加上同时有二个分路报火警 30min 用电量之和计算。

**24.9.13** 专供消防设备用的配电箱、控制箱等主要器件及导线等宜采用耐火、耐热型。当与其他用电设备合用时，消防设备的线路应作耐热、隔热处理。且消防电源不应受别处故障的影响。消防电源设备的盘面应加注"消防"标志。

**24.9.14** 消防用电设备配电系统的分支线路不应跨越防火分区,分支干线不宜跨越防火分区。

**24.9.15** 消防用电设备的电源不应装设漏电保护,当线路发生接地故障时,宜设单相接地报警装置。

**24.9.16** 消防用电的自备应急发电设备,应设有自动起动装置,并能在 15s 内供电,当由市电切换到柴油发电机电源时,自动装置应执行先停后送的程序,并应保证一定时间间隔。在接到"市电恢复"讯号后延时一定时间,再进行油机对市电的切换。

## 24.10 消防值班室与消防控制室

**24.10.1** 仅有火灾报警系统且无消防联动控制功能时,可设消防值班室。消防值班室宜设在首层主要出入口附近,可与经常有人值班的部门合并设置。

**24.10.2** 设有火灾自动报警和自动灭火或有消防联动控制设施的建筑物内应设消防控制室。

具有两个及以上消防控制室的大型建筑群或超高层,应设置消防控制中心。

**24.10.3** 消防控制室（中心）的位置选择,宜满足下列要求:

（1）消防控制室应设置在建筑物的首层,距通往室外出入口不应大于 20m。

（2）内部和外部的消防人员能容易找到并可以接近的房间部位。并应设在交通方便和发生火灾时不易延燃的部位。

（3）不应将消防控制室设于厕所、锅炉房、浴室、汽车库、变压器室等的隔壁和上、下层相对应的房间。

（4）有条件时宜与防灾监控、广播、通讯设施等用房相邻近。

（5）应适当考虑长期值班人员房间的朝向。

**24.10.4** 消防控制室应具有按受火灾报警、发出火灾信号和安全疏散指令、控制各种消防联动控制设备①及显示电源运行情况等功能。消防控制设备根据需要可由下列部分或全部控制装置组成：

（1）集中报警控制器。

（2）室内消火栓系统的控制装置。

（3）自动喷水灭火系统的控制装置。

（4）泡沫、干粉灭火系统的控制装置。

（5）卤代烷、二氧化碳等管网灭火系统的控制装置。

（6）电动防火门、防火卷帘的控制装置。

（7）通风空调、防烟、排烟设备及电动防火阀的控制装置。

（8）电梯的控制装置。

（9）火灾事故广播设备的控制装置。

（10）消防通讯设备等。

注：①在消防控制室内消防联动控制设备的设置，应结合具体工程情况并根据本章第24.6节的相应规定确定。

**24.10.5** 根据工程规模的大小，应适当考虑与消防控制室相配套的其他房间，诸如电源室、维修室和值班休息室等。应保证有容纳消防控制设备和值班、操作、维修工作所必要的空间。

**24.10.6** 消防控制室的门应向疏散方向开启，且控制室入口处设置明显的标志。

**24.10.7** 消防控制设备的布置宜符合下列要求：

（1）盘前操作距离，单列布置时不小于1.5m，双列布置时不小于2m；但在值班人员经常工作的一面，控制屏（台）到墙的距离不宜小于3m。

（2）盘后维修距离不宜小于1m。

（3）控制盘的排列长度大于4m时，控制盘两端应设置宽度不小于1m的通道。

**24.10.8** 消防控制室内设置的自动报警、消防联动控制、显示等不同电流类别的屏（台），宜分开设置。若在同屏（台）内布置时，应采取安全隔离措施和将不同用途的端子板分开设置。

**24.10.9** 消防控制室内不应穿过与消防控制室无关的电气线路及其他管道，亦不可装设与其无关的其他设备。

**24.10.10** 为保证设备的安全运行，室内应有适宜的温、湿度和清洁条件。根据建筑物的设计标准，可对应地采取独立的通风或空调系统。如果与邻近系统混用，则消防控制室的送回风管在其隔墙处应设防火阀。

**24.10.11** 消防控制室的土建要求，应符合国家有关建筑设计防火规范的规定。

**24.10.12** 消防控制室内应有显示被保护建筑的重点部位、疏散通道及消防设备所在位置的平面图或模拟图等。

## 24.11 消防专用通信

**24.11.1** 消防专用通信应为独立的通信系统,不得与其他系统合用。选用电话总机应为人工交换机或直通对讲电话机。消防通信系统中主叫与被叫用户间（或总机值班员与用户间的通话方式）应为直接呼叫应答,中间不应有转接通话。呼叫信号装置要求用声、光信号。

**24.11.2** 消防火警电话用户话机或送受话器的颜色宜采用红色。火警电话机挂墙安装时,底边距地高度为 1.5m。

**24.11.3** 消防通信系统的供电装置应选用带蓄电池的电源装置,要求不间断供电。

**24.11.4** 火警电话布线不应与其他线路同管或同线束布线。

**24.11.5** 消防控制室或集中报警控制器室应装设城市 119 专用火警电话用户线。建筑物内消防泵房、通风机房、主要配变电室、电梯机房、区域报警控制器及卤代烷等管网灭火系统应急操作装置处,以及消防值班、保卫办公用房等处均应装设火警专用电话分机。

## 24.12 防 盗 报 警

**24.12.1** 下列场所宜设置防盗报警装置:

(1) 金融大厦中的金库,财务、金融档案房,现金、黄金及珍宝等暂时存放的保险柜房间。

(2) 省（市）及以上级博物馆、展览馆的展览大厅和贵重文物库房。

(3) 省（市）及以上级档案馆内的库房、陈列室等。

(4) 省（市）及以上级图书馆、大专院校规模较大的图书馆内的珍藏书籍室、陈列室等。

(5) 市、县级及以上银行营业柜台、出纳、财会等现金存放、支付清点部位。

(6) 钞票、黄金货币、金银首饰、珠宝等制造或存放房间。

(7) 重要办公建筑内的机要档案库房。

(8) 自选商场的营业大厅,或大型百货商场的营业大厅等。

(9) 其他根据需要应设置防盗报警的房间或场所。

**24.12.2** 防盗报警应按工艺性质、机密程度、警戒管理方式等因素组成独立系统,宜设专用控制室。若无特殊要求时,亦可与火灾报警系统合并组成综合型报警系统。

**24.12.3** 防盗报警系统的探测、遥控等装置宜采用具有两种传感功能组成的复合式报警装置,以提高系统的可靠性和灵敏度。

**24.12.4** 防盗报警系统的警戒触发装置应考虑自动和手动两种方式,在建筑物内安装时应注意隐蔽和保密性。

**24.12.5** 特别重要的场所及自选商场和大型百货商场的营业厅,在防盗报警系统中宜设置闭路电视监视和自动长时限录像装置、自动顺序图像切换显示装置及手动控制录像装置等。有条件时,可装设远红外等微光摄像机。

**24.12.6** 防盗报警的布线宜采用钢管暗敷设。若采用明管敷设时，敷设路由应隐蔽可靠、不易被人发现和接近的地方。管线敷设不应与其他不同系统的管路、线槽或电缆合用。

**24.12.7** 防盗报警系统的电源应有主电源和蓄电池备用电源。供电电源负荷等级应符合本规范第3章表3.1.2规定。

## 24.13 可燃气体和可燃液体蒸气报警

**24.13.1** 可燃气体和可燃液体蒸气报警装置宜设置在下列建筑物和场所：

(1) 可燃气体和可燃液体库（罐）。

(2) 用液体燃料或天然气等作燃料的锅炉房等建筑物内。

(3) 根据工艺需要装设可燃气体和可燃液体的地方和场所。

**24.13.2** 可燃气体和可燃液体、报警探测器宜设置固定式或移动式可燃性气敏检测和报警装置，设固定型可燃性气敏检测报警装置的建筑物或场所，应设置独立的气敏报警系统，有条件时亦可与火灾报警系统综合组成自动喷气、喷泡沫等自动灭火控制系统。

**24.13.3** 若采用火灾报警系统警戒可燃气体和可燃液体报警系统时，则火灾探测器应选用防爆型感光、感温探测器。报警系统所发送的预报或灭火信号应送至消防控制室或消防值班室。

## 24.14 接 地

**24.14.1** 消防控制室的接地电阻值应符合以下要求：

(1) 专设工作接地装置时其接地电阻值不应大于$4\Omega$。

(2) 采用共同接地时其接地电阻值不应大于$1\Omega$。

**24.14.2** 当采用共同接地时，应用专用接地干线由消防控制室接地板引至接地体。专用接地干线应选用截面积不小于$25mm^2$的塑料绝缘铜芯电线或电缆两根。

**24.14.3** 各种火灾报警控制器防盗报警控制器和消防控制设备等电子设备的接地及外露可导电部分的接地，均应符合本规范第14章的有关规定。

# 参 考 文 献

1. 汪纪锋．高层建筑消防监控系统工程技术基础．北京：中国建筑工业出版社，1993
2. 陈一才．高层建筑电气设计手册．北京：中国建筑工业出版社，1990
3. 郎禄平．建筑自动消防系统．西安：西安交通大学出版社，1993
4. 蒋永琨，朱吕通，国客昌．高层建筑防火设计．北京：群众出版社，1981
5. 吴建勋，贺占奎．建筑防火设计．北京：中国建筑工业出版社，1983
6. 丁明往，汤继东．高层建筑电气工程．北京：水利电力出版社，1988
7. 朱庆元，商文怡．建筑电气设计基础知识．北京：中国建筑工业出版社，1990
8. 胡乃定．民用建筑电气技术与设计．北京：清华大学出版社，1993
9. 辽吉黑三省建筑电气情报网，辽吉黑三省土建学会建筑电气学术委员会．实用建筑电气设计手册．内部发行，1987
10. 钱维生．高层建筑给水排水工程．上海：同济大学出版社，1989
11. 钱以明．高层建筑空调与节能．上海：同济大学出版社，1990
12. 火灾自动报警系统设计规范，GBJ116—88．北京：中国计划出版社，1989
13. 民用建筑电气设计规范，JGJ/T 16—92．北京：中国计划出版社，1993
14. 高层民用建筑设计防火规范，GB50045—95．北京：中国计划出版社，1995